全国高职高专计算机系列精品教材

Dreamweaver 网页设计与制作案例教程

主　编　李　敏
副主编　刘艳青
参　编　白玉芹　聂　莺　王　洵

中国人民大学出版社
· 北京 ·

前　言

Dreamweaver CS4是由Adobe公司开发的网页设计与制作软件。它功能强大、易学易用，深受网页制作爱好者和网页设计师的喜爱，已经成为网页设计与制作领域最流行的软件之一。

编者对本书的编写体系做了精心的设计，前10章按照“任务驱动——案例教学——实训练习——课后习题”这一思路进行编排，第11章是一个电子商务类网站布局设计综合实例。力求通过任务驱动，使学生轻松地掌握网页设计制作必须的基本知识；通过一系列“由简到繁、由易到难、承前启后”的阶梯式案例演练，使学生快速掌握网页设计制作的思路和基本技能；通过实训练习和课后习题，拓展学生的网页设计制作实际应用能力。通过第11章的学习，使读者全面掌握网站设计制作的基本流程和方法技能。

本书在编写内容安排上由浅入深、逐步拓宽；编写手法图文注释、通俗易懂、重点突出；案例和实训取材难度适中，并具有针对性和实用性；设计编排符合高等职业院校学生的认知特点，学生按照书中提供的操作步骤学习，就可以轻松地掌握网页设计与制作的技能和技巧，有助于学生网页设计制作技能的提高。

本书由从事Dreamweaver课程教学的教师和企业经验丰富的网页设计师合作，共同编写而成。本书可作为高等职业院校“网页设计与制作”课程的教材和网页制作培训班的教材，也可作为网页制作爱好者或相关从业人员的自学用书。

为了更加方便读者使用，本书配备了所有案例素材及案例效果文件、PPT课件等教学资源，请读者到www.crup.com.cn/jiaoyu教学服务与资源网上免费下载使用。

本书由李敏主编，刘艳青副主编。全书编写分工如下：第1、5、6、7由李敏编写，第2章由聂莺编写，第3、4、9、10章由刘艳青编写，第8章由德州科技职业学院的白玉芹编写，第11章由海洋财富网的网页设计制作师王洵编写。

由于时间仓促，水平有限，书中不足之处敬请广大读者批评指正。

编者

2010年7月

目　录

第1章　网页设计与制作基础

随着互联网的迅猛发展，可以获取、交换和存储连接到网络上的各种计算机信息。网络上存放信息和提供服务的地方就是网站，一个成功的网站离不开精美绚丽的网页。目前，Dreamweaver 是最受欢迎的网页制作软件之一，使用它可以制作出十分精美的网页。

本章学习要点

- 网页和网站。
- 网站开发的基本流程。
- Dreamweaver CS4 的工作环境。
- 创建和管理站点。
- HTML 标识语言。

1.1　学习任务1：网页和网站基本知识

学习任务要求：认识网页和网站，熟悉网页的基本元素及网页制作软件（Dreamweaver CS4）的工作环境，掌握网站开发的基本流程及站点的创建与管理，初步了解 HTML 标识语言的基本语法和结构。

1.1.1　网页和网站概述

互联网是一个蕴藏着无穷资源的宝库，在资源共享和信息交换方面具有得天独厚的优势，网页正是这些资源和信息重要的传递载体。

1. 网页

浏览 Web 时所看到的文件称为 Web 页，又称为网页。网页可以将不同类型的多媒体信息（包括文字、图像、动画、声音、视频等）组合在一个文档中。由于这些文档是用超文本标记语言表示的，文件名通常以 .html 或 .htm 结尾，所以又被称为 HTML 文档或超文本。

超文本可以给浏览者带来视觉和听觉的享受，故 Web 技术又称为超媒体技术。

网页比报纸、广播、电视等传统媒介在信息传递上更加迅速、多样化，交互能力更强。在浏览器的地址栏中输入一个网址，如 http：//www. sohu. com，即可在浏览器中打开网页，如图 1—1 所示，该网页往往是一个网站的主页（即 Home Page），具有呈现整个网站主题以及页面导航的门户功能。

在网页上右击，选择“查看源文件”，就能很清楚地看到网页的代码结构。用户可以使用“记事本”对网页中的文字、图片、表格、多媒体等页面内容进行编辑，并通过标记语言 HTML 对这些元素进行描述和控制，最后由浏览器对这些标记进行解释并生成呈现在用户眼前的、丰富多彩的网页。

图 1—1　网站的主网页

2. 网站

根据提供服务的不同，通常把提供网页服务的服务器称为 Web 服务器，相关网站称为 Web 站点。一个 Web 站点由一个或多个 Web 页组成，这些 Web 页相互连接在一起，存放在 Web 服务器上，以供浏览者访问。

网站是提供各种信息和服务的基地，如用户熟悉的搜狐、新浪、雅虎等。网站是由很多网页链接在一起组成的。用户浏览一个网站时看到的第一个页面叫做主页。从主页出发，可以访问到本网站的每一个页面，也可以链接到其他网站，方便地共享网站资源。

Web 所包含的是双向信息。一方面，浏览者可以通过浏览器浏览他人的信息；另一方面，浏览者也可以通过 Web 服务器建立自己的网站和发布自己的信息。

> 提示：在 Dreamweaver 中，网页设计都是以一个完整的 Web 站点为基本对象的，所有的资源和网页的编辑都在此站点中进行，建议不要脱离站点环境，初学者要养成良好的习惯。

1.1.2　网页的主要元素

网页的主要元素有：文本、图像、动画、导航栏、超链接、表格和表单等。

1. 文本

文本是人类最重要的信息载体和交流工具，网页的主体一般以文本为主。制作网页时，可以根据需要设置文本的字体、字号、颜色和样式等属性，风格独特的网页文本设置会给浏览者赏心悦目的感觉。

> 提示：在网页中应用了某种字体样式后，如果浏览者的计算机中没有安装该种样式的字体，字体就以计算机系统默认的字体显示出来，此时就无法显示出网页的效果了。

2. 图像

图像在网页中可以起到提供信息、展示作品、美化网页以及体现风格等功效。图像可以用作网页的标题、网站 Logo、网页背景、链接按钮、导航栏和网页主图等。图像给人的视觉效果要比文字强烈得多，在网页中灵活应用图像可以起到点缀的效果。虽然图像在网页中不可或缺，但也不能太多，这是因为图像的下载速度较慢，如果网页上放置了过多的图片，就会显得很乱，有喧宾夺主之势。

网页上的图像文件大部分使用 JPG 和 GIF 格式，它们除了具有压缩比例高外，还具有跨平台的特性。

3. 动画

动画是网页上最活跃的元素。通常，制作优秀、创意出众的动画是吸引浏览者的最有效的方法。如果网页中存有太多的动画，会使浏览者眼花缭乱，无心细看。因此，设计者对动画制作的要求越来越高。在网页中加入的动画一般是 GIF 格式的动画和 Flash 动画。

4. 导航栏

导航栏是网站设计者在规划网站结构时必须考虑的一个问题，站点的每个网页上均应设置导航栏，并且应将其放置在网页中比较明显的位置。设置导航栏的目的是使浏览者能够顺利地浏览网页，方便地返回主页或继续下一页的访问。导航栏可以是文本、按钮或图像的样式。

5. 超链接

超链接是网页中最为有用的功能之一。超链接是从一个网页指向另一个网页的链接，该链接既可以指向本地网站的另一个网页，也可以指向世界各地的其他网页。

无论是文本还是图像，都可以加上超链接标记，当鼠标指上超链接对象时会变成小手形状，左击鼠标即可链接到相应地址（URL）的网页。超链接包括站内链接和站外链接。

（1）站内链接：若网站规划了多个主题板块，需要给网站的首页加入超链接，让浏览者可以快速地转到感兴趣的页面。在各个子页面也要有超链接，并设有能够回到主页的链接。

（2）站外链接：在个人网站上放置一些与网站主题有关的对外链接，不但可以把好的网站介绍给浏览者，而且能使浏览者乐意再度光临该网站。

6. 表格

网页中的表格是一种用于控制网页页面布局的有效方法。为了达到理想的视觉效果，通常不显示表格的边框。使用表格辅助布局，可以实现网页横竖分明的风格。

7. 表单

表单是一种特殊的网页元素，通常用于收集信息或实现一些交互式的效果。表单的主要功能是接收浏览者在浏览器的输入信息，然后将这些信息发送到服务器。

1.1.3 网页类型

网页分为静态网页和动态网页两种类型。静态网页就是设计者做成什么样，在客户端浏览时就显示什么样，而动态网页可以根据不同的用户显示不同的页面。

1. 静态网页

在网站设计中，纯粹 HTML 格式的网页通常称为“静态网页”，它运行于客户端。早期的网站一般都是由静态网页制作的，它们是以 .htm、.html、.shtml 和 .xml 等为后缀的。静态网页的内容仅仅是标准的 HTML 代码，静态网页上也可以出现各种动态效果，如 GIF 格式的动画、Flash 动画等，这些“动态效果”只是视觉上的不同，与下面将要介绍的动态网页是不同的概念。

静态网页的基本特点归纳如下：

(1) 每个静态网页都有一个固定的 URL，它们以 .htm、.html、.shtml 等常见形式为后缀，且不含有“?”。

(2) 网页内容一经发布到网站服务器上，无论是否有用户访问，每个静态网页的内容都保存在网站服务器上，也就是说，静态网页是实实在在保存在服务器上的文件，每个网页都是一个独立的文件。

(3) 静态网页的内容相对稳定，因此容易被搜索引擎检索。

(4) 静态网页没有数据库的支持，在网站制作和维护方面工作量较大，因此当网站信息量很大时，完全依靠静态网页制作方式比较困难。

(5) 静态网页的交互性较差，在功能方面有较大的限制。

2. 动态网页

在服务器端运行的网页和程序属于动态网页，它们会根据编写的程序访问数据库动态生成页面。动态网页文件的后缀一般都是 .asp、.aspx、.php、.jsp。动态网页的优点是效率高、更新快、移植性强，可以根据先前所制定好的程序页面，以及用户的不同请求返回其相应的数据，从而达到资源的最大利用和节省服务器上的物理资源。

动态网页的基本特点归纳如下：

(1) 动态网页以数据库技术为基础，可以大大降低网站维护的工作量。但是，动态网页要通过频繁地与数据库进行通信才能实现，频繁地读取数据库会导致服务器花费大量的时间来计算，当访问量达到一定的数量时，会导致效率成倍或几倍地下降。

(2) 采用动态网页技术的网站可以实现更多的功能，如用户注册、用户登录、在线调查、用户管理和订单管理等。

(3) 动态网页实际上并不是独立存在于服务器上的网页文件，只有当用户请求时服务器才返回一个完整的网页。

(4) 动态网页中的"?"对搜索引擎检索存在一定的问题，搜索引擎一般不可能从一个网站的数据库中访问全部网页，或者出于技术方面的考虑，搜索蜘蛛不去抓取网址中"?"后面的内容，因此采用动态网页的网站在进行搜索引擎推广时需要做一定的技术处理才能适应搜索引擎的要求。

由此可见，静态网页和动态网页各有特点，网站采用动态网页还是静态网页主要取决于网站的功能需求和网站内容的多少。如果网站功能比较简单，内容更新量不是很大，则采用纯静态网页的方式会更简单，反之，一般要采用动态网页技术来实现。

设计网站时，在静态网页的基础上，结合动态网页技术是目前常用的网站建设方法。网页固定不变的内容可以使用静态网页的方法设计，而特殊的功能以及日常更新部分使用动态网页技术来实现，如用户注册、用户登录、新闻发布等。本书将重点介绍静态网页的制作。

1.1.4　静态网页编辑软件

无论是静态网页还是动态网页，都可以通过直接编写源代码的方式对网页进行编辑，这对于非计算机专业人员来说，这无疑有一定难度。而使用可视化程度很高的网页制作工具，不需要掌握专业的网页制作技术也能创作出富有特色、动感十足的网页。

1. FrontPage

FrontPage 是 Microsoft 公司开发的入门级网页编辑软件。FrontPage 支持所见即所得的编辑方式，它不需要用户掌握很高深的网页制作技术，甚至不需要了解 HTML 的语法规则。只要会使用 Word，就能很快学会使用 FrontPage，因为它的基本使用方法同 Word 很相似。用户可以像编辑 Word 文档那样在文章中加入表格、图像，甚至可以加入声音、动画和视频。FrontPage 带有的向导和模板能使初学者在编辑网页时感到更加方便。

FrontPage 最强大之处是其站点管理功能。在更新服务器上的站点时，不需要创建更改文件的目录。FrontPage 会跟踪文件并复制那些新版本文件。

2. Dreamweaver

Dreamweaver 是一款由 Macromedia 公司（现为 Adobe 所并购）开发的专业的网页编辑工具，是一个优秀的所见即所得的网页编辑器。它集网页设计与多网站管理于一身，能够使网页和数据库关联起来，支持最新的 HTML 和 CSS，用于对 Web 站点、Web 页和 Web 应用程序进行设计、编码和开发。网页设计者利用它可以轻而易举地制作出跨平台限制和浏览器限制的网页。Dreamweaver 对动态网站的支持也毫不逊色，使用 Dreamweaver 及相关的服务器技术可以方便地创建功能强大的 Internet 应用程序。最新版本的 Dreamweaver CS4 在可视化操作 XML 数据、CSS 样式面板 、CSS 可视化布局、站点管理等方面提供更多、更完善的支持。本教材介绍的是 Dreamweaver CS4。

1.1.5　网页图像与网页动画制作软件

网页中往往具有丰富多彩的图像和动画。对于网页中的图像和动画，要求文件所占存储空间尽量要小，以便提高网页浏览速度。

1. Photoshop

Photoshop 是 Adobe 公司最为著名、也最为流行的专业平面图像处理软件。其功能十分强大，使用范围广泛，一直占据着图像处理软件的领袖地位。Photoshop 支持多种图像及色彩模式，还可以任意调整图像的尺寸、分辨率及画布的大小。使用 Photoshop 可以设计出网页的整体效果图，并且可以设计网页 Logo、网页按钮和网页宣传广告等图像。长期以来，Photoshop 它一直是众多平面设计师进行平面设计、图像处理的首选工具。

2. Fireworks

Fireworks 是 Macromedia 公司（现为 Adobe 所并购）发布的一款用来设计 Web 图形的编辑软件。Fireworks 中的工具种类齐全，使用这些工具，可以在单个文件中创建和编辑矢量图形、设计网页效果、修剪和优化图形以减少其文件大小。Fireworks 可以用较少的步骤生成较小但质量很高的 JPEG 和 GIF 格式的图像，并且这些图像可以直接用于网页上。

3. Flash

Flash 是 Macromedia 公司（现为 Adobe 所并购）推出的矢量动画制作软件，是当今功能最丰富、最优秀的动画制作软件之一，它与 Dreamweaver、Fireworks 一起被誉为网页设计“三剑客”。Flash 以界面简洁、功能强大而见长，具有强大的动画编辑功能，能把动画、音效、交互方式完美地融合在一起，是动画设计初学者和专业动画制作人员的首选。使用 Flash 可以设计体积较小的各种动态 Logo、动画、导航条等。由于矢量图形不会因为缩放而导致影像失真，因此，Flash 成为最首要的 Web 动画形式软件之一。

1.2 学习任务 2：网站开发的基本流程

学习任务要求：掌握网站建设的基本流程、网页色彩搭配原理、版面布局形式及网站的推广与维护。

从开始计划创建网站到最后网站的推广宣传包含了一个完整的工作流程。网站开发最初就要有一个整体的战略规划和目标，首先要规划好网站的大致外观，然后着手设计各个网页，并在网页间建立链接关系，最后进入测试、上传和维护网站阶段。

网站开发的基本流程包括 5 个阶段，如图 1—2 所示。每个阶段都有独特的步骤，但相连的各阶段之间的边界并不明显。

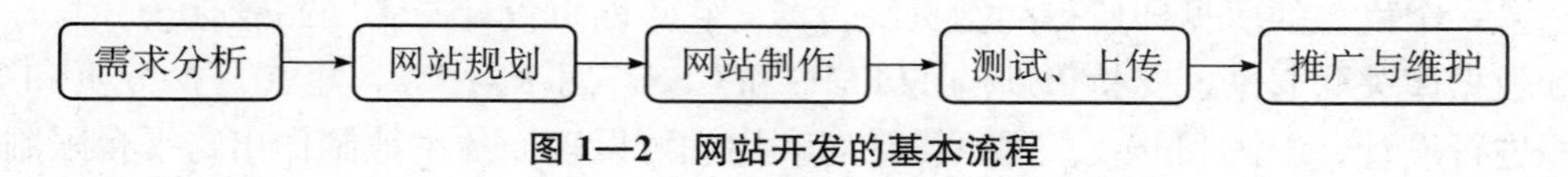

图 1—2　网站开发的基本流程

1.2.1 需求分析

网站建设的需求分析是网站建设的第一阶段。对设计者来说，网站一定要有特定的用户和特定的任务，要明确网站建设的目的和内容。作为网站开发小组来说，要集体讨论，每一个成员都尽可能提出对网站的想法和建议，使网站建设满足用户的需求。通过讨论可以确定网站的设计方案，设计方案能够兼顾到各方的实际需求和设计开发的技术问题，能够为成功开发 Web 网站打下良好的基础。

1.2.2 网站规划

网站规划是网站开发必不可少的重要一环，直接关系到整个网站的整体风格、布局结构等。网站设计成功与否，很大程度上取决于设计者的规划水平。网站规划包含的内容很多，如网站的主题、网站栏目、结构层次、连接内容、颜色搭配、网站 Logo、版面布局及文字图片的运用等。

1. 确定网站主题

根据网站设计目的和用户需求来确定网站的主题是非常重要的。网站的主题就是网站所要包含的主要内容，如旅游、娱乐休闲、体育、新闻、教育、医疗、时尚等。网站的主题必须鲜明突出，要点明确，需要按照客户的要求，以简单明确的语言和页面体现网站的特色，只有调用一切手段充分表现网站的个性，办出网站的特色，才能给浏览者留下深刻的印象。

在网站首页，应把大段的文字换成标题性的、吸引人的文字，将单项内容交给分支页面去表达，这样才显得页面精炼。总之，首先要让访问者一眼就能了解该网站能提供的信息，使访问者有一个基本的认识，并且有继续看下去的兴趣。

2. 目录结构设计

可以用树状结构先把每个页面的内容大纲列出来，尤其当制作一个很大的网站时，必须要把结构规划好。图 1—3 是一个网站的栏目结构图。

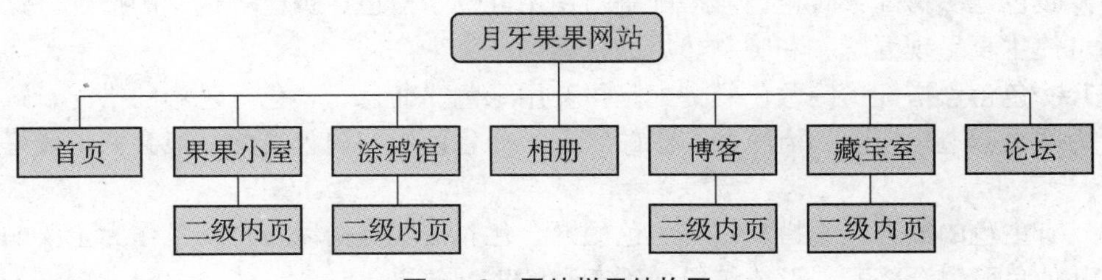

图 1—3　网站栏目结构图

大纲列出来后，还必须考虑每个页面之间的链接关系，这也是一个网站优劣的重要标志。链接混乱、层次不清的站点会导致浏览困难，影响网页内容效果的发挥。

目录结构设计需要注意以下问题：

(1) 按栏目内容建立子目录。

(2) 文件夹、图片、网页文件的命名最好使用英文小写字母和数字命名，不要用中文或其他文字命名。

(3) 每个栏目下分别为图像文件创建一个 image 子文件夹。

(4) 分支页面内容要相对独立，切忌重复，导航功能要好。

(5) 目录的层次不要太深，主要栏目最好能直接从首页链接。

3. 网页色彩搭配

色彩是人的视觉最敏感的东西。主页的色彩处理得好，可以锦上添花，达到事半功倍的效果。色彩总的应用原则是“总体协调，局部对比”，即主页的整体色彩效果和谐，只有局部的、小范围的地方可以有一些强烈色彩的对比。因为色彩具有象征性，所以在色彩的运用上，可以根据主页内容，分别采用不同的主色调。例如，嫩绿色、翠绿色、金黄色、灰褐色可以分别象征春、夏、秋、冬。其次，色彩具有职业的标志色，如军警的橄榄绿，医疗卫生的白色等。色彩还具有明显的心里感觉，如冷、暖的感觉，进、退的效果等。另外，色彩还有民族性，各个民族由于环境、文化、传统等因素的影响，对于色彩的喜好也存在着较大的差异。充分运用色彩的这些特性，可以使我们的主页具有深刻的艺术内涵，从而提升主页的文化品位。

网页色彩的搭配方法：网页配色很重要，网页颜色搭配是否合理，会直接影响到访问者的情绪。好的色彩搭配会给访问者带来很强的视觉冲击力，不恰当的色彩搭配则会让访问者浮躁不安。通常有以下色彩搭配：

（1）同种色彩搭配：同种色彩搭配是指首先选定一种色彩，然后调整其透明度和饱和度，将色彩变淡或加深，而产生新的色彩，这样的页面看起来色彩统一，具有层次感。

（2）邻近色彩搭配：邻近色是指在色环上相邻的颜色，如绿色和蓝色、红色和黄色即互为邻近色。采用邻近色搭配可以使网页避免色彩杂乱，易于达到页面和谐统一的效果。

（3）对比色彩搭配：一般来说，色彩的三原色（红、黄、蓝）最能体现色彩间的差异。色彩的强烈对比具有视觉诱惑力，能够起到几种实现的作用。对比色可以突出重点，产生强烈的视觉效果。通过合理使用对比色，能够使网站特色鲜明、重点突出。在设计时，通常以一种颜色为主色调，其对比色作为点缀，以起到画龙点睛的作用。

（4）暖色色彩搭配：暖色色彩搭配是指使用红色、橙色、黄色等色彩的搭配。这种色调的运用可使主页呈现温馨、和煦、热情的氛围。

（5）冷色色彩搭配：冷色色彩搭配是指使用绿色、蓝色、紫色等色彩的搭配，这种色彩搭配可为网页营造出宁静、清凉和高雅的氛围。冷色色彩与白色搭配一般会获得较好的视觉效果。

（6）有主色的混合色彩搭配：有主色的混合色彩搭配是指以一种颜色作为主要颜色，同色辅以其他色彩混合搭配，形成缤纷而不杂乱的搭配效果。

（7）文字与网页的背景色对比要突出。

4. 网站 Logo

Logo 是与其他网站链接以及让其他网站链接的标志和门户。Logo 最重要的作用就是表达网站的理念、便于人们识别，被广泛地应用于站点的链接和宣传。

设计 Logo 的原则：以简洁的、符号化的视觉艺术把网站的形象和理念展示出来。下面列举几个比较知名的网站 Logo，如图 1—4 所示。

图 1—4　网站 Logo

5. 版面布局

版面指的是浏览器看到的一个完整页面（可以包含框架和层）。因为每个人的显示器分辨率不同，所以同一个页面的大小可能出现 640×480 像素、800×600 像素和 1024×768 像素等不同尺寸。

布局就是以最适合浏览的方式将图片和文字排放在页面的不同位置。网站经常用到如下的版面布局形式：

（1）“T”形结构布局：页面顶部为横条网站标志＋广告条，下方左面为主菜单，右面显示内容的布局。因为菜单条背景较深，整体效果类似英文字母 T，所以称之为 T 形布局。这是网页设计中用得最广泛的一种布局方式。这种布局的优点是页面结构清晰，主次分明，是初学者最容易上手的布局方法；缺点是过分呆板，如果细节色彩上不注意，很容易让人“看之无味”。

(2)“口”形布局：页面上下各有一个广告条，左面是主菜单，右面是友情链接等，中间是主要内容。这种布局的优点是充分利用版面，信息量大；缺点是页面拥挤，不够灵活。

(3)“三”形布局：多用于国外站点，国内用得不多。特点是页面上横向两条色块，将页面整体分割为四部分，色块中大多是广告条。

(4) 对称、对比布局：顾名思义，采取左右或者上下对称的布局，一半深色，一半浅色，一般用于设计型站点。优点是视觉冲击力强；缺点是将两部分有机结合起来比较困难。

(5) POP 布局：引自广告术语，页面布局像一张宣传海报，以一张精美图片作为页面的设计中心。常用于时尚类站点，如 ELLE. com。优点显而易见、漂亮吸引人；缺点是速度慢。

1.2.3　网站制作

规划好网站后，就要开始设计并制作网站。设计网页是一个复杂而细致的过程，一定要按照先大后小、先简单后复杂的次序来进行制作。所谓先大后小，就是说在制作网页时，先把大的结构设计好，然后再逐步完善小的结构设计。所谓先简单后复杂，就是先设计出简单的内容，然后再设计复杂的内容，以便出现问题时修改。制作网页包括网页素材的收集、主页设计、引用图片、网页排版、背景及其整套网页的色调等。

1. 收集素材

明确网站的主题后，要想使设计的网站有声有色，能够吸引客户，就要围绕主题搜集素材。素材包括图片、音频、文字、视频和动画等。搜集的素材越充分，制作网站就越容易。素材可以从图书、报刊、光盘及多媒体上得来，也可以自己制作或者从网上搜集。

确定好网站的风格并搜集完资料后，还需要设计网站使用的网页图像。网页图像设计包括 Logo、标准色彩、标准字、导航条和首页布局等。可以使用 Photoshop 或 Fireworks 软件具体设计网站的图像。

2. 主页设计

主页是浏览者认识网站的第一印象，所以它是 Web 站点上最重要的页面。成功的主页要有很清楚的类别选项，而且尽量符合人性化，让浏览者能够很快地找到需要的主题。

从功能上来看，网站主页承担着树立企业形象的作用。一般来说，网站主页的形式有两种：一种是纯粹的形象展示型。这种类型文字信息较少，图像信息较多，通过艺术造型和设计布局，利用一系列画面向浏览者展示一种形象、一个氛围，从而吸引浏览者进行浏览。另一种是信息罗列型。它是大、中型企业网站和门户网站常用的方式，设计人员在结合公司的 CI 手册、企业标志、字体及用色标准中要注意使用这些语言符号来表达一种独特的企业信息。

设计主页时应考虑到：“标题”要有概括性和特色，符合自己设计的主题和风格；“文字”的组织应有特色，努力把自己的思想体现出来；在网页中适当地插入“图片”可以起到画龙点睛的作用；“文字”与“背景”的合理搭配，可以使文字更加醒目和突出，能够让浏览者更加乐于阅读和浏览。整个页面的色彩在选择上一定要统一，特别是在背景色调的搭配上一定不能有强烈的对比，背景的作用主要在于统一整个页面的风格，对视觉的主体起一定的衬托和协调作用。

3. 引用图片

网页中只有文字显得过于平淡，在网页上应该适当地添加一些图片，可以增加网页的可看性。在网页中不要添加质量较差或者与网页无关的图片，否则，让人觉得是累赘，同时也影响了网页的传输速度。

引用图片时应该注意以下几点：

(1) 图像是为网页内容服务的，不能让图像喧宾夺主。

(2) 图像要兼顾大小和美观。图像不仅要好看，还应在保证图像质量的情况下，尽量缩小图像的大小（即字节数）。

(3) 合理地采用JPEG和GIF格式的图片。一般来说，颜色较少、色调平板均匀、颜色在256色以内的图片最好把它处理成GIF图像格式；对于色彩比较丰富的图片，如扫描的照片，最好把它处理成JPEG图像格式。

4. 网页排版

在网站制作过程中，网页页面整体的排版设计不可忽略，网页上的内容如何分布不仅关系到信息的表达是否清晰，而且还体现了网站的风格。设计者要能够灵活运用表格、层、框架、CSS样式表来设置网页的版面。

网页排版实际上就是中国古代画论中的“经营位置”。主页作为一种版面，既有文字，又有图片。文字不但有大小，还有标题和正文之分；图片也有大小和横竖之别。图片和文字如果需要同时展示给观众，则不要简单地罗列在一个页面上，这样往往会搞得杂乱无章。因此，必须根据内容的需要，将这些图片和文字按照一定的次序进行合理的编排和布局，使它们组成一个有机的整体，展现给广大的观众。网页排版时需要注意以下几点：

(1) 主次分明，中心突出。在一个页面上，必须考虑视觉的中心，这个中心一般在屏幕的中央，或者在中间偏上的部位。因此，一些重要的文章和图片可以安排在该部位，在视觉中心以外的地方就可以安排次要内容，这样在页面上就突出了重点，尽量做到主次有别。

(2) 大小搭配，相互呼应。对于较长或较短的文章或标题，不要编排在一起，要有一定的距离。图片的安排要互相错开，大小之间有一定的间隔，这样可以使页面错落有致，避免重心的偏离。

(3) 图文并茂，相得益彰。文字和图片应具有一种相互补充的视觉关系，文字太多，就显得沉闷，缺乏生气；图片太多，则会减少页面的信息容量。因此，最理想的效果是文字与图片的密切配合，互为衬托，既能活跃页面，又使主页有丰富的内容。

5. 网页背景

网页中的背景设计是相当重要的，尤其是对于个人主页来说，一个主页的背景就相当于一个房间里的墙壁、地板一样，好的背景不但能影响访问者对网页内容的接受程度，还能影响访问者对整个网站的印象。

选用的网页背景应与整套页面的色调相协调。合理应用色彩是非常关键的，根据心理学家的研究，色彩最能引起人们奇特的想象，最能拨动感情的琴弦。如果设计的主页属于感情类，那么最好选用一些玫瑰色、紫色之类比较淡雅的色彩，而不要用黑色、深蓝色这类灰暗的色彩。由于黑色是所有色彩的集合体，比较深沉，能压抑其他色彩，所以在图案设计中，黑色经常用来勾边或点缀最深沉的部位，黑色在运用时必须小心，否则会使图案因“黑色太重”而显得沉闷阴暗。

6. 其他

如果想让网页更有特色，可适当地运用一些网页制作技巧，如声音、动态网页、Java Applet 等，当然这些小技巧最好不要运用太多，否则会影响网页的下载速度。主页制作基本完成时，可在上面添加一个留言板，及时获得浏览者的意见和建议。为了方便了解主页浏览者的统计数据，可以添加一个计数器。

1.2.4　网站的测试与上传

Web 网站制作完成以后，并不能直接投入运行，必须进行全面、完整的测试，包括本地测试、网络测试等多个环节。测试完成以后，设计开发人员必须为 Web 网站系统准备或申请充足的空间资源，利用 FTP 工具将网站发布到所申请的主页服务器上。Dreamweaver 内置了强大的 FTP 功能，可以帮助用户实现对站点文档的上传和下载。网站上传后，继续通过浏览器进行实地测试，及时修改发现的问题，然后再上传测试。

1.2.5　网站的推广与维护

互联网的应用和繁荣为用户提供了广阔的电子商务市场和商机，但是互联网上大大小小的各种网络数以百计，如何让更多的浏览者迅速地访问到企业的网站是一个十分重要的问题。因此，Web 网站上传之后，需要不断地对网站进行宣传推广，以便让更多的人去浏览它，提高网站的访问率与知名度。宣传网站的方式有多种，如发送 E-mail、注册到搜索引擎、交换广告条等。

网站必须定期维护、定期更新，只有不断地补充新内容，才能吸引浏览者。同时，随着软、硬件技术的进步，网页的设计也应由文字向多媒体、平面图像向立体动画或影片、单向传播向交互式方向的发展。

1.3　学习任务 3：全面认识 Dreamweaver CS4

学习任务要求：了解 Dreamweaver CS4 及其主要功能，掌握 Dreamweaver CS4 工作界面组成。

Dreamweaver CS4 是 Adobe 公司推出的最新版本，是一款专业的 HTML 编辑器，用于对 Web 站点、Web 页和 Web 应用程序进行编辑和开发设计。

1.3.1　Dreamweaver CS4 简介

Dreamweaver 是网页设计与制作领域中用户最多、应用最广、功能最强的软件。Dreamweaver CS4 将可视布局工具、应用程序开发功能和代码编辑支持组合在一起，无论开发者是手工编写 HTML 代码，还是在可视化编辑环境中进行编辑，Dreamweaver CS4 都会提供有用的工具，使用户拥有更加完善的 Web 创作体验，备受专业 Web 开发人员的喜爱。

Dreamweaver CS4 新增的功能有：

（1）新增“相关文件”功能。在 Dreamweaver CS4 中使用“相关文件”功能可以更有效地管理当前网页的各种文件。单击相关文件即可在“代码”视图中查看其源代码，在“设计”视图中查看其父页面。

（2）新增实时视图。借助 Dreamweaver CS4 中新增的实时视图，可在真实的浏览器环境中设计网页，并能直接访问代码。同时，屏幕呈现的内容会立即反映出对代码所做的更改。

（3）新增代码导航器功能。新增的“代码导航器”功能可显示影响当前选定内容的所有代码源，如 CSS 规则，服务器端则包括外部 JavaScript 功能、Dreamweaver 模板、iframe 源文件等。

（4）针对 AJAX 和 JavaScript 框架的代码提示。借助改进的 JavaScript 核心对象和基本数据类型支持，更快速、准确地编写 JavaScript。通过集成包括 jQuery、Prototype 和 Spry 在内的流行 JavaScript 框架，充分利用 Dreamweaver CS4 的扩展编码功能。

（5）新增 HTML 数据集功能。设计者无须掌握数据库或 XML 编码即可将动态数据的强大功能嵌入网页中。Spry 数据集可以将简单 HTML 表中的内容识别为交互式数据源。

（6）增强集成编码功能。领略内建代码提示的强大功能，令 HTML、JavaScript、Spry 和 jQuery 等 AJAX 框架、原型和几种服务器语言中的编码更快、更清晰。

（7）新增 Adobe AIR 创作支持。在 Dreamweaver 中直接新建基于 HTML 和 JavaScript 的 Adobe AIR 应用程序，在 Dreamweaver 中即可预览 AIR 应用程序，使 Adobe AIR 应用程序随时可与 AIR 打包并代码签名功能一起部署。

（8）增强 FLV 支持。通过轻松单击符合标准的编码，可将 FLV 文件集成到任何网页中。设计者可在 Dreamweaver 全新的实时视图中播放 FLV 影片。

（9）CSS 最佳做法。在“属性”面板中新建 CSS 规则，并在样式级联中清晰、简单地说明每个属性的相应位置。

（10）更全面的 CSS 支持。使用 Dreamweaver CS4 中增强的 CSS 实施工具能令网站脱颖而出。借助“设计”和“实时视图”中即时可视反馈，在“属性”面板中快速定义和修改 CSS 规则。使用新增的“相关文件”和“代码导航器”功能找到定义特定 CSS 规则的位置。

（11）新增 Adobe Photoshop 智能对象功能，智能对象与源文件紧密链接。将任何 Adobe Photoshop PSD 文档插入 Dreamweaver 中即可创建出图像智能对象。无须打开 Photoshop，即可在 Dreamweaver 中更改源图像和更新图像。

（12）全新的用户界面。借助共享型用户界面设计，在 Adobe Creative Suite4 的不同组件之间更快、更明智地工作。使用工作区切换器可以从一个工作环境快速切换到下一个环境。

（13）Subversion 集成。在 Dreamweaver 中直接更新站点和登记修改内容。Dreamweaver CS4 与 Subversion 软件紧密集成，后者是一款开放源代码版本控制系统。

（14）跨产品集成。通过跨产品线的直接通信和交互，充分利用 Dreamweaver CS4 和其他 Adobe 工具的智能集成和强大功能，包括 Adobe Flash CS4 Professional、Fireworks CS4、Device CentralCS4 软件。

1.3.2 Dreamweaver CS4 的工作界面

Dreamweaver CS4 继承了以往版本的风格，有方便编辑的窗口环境、易于辨别的工具列表，并提供了大量的帮助信息，十分方便初学者使用。

1. *启动* Dreamweaver CS4

安装 Dreamweaver CS4 后，选择“开始→所有程序→Adobe Dreamweaver CS4”命令，在运行启动界面完成后进入 Dreamweaver CS4 的“起始页”，可以快速地选择以何种方式使用 Dreamweaver 软件，如图 1—5 所示。

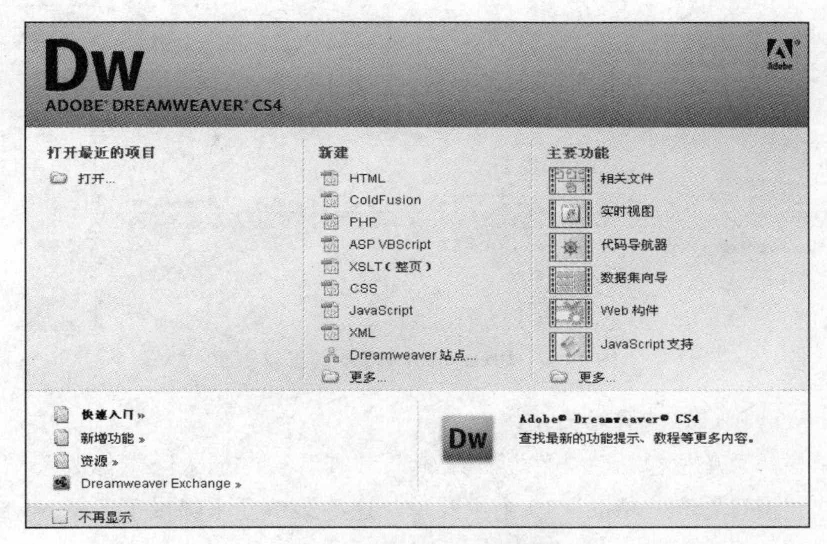

图 1—5 “起始页”界面

“起始页”分为三栏，分别是“打开最近的项目”、“新建”和“主要功能”。其中：

（1）打开最近的项目：显示利用 Dreamweaver CS4 进行编辑过的文档，选中文档后可以直接打开该文档。

（2）新建：显示建立文档的类型。例如，选择 HTML 可以建立一个扩展名为 .html 的文档，选择 ASP VBScript 可以建立扩展名为 .asp 的文档。

单击“起始页”左下角的快速入门、新增功能、资源或 Dreamweaver Exchange，可直接到 Adobe 公司的官方支持网站进行查询和交流。

提示：如果不希望在启动 Dreamweaver CS4 的时候显示“起始页”，则选中“起始页”左下角的“不再显示”复选框来取消。取消后如果需要再次显示“起始页”，可选择“编辑→首选参数”菜单命令，在“常规”分类中再次选中“显示欢迎屏幕”复选框。

在“起始页”中，选择“新建”选项中的“HTML”，进入 Dreamweaver CS4 的工作界面，如图 1—6 所示。

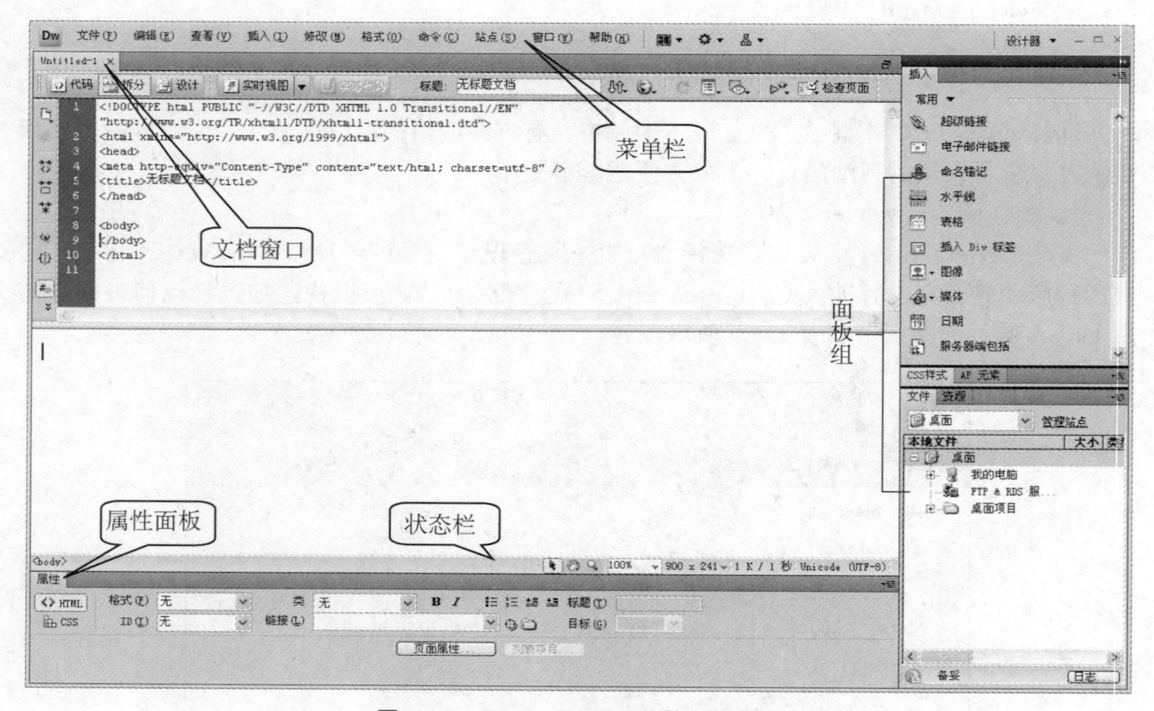

图 1—6 Dreamweaver CS4 的工作界面

2. Dreamweaver CS4 工作界面介绍

(1) 菜单栏。菜单栏包括“文件”、“编辑”、“查看”、“插入”、“修改”、“格式”、“命令”、“站点”、“窗口”和“帮助”10 个主菜单，这些菜单几乎提供了 Dreamweaver CS4 中的所有操作选项。

①文件：用于文件管理，包括文件的创建、保存、导入、导出、预览和打印等。

②编辑：用于对选定区域进行编辑操作，包含复制、粘贴、查找和替换等功能，另外，还提供了快捷键和首选参数的设置命令。

③查看：用于设置并观察各类文档视图信息，如设定显示比例、预览模式等，是否显示或编辑网格、辅助线等，还可以显示和隐藏不同类型的页面元素以及工具栏。

④插入：用于插入网页元素，插入内容包括图像、多媒体、层、框架、表格、表单、电子邮件链接、日期、特殊字符和标签等。

⑤修改：用于对选定文档内容或某项的属性进行更改。利用该菜单可以编辑标签属性、更改表格和表格元素，并且为库项目和模板执行不同操作。

⑥格式：用于设置文本的格式，包括字体、大小、颜色、CSS 样式、段落格式、缩进、凸出、列表、对齐和检查拼写等。

⑦命令：提供对多种命令的访问，包括扩展管理命令、清理命令、优化图像命令和创建相册命令等。

⑧站点：用于创建与管理站点，包括新建站点、管理站点、获取、取出、上传、显示取出者和改变站点范围的链接等。

⑨窗口：用于控制面板的显示和隐藏，包括插入栏、属性面板、站点窗口和CSS样式面板等。

⑩帮助：提供Dreamweaver帮助、联机注册和Dreamweaver支持中心等。

（2）文档窗口。文档窗口是Dreamweaver CS4操作环境的主体部分，是创建和编辑文档内容，设置和编排页面内所有对象的区域。文档窗口有代码、拆分、设计3种视图形式。

①“代码”视图是一个用于编辑HTML、JavaScript、服务器语言代码（如PHP或ASP）以及任何其他类型代码的手工编码环境。在编辑过程中，可以利用窗口左侧的“编码”工具栏对HTML源码进行操作，依次为：打开文档、折叠整个标签、折叠所选、扩展全部、选择父标签、选择当前代码段、行号、高亮显示无效代码、应用注释、删除注释、环绕标签、最近的代码片段、移动或转换CSS、缩进代码、突出代码、格式化源代码。

②“拆分”视图可以同步对网页进行可视化编辑和HTML代码编辑。

③“设计”视图是一种所见即所得的视图方式，所有网页对象都以图形化方式呈现，进行页面设计时常采用这种方式。

在文档窗口中包含“实时视图”和“实时代码”两个按钮，借助它们可以在真实的浏览器环境中设计网页，同时仍可以直接访问代码，对代码所做的更改会立即在显示屏上显示出来。

（3）状态栏。状态栏位于文档窗口的底部，提供与正在创建的文档有关的信息。在状态栏最左侧单击〈body〉可以选择整个文档的全部内容，在状态栏的右侧分别是选取工具、手形工具、缩放工具、设置缩放比率、窗口大小、文档大小和估计下载时间。

选中“手形工具”，在文档窗口中，按下鼠标左键拖动网页，可以查看网页显示的所有内容。利用“缩放工具”可以逐步放大或缩小文档窗口中的内容，多次单击左键进行逐步放大，按Alt键的同时多次单击左键进行逐步缩小。通过“设置缩放比率”直接对文档窗口中的内容进行比例缩放。“窗口大小”显示当前文档窗口的尺寸（以像素为单位），当拖动文档窗口边框改变窗口大小时，“窗口大小”区域显示的数字也发生了变化。单击“窗口大小”区域的任意位置，即可打开窗口弹出菜单，主要用于设置文档窗口和显示器屏幕之间的对应关系。“文档大小和估计下载时间”区域中显示当前编辑文档的大小和该文档在Internet上被下载的时间，针对不同的下载速率，下载时间也不相同。

（4）“属性”面板。在Dreamweaver CS4工作环境的最下方是“属性”面板，它是页面编辑中最常用的一个面板，主要用于设置页面中选定元素的属性。根据选定的元素不同，“属性”面板中的内容也不同。

如果未选定任何元素，“属性”面板上将有一个“页面属性”按钮，单击该按钮，可以为整个页面设置属性。如页面的外观、链接和标题等。

（5）面板组。面板组是放置在工作界面最右侧的几个面板的集合，主要有“插入”面板、“CSS样式”面板、“AP元素”面板、“文件”面板和“资源”面板等。

提示：如果隐藏面板组，则选择“窗口→隐藏面板”菜单命令，或按 F4 键隐藏面板组。隐藏面板组后，选择“窗口→显示面板”命令或再次按 F4 键将显示面板组。

1.4 学习任务 4：创建和管理本地站点

学习任务要求：理解站点的含义，掌握站点的规划、创建与管理。

在 Dreamweaver 中，网页设计都是以一个完整的 Web 站点为基本对象的，所有的资源和网页的编辑都在此站点中进行。利用 Dreamweaver 制作网页，首先要规划和创建站点，然后利用站点对文件进行管理。

1.4.1 规划站点

在做任何事情之前都应该制订工作计划并画出工作流程图，建立站点也是如此。在定义站点前首先要做好站点的规划，包括站点的目录结构、链接结构、模板和库的使用等。网站的目录结构是网站组织和存放站内所有文档的目录设置情况。目录结构直接影响站点的管理和维护，以及未来内容信息的扩充和移植。

一般使用文件夹构建文档的结构。首先，为站点创建一个根文件夹，然后在其中创建多个子文件夹，再将文档分门别类存储到相应的子文件夹下，如 images 文件夹、sound 文件夹、flash 文件夹等。如果站点较大，文件较多，可以先按栏目分类，再在栏目里进一步分类。如果将所有文件都存放在一个目录下，容易造成文件管理混乱，并且在提交时会使上传速度变慢。目录名和文件名尽量使用英文或汉语拼音，使用中文可能对网址的正确显示造成困难。同时，要使用意义明确的名称，以便于记忆。

网站的链接结构是指页面之间的相互链接关系。应该用最少的链接，使浏览达到最高的效率，网站的链接结构包括内部链接和外部链接。内部链接是指首页和一级页面之间采用星状链接结构，一级和二级页面之间采用树状链接结构；若超过三级页面，则在页面顶部设置导航条。对于外部链接，可以多做一些高质量的，这有利于网站的访问量及在搜索引擎上的排名。

规范的站点网页布局基本是一致的，使用模板和库，可以在不同的文档中重用页面布局和页面元素，给网页的维护带来很大的方便。

1.4.2 创建本地站点

本地站点实际上是位于本地计算机中指定目录下的一组页面文件及相关支持文件。每个网站都需要有自己的本地站点。Dreamweaver CS4 提供了创建站点的向导，让初学者能快速正确地完成站点的创建。具体步骤如下：

(1) 启动 Dreamweaver CS4，在“起始页”单击“新建”列表中的“Dreamweaver 站点”，或者在编辑窗口中选择“站点→新建站点”菜单命令，打开定义站点对话框向导一，在“您打算为您的站点起什么名字?”文本框中输入站点的名称，如 mysite01，如图1—7所示。

(2) 单击“下一步”按钮，系统弹出定义站点对话框向导二，选择“否，我不想使用服

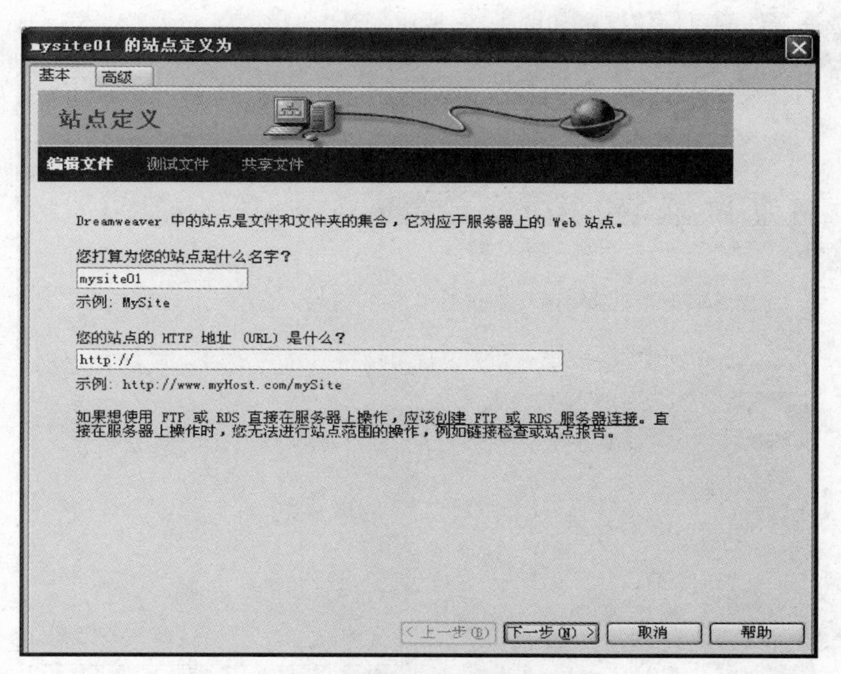

图 1—7　定义站点对话框向导一

务器技术”选项，如图 1—8 所示。

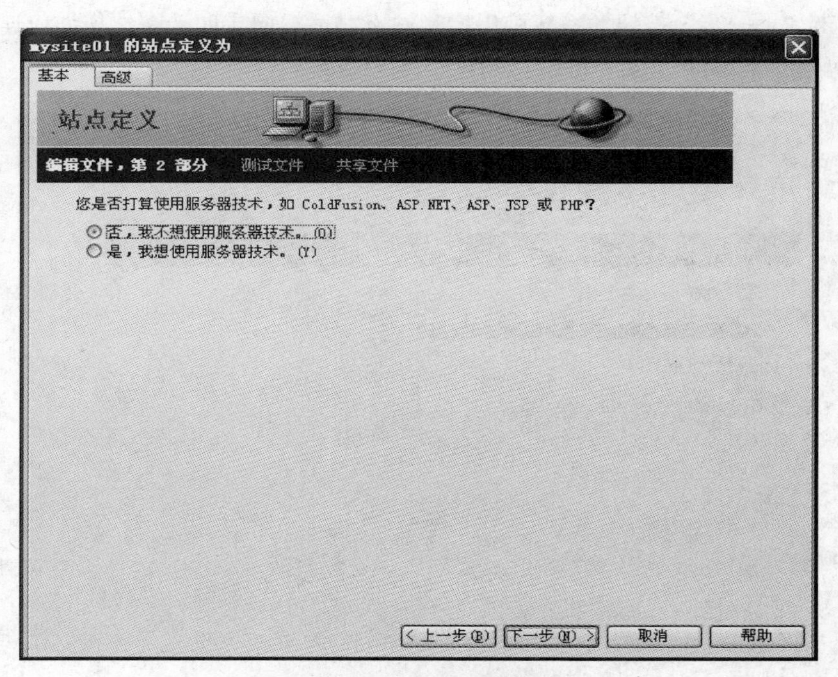

图 1—8　定义站点对话框向导二

（3）单击“下一步”按钮，系统弹出定义站点对话框向导三，选择“编辑我的计算机上的本地副本，完成后再上传到服务器（推荐）”选项，输入文件存储位置，或通过单击右边的按钮选择文件的存储位置，如图 1—9 所示。

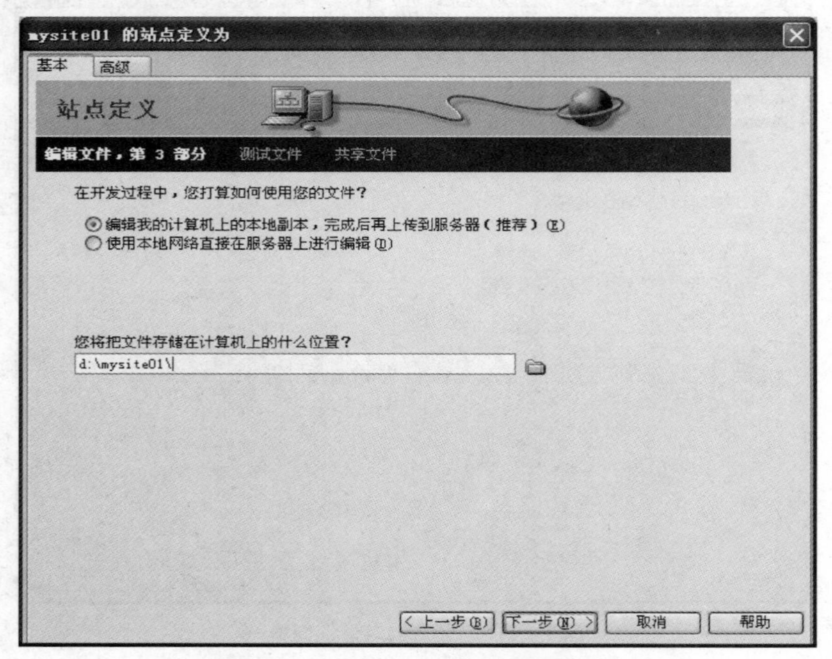

图 1—9　定义站点对话框向导三

（4）单击“下一步”按钮，系统弹出定义站点对话框向导四，在“您如何连接到远程服务器?”下拉列表中选择“无”选项，如图 1—10 所示。

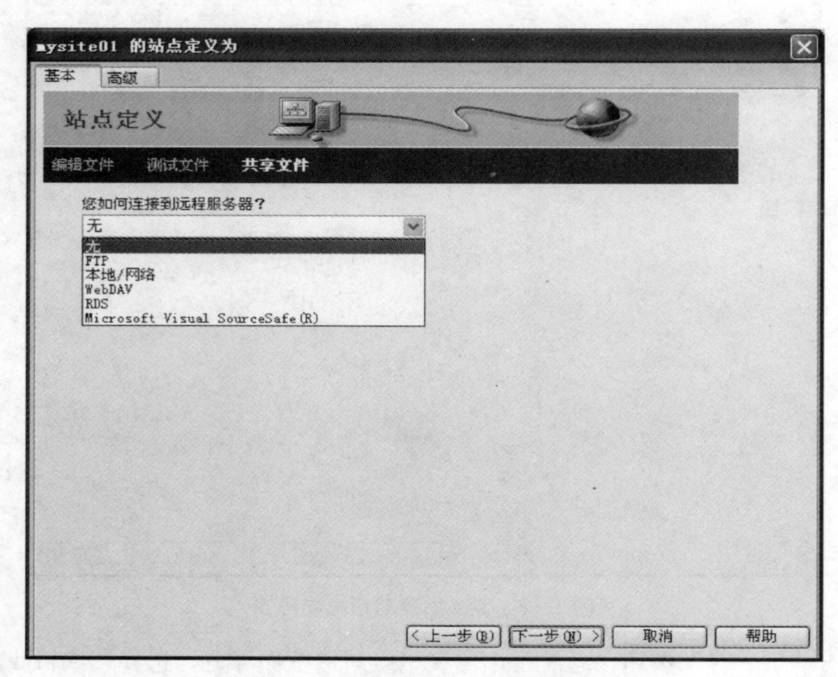

图 1—10　定义站点对话框向导四

（5）单击“下一步”按钮，系统弹出定义站点对话框向导五，查看创建站点的基本信息，如图 1—11 所示。

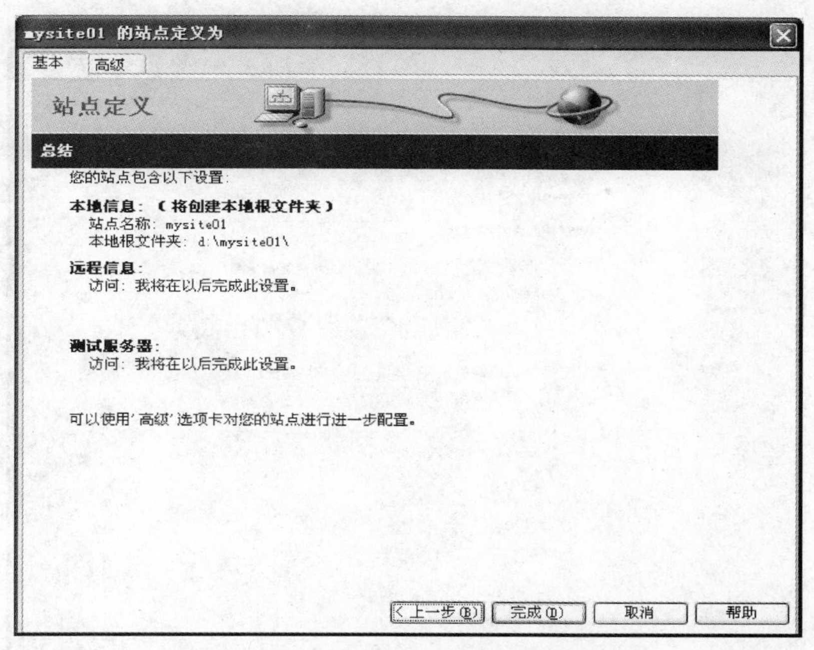

图 1—11　定义站点对话框向导五

（6）单击“完成”按钮，在“文件”面板中可以看到创建的站点名称，如图 1—12 所示。

（7）选择“站点→管理站点”命令，在打开的“管理站点”对话框中也显示出新创建的站点，如图 1—13 所示。

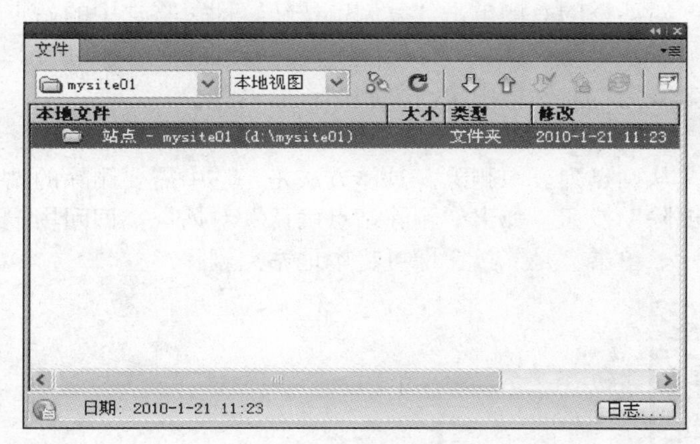

图 1—12　创建的站点

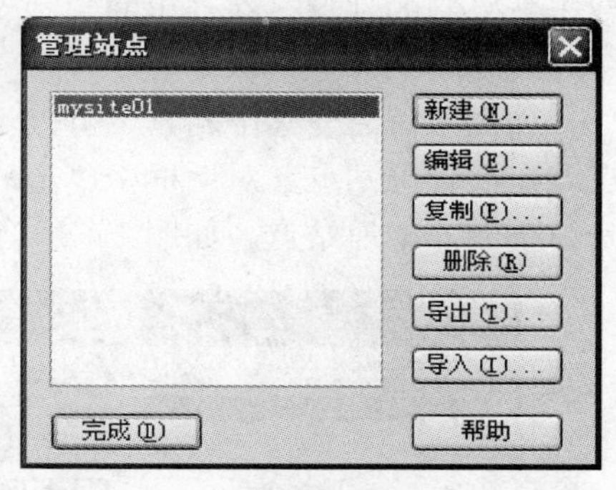

图 1—13　“管理站点”对话框

1.4.3　管理本地站点

建立站点后，设计者可以对站点进行编辑、复制、删除、导入和导出等操作。

1. 编辑站点

创建站点后，设计者可以对站点进行编辑修改设置。具体方法是：在图 1—13 所示的

“管理站点”对话框中选择要编辑的站点，单击“编辑”按钮，打开“站点定义为”对话框，选择“高级”选项卡，从中根据需要编辑站点的相关信息，如图 1—14 所示。单击“确定”按钮完成设置。

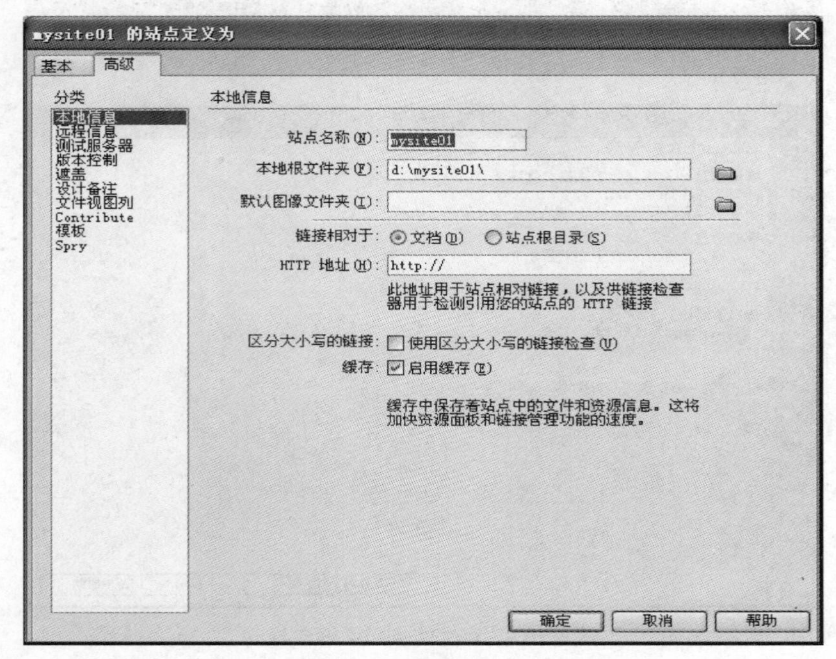

图 1—14　“站点定义为”对话框

2. 复制站点

复制站点可省去重复建立多个结构相同站点的操作步骤，可以提高用户的工作效率。复制站点的具体方法是：在“管理站点”对话框的右侧单击“复制”按钮，即可将选中的站点进行复制。新复制的站点名称出现在“管理站点”对话框的站点列表中，如图 1—15 所示。双击新复制的站点，在弹出的“站点定义为”对话框中更改复制站点的名称。

3. 删除站点

如果不再需要某个站点，可以将其从站点列表中删除。具体方法是：选中需要删除的站点，在“管理站点”对话框中单击“删除”按钮，弹出“删除站点确认”对话框，询问用户是否要删除本地站点，如图 1—16 所示，单击“是”按钮即可将本地站点删除。

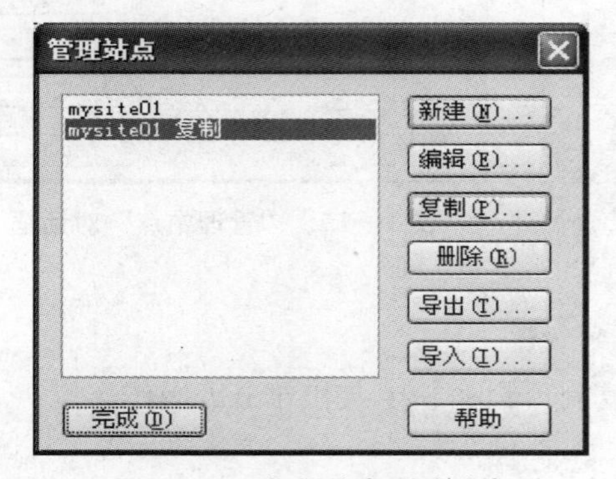

图 1—15　复制站点删除站点

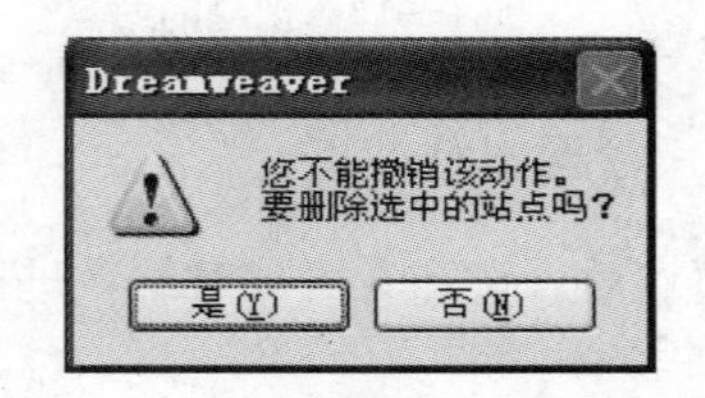

图 1—16　“删除站点确认”对话框

4. 导出和导入站点

导出和导入是一对互逆的操作，导出是将 Dreamweaver 中站点的定义信息记录在一个后缀为 . ste 的文件中单独进行存储。导入则是将含有站点定义信息的 . ste 文件重新加载到 Dreamweaver 中，使得 Dreamweaver 能对站点进行识别与管理。

导出站点的具体方法：在“管理站点”对话框中单击“导出”按钮，打开“导出站点”对话框，为站点定义文件名并指定好保存的路径，单击“保存”按钮即可导出站点。通常保存的路径应该在站点文件夹之外的目录下。

导入站点的具体方法：在“管理站点”对话框中单击“导入”按钮，打开“导入站点”对话框，找到所需的 . ste 站点定义文件，单击“打开”按钮进行导入。

> 提示：可以一次进行多个站点的导出和导入，只要在“管理站点”对话框的左侧站点列表中按 Ctrl 或 Shift 键的同时选中要导出或导入的多个站点名称，再单击“导出”或“导入”按钮即可。

1.4.4 操作本地站点文件

在“文件”窗口中选中创建的站点，单击鼠标右键弹出如图 1—17 所示的快捷菜单。选择“新建文件”，将在选择的站点中新建文件；选择“新建文件夹”，将创建一个新的文件夹；选择“编辑”菜单命令，在打开的级联式菜单中，可以对站点中的文件或文件夹进行剪切、复制、删除和重命名等操作。

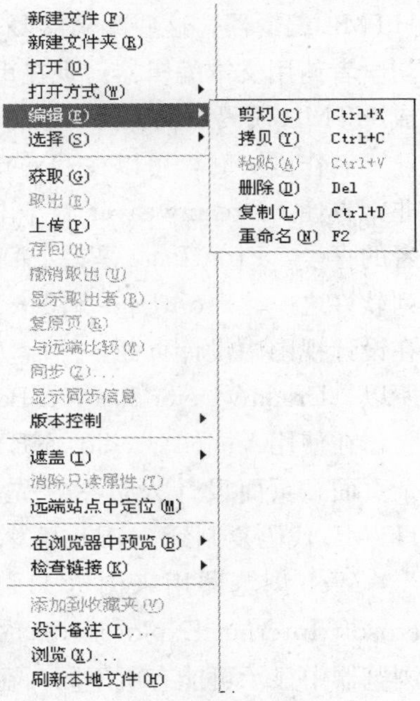

图 1—17 快捷菜单

1.5 学习任务 5：HTML 标识语言基础

学习任务要求：认识 HTML 及显示原理，掌握 HTML 的基本语法和文档结构。

HTML 是一种构成网页基本结构的标记语言，是网页设计中的基础。在浏览器中，任何 HTML 标记都看不到，但是在浏览器中所看到的网页效果都是由 HTML 标记生成的。在大多数情况下，像在 Dreamweaver 这样的网页编辑软件中，HTML 的处理是在后台进行的，因而就掩盖了该语言的复杂性。

1.5.1 HTML 概述

1. 认识 HTML

HTML 是在标准通用标签语言 SGML（Standard Generalized Markup Language）定义

下的一个描述性语言，是 SGML 的一个子集。HTML 不是一种像 C#、Java 之类的程序语言，而是一种描述文档结构的标签语言，是一种应用非常广泛的网页格式，也是最早被用来显示 Web 页的语言之一。

从 1990 年开始，HTML 就被用作 WWW 的信息表示语言，通过利用特殊标签（Tag）来描述网页文档格式和网页之间的超链接信息。1993 年起，设计者专门制定 Web 标准的万维网联盟 W3C（World Wide Web Consortium）组织并发布了 HTML 1.0 版本。目前，HTML 4.0 版本已成为广泛使用的统一规范。

HTML 与操作系统平台的选择无关，只要有浏览器就可以运行 HTML 文档，显示网页内容。

2. HTML 制作工具及显示原理

HTML 语言作为一种标识性的语言，是由文本和标签构成的，HTML 文档的扩展名为 .html 或 .htm。制作 HTML 文档需要两个基本工具：一个是 HTML 编辑器，一个是 Web 浏览器。HTML 编辑器用来生成和保存 HTML 文档，Web 浏览器用来浏览和测试 HTML 文档。

因为 HTML 代码是纯文本的，所以任何文本编辑器如写字板、记事本等都可以作为 HTML 编辑器，这些编辑器要求手工输入 HTML 代码，可以帮助学习 HTML，所以建议初学者使用文本编辑器。现在市面上有很多种优秀的编辑器，它们会根据用户的操作自动生成 HTML 代码，大大提高制作网页的效率。常用的编辑器有 Dreamweaver、FrontPage 等。

制作网页时，可以在 Dreamweaver 的“代码”视图和“设计”视图间切换，使用起来非常方便。Dreamweaver 制作出来的网页兼容性比较好，产生的垃圾代码少，深受网页设计者的喜爱。FrontPage 是一个简单易用，功能强大的网页制作工具，它是微软公司 Office 系列软件之一。FrontPage 和 Dreamweaver 一样，也同时提供代码视图和设计视图，用户可以在设计视图中设计页面，然后切换到代码视图查看生成的代码，从而帮助用户学习 HTML。所以，Dreamweaver 和 FrontPage 也是学习 HTML 的很好工具。

在使用 Visual Studio .NET 开发 Web 应用程序时，为提高页面设计效率和方便制作复杂页面，页面设计人员常常先用 Dreamweaver 或 FrontPage 制作页面，然后再将生成的 HTML 代码复制到 .NET 开发环境中。

Web 浏览器用来浏览 HTML 文档，在 Windows 操作系统上，常用的浏览器是 Microsoft Internet Explorer，简称 IE。同一个 HTML 文档在不同种类的浏览器或不同版本的浏览器中显示可能有所不同，在不同计算机上的显示也可能有所不同。

HTML 文档显示原理可概括为：HTML 使用一组约定的标签符号，对 Web 上的各种信息进行标记，浏览器会解释这些标记符号并以它们指定的格式把相应的内容显示在屏幕上，而标记符号本身不会在屏幕上显示出来。

图 1—18 所示内容是在记事本中编辑了一个最基本的 HTML 文档，文档的保存格式为 .html；图 1—19 是 HTML 文档在浏览器中的显示效果。

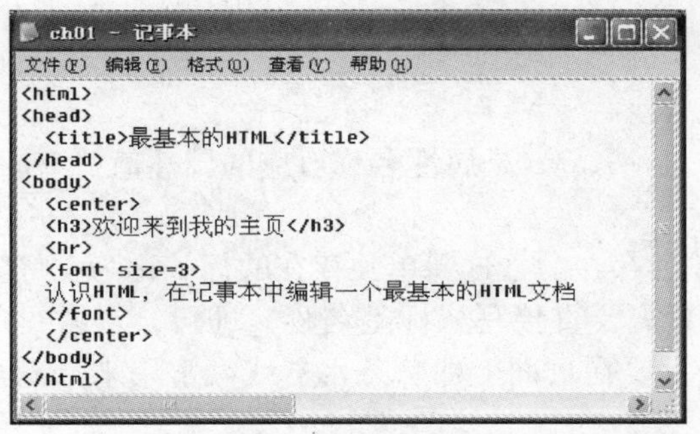

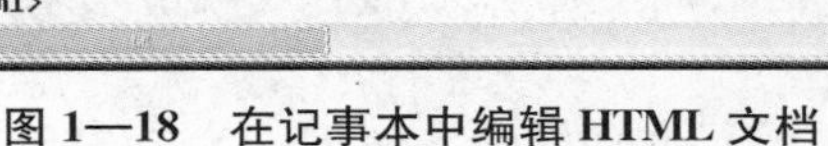

图 1—18　在记事本中编辑 HTML 文档

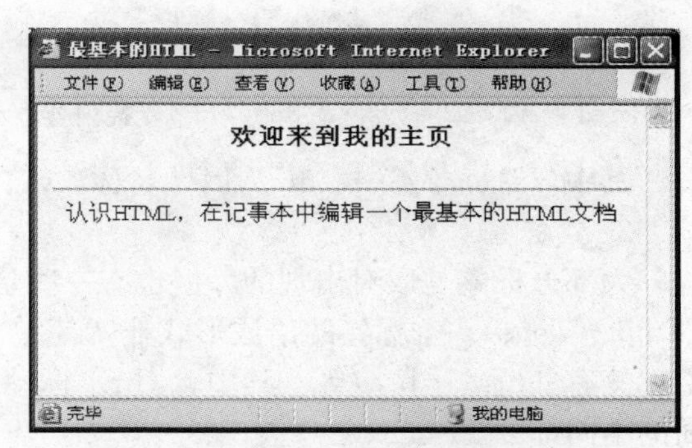

图 1—19　HTML 文档在浏览器中的显示效果

在图 1—18 中的 HTML 代码中，用尖括号括起来的即为 HTML 标签，如〈html〉、〈head〉等。标签往往成对出现，一个称为开始标签，一个称为结束标签，开始标签与结束标签之间的部分称为标签的内容。例如，〈title〉为开始标签，〈/title〉为结束标签，文本“我的网页”为〈title〉标签的内容，显示在浏览器的标题栏上。有些开始标签里有size=2的代码，称为标签的属性，用来修饰标签的内容。属性里等号左边的称为属性名，等号右边的称为属性值。

提示：HTML 文档的最终显示效果是由浏览器决定的，所以同样的文档在不同的浏览器中（如 IE 和 Netscape）显示的效果可能会有所差别。另外，浏览器如果没有正常显示网页文件，则说明文件代码有错误，这时可以重新切换到记事本窗口，对代码进行修改并保存，然后再切换到浏览器窗口，打开“查看”菜单，选择“刷新”命令，即可看到修改后的页面。

1.5.2　HTML 的基本语法

HTML 的语法主要由标签符（Tag）和属性（Attribute）组成。所有标签符都由一对尖括号括住。

1. 一般标签

一般标签由一个起始标签（Opening Tag）和一个结束标签（Ending Tag）组成，其语法格式为：

〈x〉受控内容〈/x〉

其中，x 代表标签名称，〈x〉为起始标签，〈/x〉为结束标签，结束前应有一个斜杠。例如，使文本内容成为斜体字，可以使用标签〈i〉…〈/i〉；如果使文本内容成为一级标题，可以使用标签〈h1〉…〈/h1〉。另外，还有许多常用的标签，如〈body〉…〈/body〉、〈html〉…〈/html〉等。

在标签中可以附加一些属性（Attribute），用来完成某些特殊效果或功能。大多数标签的起始标签内可以包含一些属性，属性是可选的，空白为使用默认值。不同属性间用空格分隔，属性值要加双引号，其语法形式为：

〈标签名称 属性 1 属性 2 属性 3 …〉受控内容〈/标签名称〉

也可以写为：

〈x a1 = "v1" a2 = "v2" … an = "vn"〉受控内容〈/x〉

其中，a1、a2、…、an 为属性名称，v1、v2、…、vn 是属性名称对应的属性值。

2. 空标签

大部分标签是成对出现的，但也有一些是单独存在的，这些单独存在的标签称为空标签（Empty Tags）。空标签的语法形式非常简单，只需要直接写〈标签名称〉即可。最常见的空标签有〈hr〉、〈br〉等。其中，〈hr〉标签表示要在页面上加一条水平线，常用来分割页面的不同部分。

空标签也可以附加一些属性，用来完成某些特殊效果或功能。一般形式为：

〈x a1 = "v1" a2 = "v2" … an = "vn"〉

例如，〈hr align="center" width="80%" size="2"〉，〈hr〉标签含有 3 个属性：align、size、width。其中，align 属性表示对齐方式，属性值可取 left（左对齐）、center（居中，默认值）、right（右对齐）；size 属性定义线的粗细，属性值取整数，默认为 1；width 属性定义线的长度，可以取相对值（由一对引号括起来的百分数，表示相对于充满整个窗口的百分比），也可以取绝对值（用整数表示屏幕像素点的个数，如 width=300），默认值为 100%。另外，〈hr〉标签中还包含一个 noshade 属性，用于设定线条为平面显示，若删去则具有阴影或者立体效果，这是内定值。

1.5.3 HTML 的文档结构

HTML 文件的主体结构由〈html〉、〈head〉和〈body〉3 个标签组成。下面是一个典型的 HTML 文件结构：

```
〈html〉
    〈head〉
        头部信息:如<title>、<meta>等
    〈/head〉
    〈body〉
        文档主体
    〈/body〉
〈/html〉
```

(1)〈html〉与〈/html〉标签在最外层，包含了整个文档的内容，分别表示 HTML 文档的开始与结束。

(2)〈head〉…〈/head〉标签之间是网页的头部信息，这部分主要定义了用于显示文档的参数，如网页标题、meta 信息、CSS 样式定义等。其中〈title〉与〈/title〉标签之间指定了网页的标题；〈meta〉标签用于提供 HTML 网页的字符编码、关键字、描述、作者、自动刷新等多种信息。

(3)〈body〉…〈/body〉标签之间是网页的主体部分，包括网页所有要显示的文本、图像、表格等信息以及用于控制这些信息的标记符。在〈body〉…〈/body〉标签之间，一般含有其他标签，这些标签和属性构成了 HTML 网页的主体部分。〈body〉标签包含如下常用属性：

①bgcolor：用于设置 HTML 网页的背景颜色。例如，〈body bgcolor=#FF0000〉表示背景颜色设置为红色。

②background：用于设置 HTML 网页的背景图片。例如，〈body background＝"tu.jpg"〉表示将图片 tu.jpg 设置为 HTML 网页的背景。

③text：用于设置 HTML 网页的文本颜色。使用 text 定义的颜色将应用于整篇文档。例如，〈body text＝＃FF0000〉表示文本颜色设置为红色。

④link、alink、vlink：用于分别设置普通超链接、当前活动的超链接、已访问的超链接文本的颜色。例如，〈body link＝＃ccddee vlink＝＃ff3366 alink＝＃66cc77〉。

⑤topmargin、leftmargin：用于设置网页主体内容与网页顶端、左端的距离。例如，〈body topmargin＝0 leftmargin＝2〉。

在 HTML 文档结构中还包含了大量的标签，HTML 标签规定 Web 文档的逻辑结构，并且控制文档的显示格式，也就是说，设计者用标签定义 Web 文档的逻辑结构，但是文档的实际显示则由浏览器来负责解释。

书写 HTML 代码时应注意以下几点：

(1) HTML 标签及属性中字母不区分大小写。例如，〈html〉与〈HTML〉对浏览器来说是完全相同的。

(2) 标签名与左尖括号之间不能留有空白。例如，〈　body〉是错误的。

(3) 属性要写在开始标签的尖括号中，放在标签名之后，并且与标签名之间要有空白，多个属性之间也要有空白。属性值最好用单引号或双引号引起来，引号必须是英文的引号，而不是中文的引号。

(4) 结束标签要书写正确，不能忘记加斜杠（/）。

1.6　案例：制作一个简单的网页

本节通过介绍一个简单的网页实例制作过程，希望用户掌握网页制作的一般流程和 HTML 的文档结构等。网页效果如图 1—20 所示。

图 1—20　简单网页效果

1.6.1 创建本地站点

在开始制作网页之前，首先定义一个本地站点。一个网站一般包含很多图像、网页文件和 Flash 动画。因此，建立站点的实质是在硬盘上建立一个文件夹，将网站内的所有网页与相关的文件均存放在该文件夹中，以便进行网页的制作与管理。

创建本地站点时需要在本地创建一个根文件夹，以确定存放站点所需要的所有文件的存储位置。创建本地站点的具体方法在 1.4.2 节中已经进行了详细介绍，用户可根据前面的操作步骤创建 mysite01 站点。

1.6.2 建立站点文件夹

在已经建好的网点中，一般需要建立一些子文件夹，用于分类存放网站中的图像、动画、网页等文件。本例创建一个 images 文件夹，用于存放图像文件。具体步骤如下：

(1) 在“文件”面板中，右击创建的 mysite01 站点，在打开的快捷菜单中选择“新建文件夹”，即可在 mysite01 站点下创建一个 untitled 子文件夹。

(2) 将子文件夹命名为 images，至此，子文件夹创建完成。用户可根据需要依次创建其他的文件夹。

1.6.3 创建并制作网页

主页是浏览者登录网站后显示的第一个页面，主页文件一般命名为 index.htm。其他网页文件应放在指定的子文件夹下，方便管理。本例仅创建并制作主页，具体步骤如下：

(1) 在“文件”面板中，右击创建的 mysite01 站点，在打开的快捷菜单中选择“新建文件”，即可在 mysite01 站点下创建一个以 Untitled 为文件名的空白网页文档。

(2) 为网页文件命名为 ch01-1.html，创建的网页文件如图 1—21 所示。

> 提示：启动 Dreamweaver CS4 后，在“起始页”的“新建”一栏中单击 HTML，也可以创建一个空白网页文档。

(3) 接下来开始制作网页。打开创建的网页，在文档窗口中输入文字“我的网页”。按 Enter 键，在文字下面插入水平分隔线。

(4) 单击“插入→HTML→水平线”菜单命令，在光标所在的位置出现一条水平分隔线，并处于选中状态，此时，在“属性”面板中可以设置水平分隔线的高、宽、对齐方式等属性，如图 1—22 所示。

图 1—21　创建的网页文件

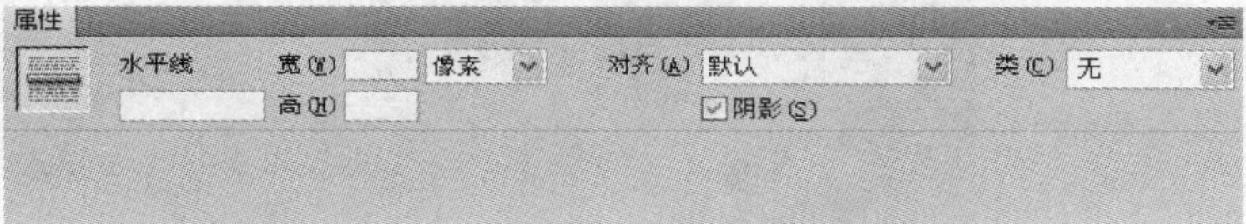

图 1—22　“水平线”属性面板

提示：通常插入的分隔线都是水平的，当需要插入垂直分隔线时，可采用改变分隔线的高度和宽度的方法达到目的。例如，将分隔线的高度设为 150 像素，宽度设为 2 像素，则分隔线即可变为垂直分隔线。

(5) 按 Enter 键，在文档窗口中输入文字“欢迎您的光临，我将继续努力!”。

(6) 按 Enter 键，继续插入一幅图片。首先准备好一幅图片，选择“插入→图像”菜单命令，或者单击“插入”面板中的“图像”按钮，打开“选择图像源文件”对话框，在“查找范围”下拉列表中选择图片文件所在的目录并选中图片文件，如图 1—23 所示。

(7) 单击“确定”按钮插入选中的图片。在插入图片的过程中会弹出其他对话框，单击“确定”按钮即可。

(8) 选中插入的图片，在“属性”面板中设置图片的大小、对齐方式等属性。单击编辑窗口中的“实时视图”按钮，页面效果如图 1—24 所示。

图 1—23　“选择图像源文件”对话框

图 1—24　页面效果

(9) 查看 HTML 代码。选中“代码”视图或者“拆分”视图，均可看到代码窗口中自动生成了相应的 HTML 代码。用户需要细心观察 HTML 的结构特点。

1.6.4　设置页面属性

网页页面属性主要包括网页标题、网页背景图像与颜色、文本与超链接颜色、页边距等。选择“修改→页面属性”菜单命令，或者单击“属性”面板中的“页面属性”按钮均能打开“页面属性”对话框，如图 1—25 所示。“页面属性”对话框中可以设置的属性有：

● 外观：用于设置页面上的文本显示的字体、大小和颜色，背景颜色，背景图像，背景图像的显示方式，以及页面上内容显示时的边距设置。

● 链接：可以设置超链接在显示时的字体，链接在访问前、活动中和已访问后的颜色，已链接的内容是否有下划线的样式等。

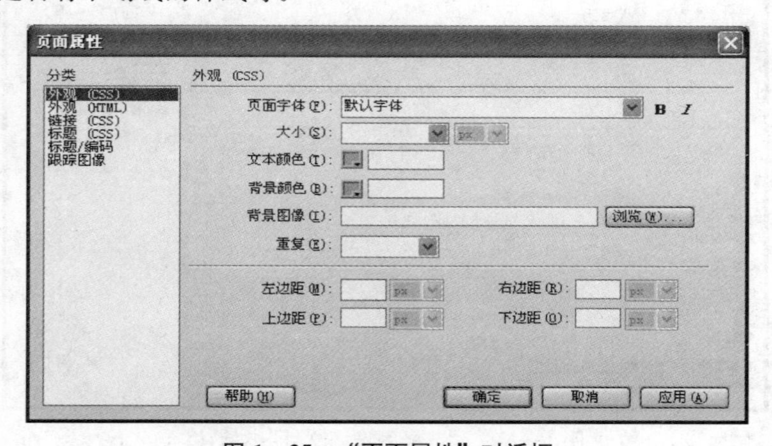

图 1—25　“页面属性”对话框

● 标题：可以设置页面上 6 种标题的字体和各自的大小、颜色。

● 标题/编码：可以设置页面的标题名称（该标题是在浏览器窗口中显示在顶部的页面的名称，对应 HTML 的〈title〉标签）、文档类型及编码方式等。

● 跟踪图像：可以设置页面的跟踪图像及其透明度，方便用户进行排版页面。

1. 设置网页标题

对网页来说，标题非常重要，它可以帮助浏览者在浏览时了解正在访问的内容，以及在历史记录和书签列表中标识页面。在 Dreamweaver 中有多种方法可以为网页添加标题。

方法一：在打开的“页面属性”对话框中，选择“标题/编码”类别，在“标题”右侧的文本框中输入页面的标题，本例输入的网页标题是“我的第一个网页”，然后单击“确定”按钮。

方法二：直接在 Dreamweaver 文档工具栏的“标题”文本框中输入新标题，本例输入的网页标题是“我的第一个网页”，然后按 Enter 键确定，如图 1—26 所示。

图 1—26　文档工具栏

方法三：在“查看”菜单中，选择“文件头内容”选项，在文档窗口中显示出文件头部分的内容，单击“标题”按钮，在“属性”面板的“标题”文本框中输入新标题“我的第一个网页”，然后按 Enter 键，如图 1—27 所示。

图 1—27　文件头与“标题”按钮

2. 设置网页的背景图像或颜色

使用“页面属性”对话框可以设置网页的背景图像或背景颜色。如果同时设置了背景图像和背景颜色，则背景颜色将在图像下载过程中出现；如果背景图像有透明像素，则背景颜色将一直显示。另外，如果关闭浏览器的图片显示功能时，仍然可以看到背景颜色。

提示：同时设置背景图像和背景颜色的原因是当网络速度较慢时，背景图像可能显示迟缓，此时背景颜色将首先出现，让浏览者明白这是有图片的页面，需要稍加等候。

打开如图 1—25 所示的“页面属性”对话框，在“分类”列表框中选择“外观”选项，单击“背景图像”文本框后的“浏览”按钮，在弹出的“选择图像源文件”对话框中选择背景图像；或者在“背景图像”文本框中直接输入背景图像的文件名和路径，然后单击“页面属性”对话框中的“应用”按钮，背景图像将应用到网页中。

在“页面属性”对话框中单击“背景颜色”右侧的按钮，将弹出一个“颜色”面板，此时的鼠标指针变为吸管形状，使用吸管在“颜色”面板中选择一种颜色，也可以使用吸管选取屏幕上任意一点的颜色作为背景颜色的设定值。

提示：背景图像的文件名建议使用英文名称；如果背景图像的尺寸小于文档窗口的尺寸，Dreamweaver 将重复排列背景图像直至填满“文档”窗口。

3. 设置网页文本的属性

设置网页的背景图像和颜色之后，还需要设置网页中文本的字体、大小与颜色。在“页面属性”对话框中，既可以设置普通文本的默认颜色与字体，也可以设置超链接、已访问链接和活动链接的默认颜色与字体。

在打开的“页面属性”对话框中，选择“分类”列表框中的“外观”选项，在“页面字体”下拉列表中选择一种字体，本例选用“新宋体”。如果在下拉列表中没有需要的字体，则可以通过“编辑字体列表”进行添加。在“大小”下拉列表中设置网页文本的大小，本例设置为 24，也可以直接输入 24。单击“应用”按钮观察文档窗口中的文本效果。

4. 设置页面边距

通过设置页面边距，可以使网页周边留出一些距离。设置页面边距的操作是在“页面属性”的“外观”对话框中实现。方法是直接在如图 1—25 所示的边界框中输入以下边距数值。

(1) 左边距：文档中左侧边缘的空白数值。

(2) 右边距：文档中右侧边缘的空白数值。

(3) 上边距：文档中上侧边缘的空白数值。

(4) 下边距：文档中下侧边缘的空白数值。

设置网页的页面属性后，根据需要还可以在“属性”面板中对网页内容做进一步的设置。本例设置了网页内容居中对齐，并设置文本“我的网页”的“格式”为标题 2。

1.6.5 保存并浏览网页

浏览网页文档之前需对网页文档进行保存。保存网页类似于大多数软件中的保存命令，可以分为“保存”和“另存为”两种方式。具体步骤如下：

(1) 在 Dreamweaver 窗口中，选择“文件→保存”菜单命令，或者按 Ctrl+S 组合键，打开“另存为”对话框，确定文件保存的目录和文件名后，单击“确定”按钮保存网页文件。注意，网页文档的后缀名为 .html 或 .htm。

(2) 保存网页文档后，采取以下 3 种方法之一打开 IE 浏览器，浏览网页效果。

①选择“文件→在浏览器中预览→IExplore”菜单命令。

②单击“标准”工具栏中的“在浏览器中预览/调试”按钮。

③按 F12 功能键打开 IE 浏览器。

本实例的网页最终效果如图 1—20 所示。

> 提示：如果对一个已经保存过的文档进行修改后再保存，将直接以原目录和文件名进行覆盖保存。如果对已经保存过的文件重新保存，选择“文件→另存为”菜单命令，或者按 Shift＋Ctrl＋S 组合键打开“另存为”对话框，重新确定文件保存的目录和文件名。如果在文档窗口中编辑修改的网页文档有多个，可通过单击“文件→保存全部”菜单命令进行保存。

实　训　1

通过本节实训，希望用户进一步熟悉 Dreamweaver CS4 的操作环境，练习 HTML 文档的创建和保存，练习本地站点的创建与管理。

（一）熟悉 Dreamweaver CS4 操作环境

1. 实训要求

（1）熟悉 Dreamweaver CS4 的工作环境。

（2）掌握菜单栏、工具栏、状态栏、属性面板和面板组的功能及使用。

2. 实训指导

查看所用计算机的硬件配置，了解 Dreamweaver CS4 对机器环境的要求。打开 Dreamweaver CS4，熟悉 Dreamweaver CS4 的操作界面，掌握菜单栏、工具栏、状态栏、属性面板和面板组功能及使用方法。

（二）创建本地站点及简单个人网页

1. 实训要求

（1）练习创建本地站点和站点的管理。

（2）利用 Dreamweaver CS4 创建简单的网页文档。

（3）练习 HTML 页面的浏览方法。

（4）练习“页面属性”的设置方法。

2. 实训指导

通过创建站点向导创建一本地站点，在该站点内合理组织站点所用资源文件和网页文档，要求网页文档根据内容组织在站点根目录下或不同的文件夹中，然后对站点进行管理。

创建一个空白网页文档，在文档中输入文本内容，并插入一幅简单的图片，通过“页面属性”为页面添加背景图片及背景颜色。保存并浏览网页，网页参考效果如图 1—28 所示。

图 1—28　网页效果

习　题　1

一、填空题

1. 插入工具栏可方便用户在制作网页过程中快速插入网页元素，共有两种显示方式，一种是________，另一种是________。

2. 文档窗口是 Dreamweaver CS4 操作环境的主体部分，可分为________、________、________ 3 种形式。

3. HTML 网页文件的扩展名为________。

4. 在________对话框中可以设置网页的背景图像。

5. 在 Dreamweaver 中导出站点的定义信息将形成一个后缀为________的文件。

二、选择题

1. 以下不属于网页浏览器的是________。

A. Internet Explorer　　B. Firefox　　C. Safari　　D. Firework

2. 以下对动态网页的特点描述正确的是________。

A. Flash、GIF 是动态网页最显著的特征

B. 动态网站比静态网站安全性更高

C. 动态网页中不需要使用 HTML 标记语言

D. ASP、ASP. NET 都是常用的动态网站技术

3. 在 Dreamweaver CS4 中创建新的网页文档，可以使用________组合键。

A. Ctrl+M　　B. Ctrl+N　　C. Alt+ M　　D. Alt+ N

4. 按________功能键可以快速打开浏览器浏览网页效果。

A. F5　　B. F6　　C. F11　　D. F12

5. 刷新“设计”视图可以采用________功能键。

A. F5　　B. F6　　C. F11　　D. F12

6. 要显示/隐藏 Dreamweaver 操作环境中的面板组可以按________功能键。

A. F6　　B. F5　　C. F4　　D. F3

三、简答题

1. 什么是 HTML？写出 HTML 的文档结构。
2. Dreamweaver CS4 的工作界面由哪几部分组成？各部分的作用是什么？
3. 如何展开或是折叠 Dreamweaver CS4 工作环境中的面板？如何隐藏和显示面板组？
4. 创建本地站点的作用是什么？
5. 简述网站开发的基本流程。

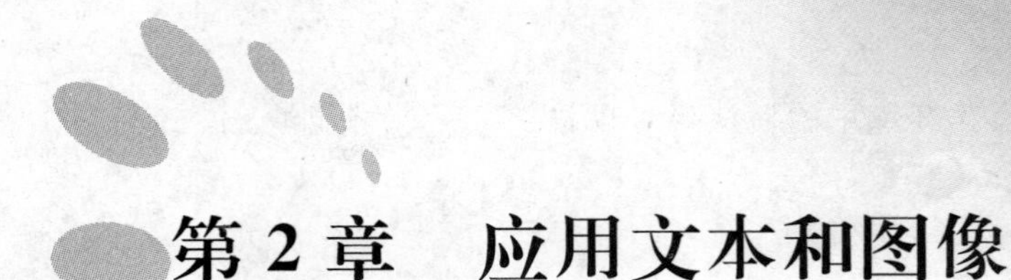

第2章　应用文本和图像

文本和图像是构成网页的最基本元素。网页最基本的目的就是传递信息，信息最好的载体就是文字，而图片的运用可以令网页生动多彩，更加吸引浏览者的眼球，其影响力胜过千言万语。在网页中添加文本和图像并恰当地设置属性是网页制作的基本技能。

本章学习要点

- 在网页中插入文本。
- 设置文本的属性、格式和样式。
- 在网页中插入图像。
- 图像的属性设置及优化。
- 图文混排版面制作。

2.1　案例1：制作文本网页

学习目标： 利用 Dreamweaver CS4 制作简单的文本页面，掌握文本在网页中的应用。
知识要点： 在网页中添加文本的方法；对网页文本的编辑与操作。
案例效果： 案例效果如图 2—1 所示。

2.1.1　直接输入文本

直接输入文本类似于在多数文本编辑软件中进行的文本输入操作，只需将鼠标光标定位在需插入文本的位置，选择所需的输入法后进行输入文本即可。

在 Dreamweaver CS4 中默认只能输入一个空格，如果要输入多个连续的空格，则选择"插入→HTML→特殊字符→不换行空格"菜单命令，或者按 Ctrl＋Shift＋Space 组合键直接添加空格。

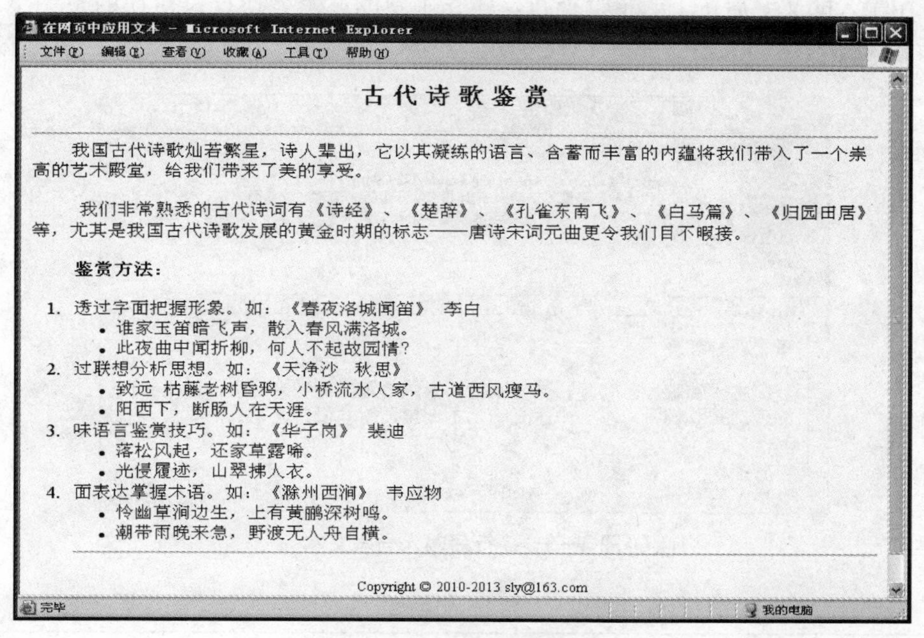

图 2—1　案例效果图

> 提示：选择"编辑→首选参数"菜单命令，或使用 Ctrl＋U 组合键打开"首选参数"对话框，在"常规"分类选项中，选择"编辑选项"中的"允许多个连续的空格"，在文档的"设计"视图下将直接通过空格键输入多个空格。

具体操作步骤如下：

(1) 启动 Dreamweaver CS4，新建一个 HTML 文档，以 2-1. html 为文件名保存文档。

(2) 在文档窗口中，将鼠标光标定位在文档起始位置，选择输入法并输入文字"古代诗歌鉴赏"，文字间用空格分隔。在"代码"视图可以看到一个空格会自动对应一组替代字符" "，如图 2—2 所示。

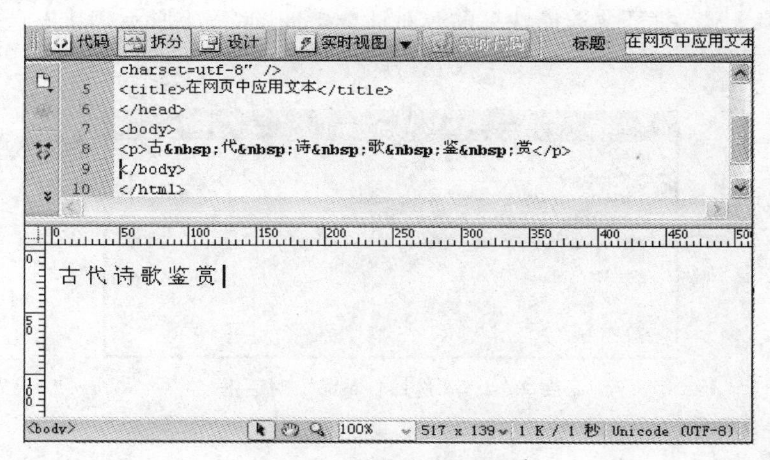

图 2—2　输入文本和空格

(3) 在输入的文字后按 Enter 键换行，建立了新的段落，换行符对应的是一个〈p〉标签，然后输入新段落的文本，如图 2—3 所示。

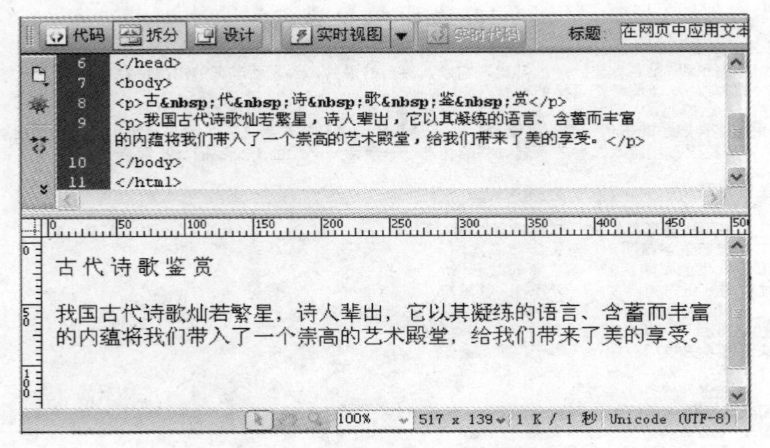

图 2—3　换行后输入一段文本

> 提示：换行的方法有多种：选择“插入→HTML→特殊字符→换行符”菜单命令进行换行；单击“插入”面板“文本”标签中的按钮；按 Shift＋Enter 组合键插入换行符。

2.1.2　添加其他文档中的文本

可以利用系统剪贴板将其他文档中的文本粘贴到网页文档中。继续前面的操作：

(1) 打开已经准备好的文本文档，选中需要复制的文本内容，按 Crtl＋C 组合键将选中的内容复制到剪贴板中。

(2) 在 Dreamweaver CS4 的“设计”窗口中，将光标置于合适的位置，按 Crtl＋V 组合键将剪贴板中的内容粘贴到页面中。也可以选择“编辑→选择性粘贴”菜单命令，或者按组合键 Crtl＋Shift＋V，打开“选择性粘贴”对话框，如图 2—4 所示，从中选择一种“粘贴为”方式。

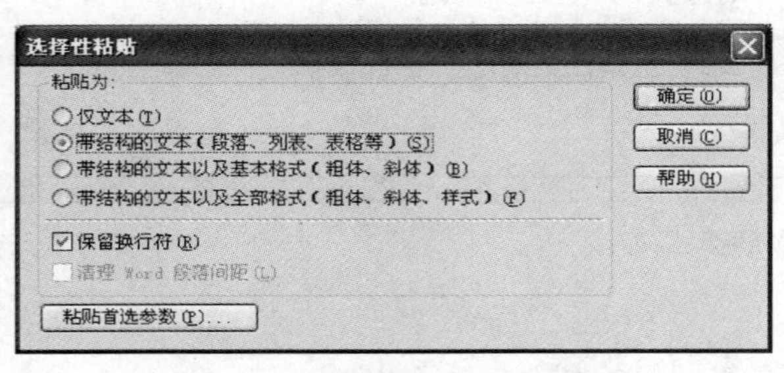

图 2—4　“选择性粘贴”对话框

①仅文本：粘贴纯文本，不包括文本的任何格式。

②带结构的文本：粘贴文本及段落格式、列表、表格等结构信息。

③带结构的文本以及基本格式：粘贴文本结构信息以及基本的格式。

④带结构的文本以及全部格式：粘贴文本结构信息以及完整格式。

> 提示：选择“编辑→首选参数”菜单命令，在分类中选择“复制/粘贴”类别，打开“复制/粘贴”的“首选参数”对话框，从中可以设置“粘贴”功能的默认方式。

(3) 本例只需要粘贴不带任何格式的文本内容，于是只选择了“仅文本”选项，然后单击“确定”按钮，如图 2—5 所示。

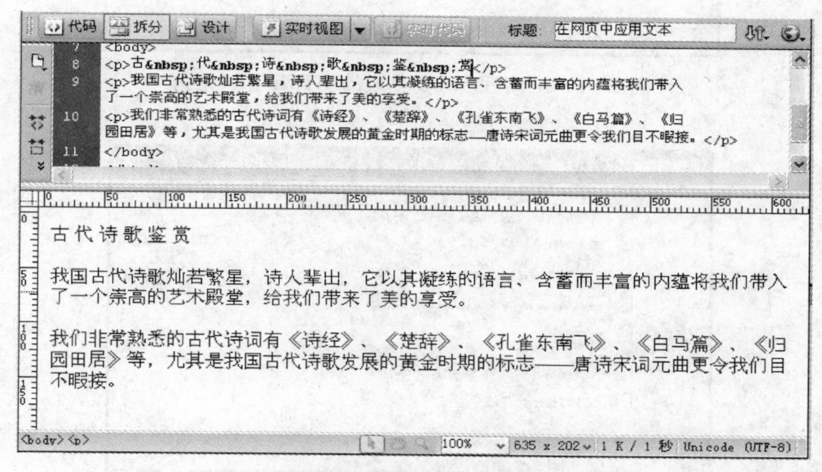

图 2—5　粘贴的文本

另外，Dreamweaver CS4 可以将 XML 文档、表格式数据、Word 及 Excel 等文档中的完整内容直接导入到页面中。下面以导入 Word 文档为例说明：选择“文件→导入→Word 文档”菜单命令打开“导入 Word 文档”对话框，选择要导入的 Word 文档，在“格式化”下拉列表中选择“仅导入文本”或是保留结构与格式，单击“打开”按钮即可导入文档。

向页面中导入的外部文档往往包含了一些多余的代码，可以通过清除冗余代码功能来清除它们。方法是：选择“命令→清理 Word 生成的 HTML”菜单命令，打开“清理 Word 生成的 HTML”对话框，如图 2—6 所示。

对整篇网页也可执行清理命令，选择“命令→清理 XHTML”菜单命令，打开“清理 HTML/XHTML”对话框，如图 2—7 所示，选择要清除的选项，单击“确定”按钮进行清理。

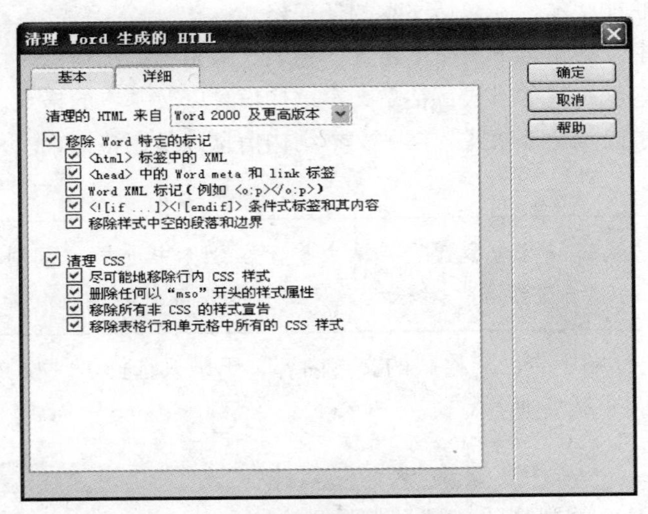

图 2—6　“清理 Word 生成的 HTML”对话框

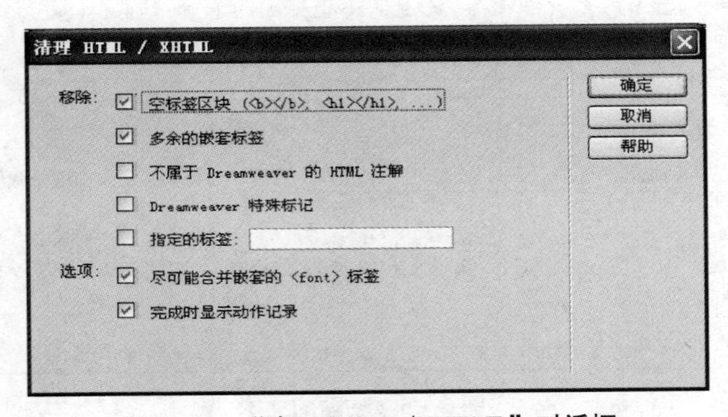

图 2—7　“清理 HTML/XHTML”对话框

2.1.3　设置文本的基本属性

Dreamweaver CS4 的“属性”面板进行了重要改进，将一些网页元素的属性设置分为 HTML 和 CSS 两类。当选中 HTML 按钮后，“属性”面板显示与 HTML 属性相关的选项，如图 2—8 所示，设置的属性将添加到网页正文的 HTML 标签中。

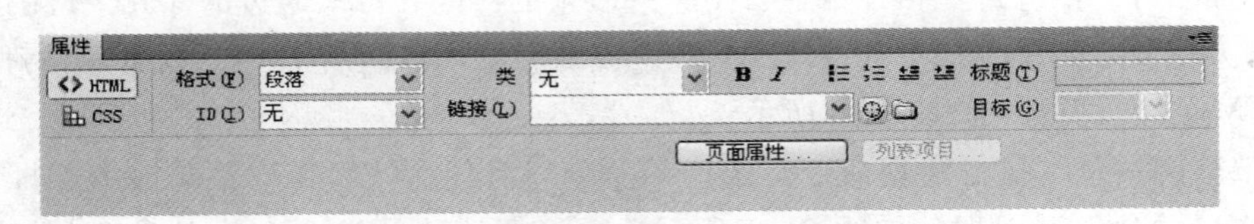

图 2—8　与 HTML 相关“属性”面板

各选项含义如下：

● 格式：网页中的文本分为标题和段落两种格式。网页中的标题一共分为 6 个级别，一般对应字体由大到小，同时文字全部加粗。在代码视图中，当使用“标题 1”时，文字两端对应〈h1〉〈/h1〉标签，依此类推。单击“页面属性”按钮或选择“修改→页面属性”菜单命令，打开“页面属性”对话框，选择“标题（CSS）”选项，如图 2—9 所示，可对每个标题的字体、大小和颜色进行单独设置。

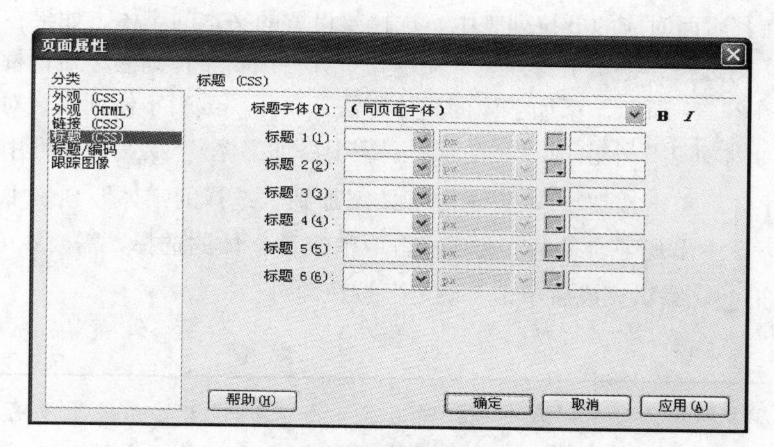

图 2—9　“页面属性”对话框

● “类”和“ID”：对选定文本设置已定义的 CSS 样式类型。其中的“重命名”可对默认的样式名进行重新命名，“无”表示没有 CSS 样式可供应用，另外可删除已经设置了的文本样式。

● “链接”和“目标”：设置文本的超链接和超链接打开方式。

● 粗体 **B** 和斜体 *I* 按钮：用于设置选定文本是否呈现粗体和斜体的样式。

● 按钮：是“项目列表”按钮，用于创建项目列表。

● 按钮：是“编号列表”按钮，用于创建编号列表。

● 、 按钮：是“文本缩进”和“文本凸出”按钮，用于设置文本的缩进或凸出效果。

当选中 CSS 按钮后，“属性”面板显示与 CSS 相关的设置，如图 2—10 所示，设置的属性添加到网页正文（内联样式）或独立的样式表文件中。

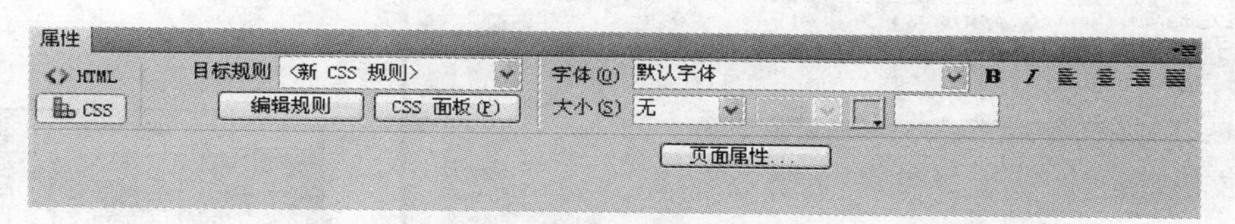

图 2—10　CSS 相关的“属性”面板

CSS“属性”面板中各选项含义如下：

● 目标规则：对选定的文本设置 CSS 规则，可选择已定义的 CSS 规则。选择“新 CSS 规则”，为选定文本创建新 CSS 规则；选择“新内联样式”，对选定文本设置的字体、大小、颜色、加粗及对齐方式，并将添加到相应的 HTML 标签中；选择“删除类”，删除已经设置了的文本样式。

● “编辑规则”按钮：单击将打开“CSS 规则定义”对话框，对选定的规则进行编辑修改。

● “CSS 面板”按钮：单击将打开 CSS 面板，对选定的规则进行编辑修改，或创建新规则。

● 字体：在其后面对应的下拉列表中，选择要设置的文本的字体。如果在字体列表中没有需要的字体，则选择“编辑字体列表”命令，打开“编辑字体列表”对话框，向其中添加新的字体，如图 2—11 所示。添加字体的具体方法：单击“编辑字体列表”对话框左上角的按钮，在“字体列表”中出现“（在以下列表中添加字体）”项，在“可用字体”列表中选定要添加的字体，单击按钮，将选定字体添加到“选择的字体”列表中，此时，在上方的“字体列表”中出现了“隶书”选项。若取消某种字体的选择，需要在“选择的字体”列表中单击按钮。编辑完成后单击“确定”按钮即可。

提示：当多种字体位于列表中一行时，表示如果浏览者的系统里没有第一种字体时，可以用后面的字体来代替。如果浏览者的系统里没有所设置的字体，那么将用系统默认字体来代替。用户在添加字体类型时，最好使用宋体、楷体、仿宋和黑体这 4 种字体，以防用户端没有相应字体库，造成不能正常显示。

● 大小：用于设置文本的大小。

● 文本颜色：设置选定文本的颜色。单击选色按钮弹出选色面板，如图 2—12 所示。此时鼠标变为吸管型，单击要选定的颜色块即可为选定文本上色。在选色面板的右上角有 3 个按钮：按钮的作用是将选定的文本设置成默认的颜色；按钮的作用是进入“颜色”编辑对话框，进行更细致的颜色选择；按钮的作用是选择何种颜色系统，默认是“立方色”，还可以选择“连续色调”、“Windows 系统”等。

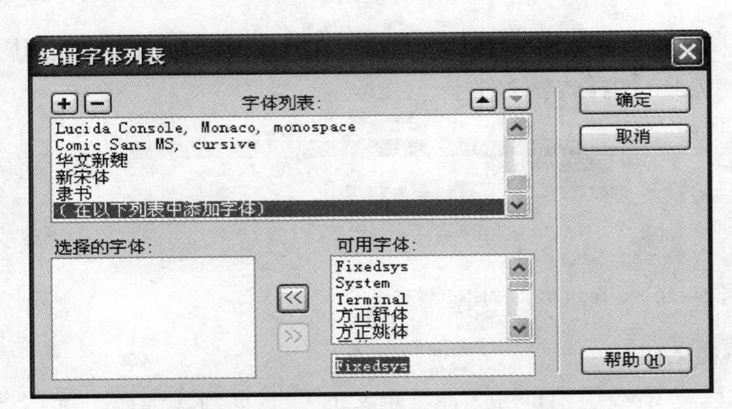

图 2—11 “编辑字体列表”对话框

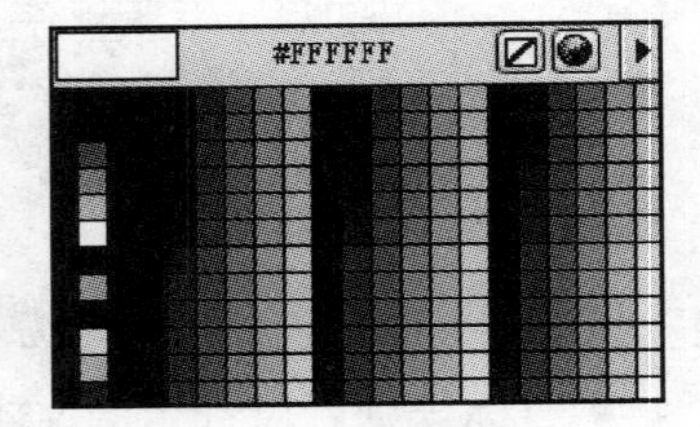

图 2—12 选色面板

提示：打开选色面板后，鼠标变为，此时，不仅可以选择色板范围内显示的色块，还可以选择整个屏幕上任何位置的颜色。如果要放弃选色，则可以在色板上方鼠标变为箭头后单击或按 Esc 键来关闭色板。

下面对页面中的文本进行基本格式化设置。具体步骤如下：

(1) 选中第一行文本“古代诗歌鉴赏”，在“属性”面板中单击 HTML 按钮，在“格式”后面的下拉列表中选择“标题 2”。

(2) 在“属性”面板中单击 CSS 按钮，在“目标规则”选项中选择“内联样式”，“对齐方式”选项中选择居中对齐，文本颜色设置为“#006”。

(3) 选中后面的两段文本，在 CSS“属性”面板的“目标规则”选项中选择“内联样式”，“字体”为默认字体，“大小”为 18px。文本的设置效果如图 2—13 所示。

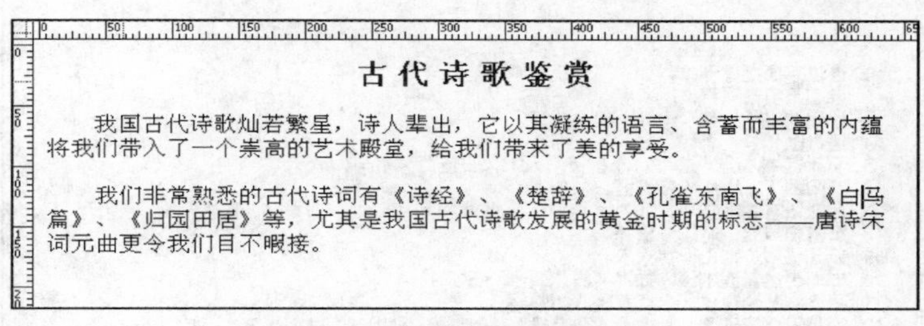

图 2—13　文本格式设置效果

2.1.4　创建列表

列表将具有相似特性或某种顺序的文本进行有规则的排列，使文本内容层次更加清晰。列表在网页中有广泛应用，尤其在进行非结构化同等元素间的布局时经常用到。

列表分为有序列表和无序列表两大类。项目列表是无序列表，对应标签〈ul〉；编号列表是有序列表，对应标签〈ol〉，列表中的列表项对应标签〈li〉。

使用“属性”面板中的“项目列表”按钮、“编号列表”按钮，结合“文本缩进”按钮、“文本凸出”按钮，可以很方便地创建列表。

(1) 创建列表。在图 2—13 所示的文本下面继续输入文本，如图 2—14 所示。

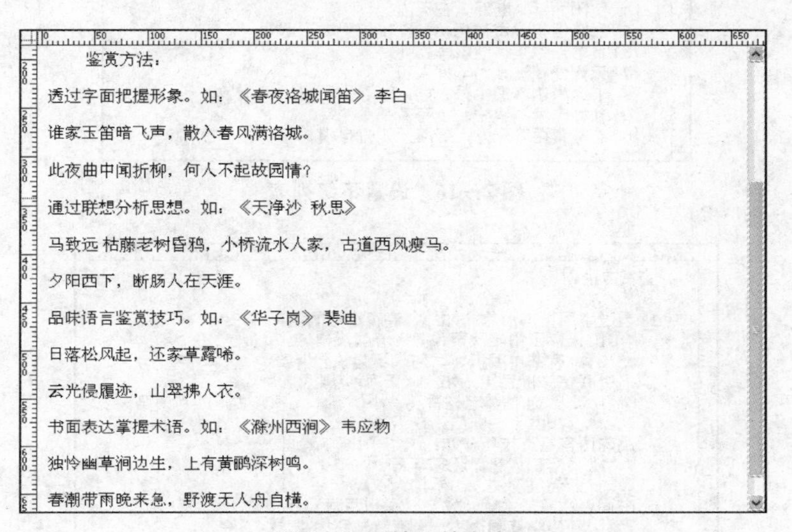

图 2—14　输入的文本

(2) 选中输入的文本，在 HTML“属性”面板中单击“编号列表”按钮，效果如图 2—15 所示。

古代诗歌鉴赏
我国古代诗歌灿若繁星，诗人辈出，它以其凝练的语言、含蓄而丰富的内蕴将我们带入了一个崇高的艺术殿堂，给我们带来了美的享受。
我们非常熟悉的古代诗词有《诗经》、《楚辞》、《孔雀东南飞》、《白马篇》、《归园田居》等，尤其是我国古代诗歌发展的黄金时期的标志——唐诗宋词元曲更令我们目不暇接。
鉴赏方法：
1. 透过字面把握形象。如：《春夜洛城闻笛》 李白
2. 谁家玉笛暗飞声，散入春风满洛城。
3. 此夜曲中闻折柳，何人不起故园情？
4. 通过联想分析思想。如：《天净沙 秋思》
5. 马致远 枯藤老树昏鸦，小桥流水人家，古道西风瘦马。
6. 夕阳西下，断肠人在天涯。
7. 品味语言鉴赏技巧。如：《华子岗》 裴迪
8. 日落松风起，还家草露晞。
9. 云光侵履迹，山翠拂人衣。
10. 书面表达掌握术语。如：《滁州西涧》 韦应物
11. 独怜幽草涧边生，上有黄鹂深树鸣。
12. 春潮带雨晚来急，野渡无人舟自横。

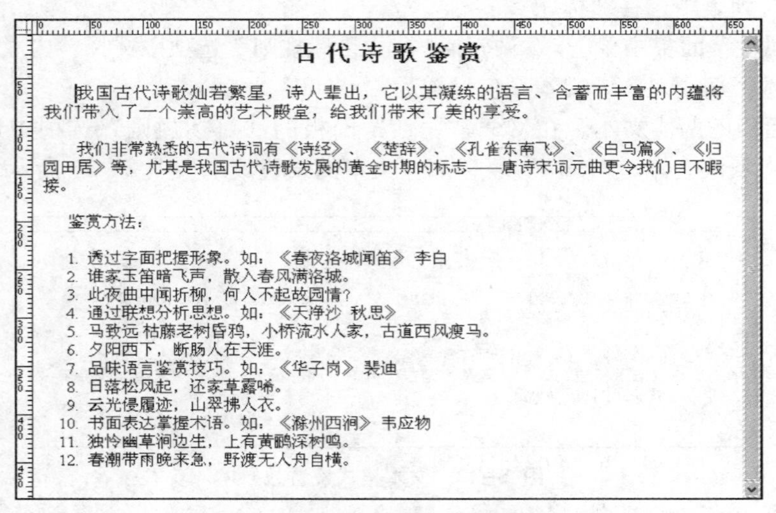

图 2—15　为文本创建编号列表

(3) 设置下级列表。选中“谁家玉笛暗飞声……何人不起故园情？”文本，单击“文本缩进”按钮，使选中的文本成为下级列表，如图 2—16 所示。

(4) 用同样的方法设置其他相关内容成为下级列表，如图 2—17 所示。

鉴赏方法：
1. 透过字面把握形象。如：《春夜洛城闻笛》 李白
1. 谁家玉笛暗飞声，散入春风满洛城。
2. 此夜曲中闻折柳，何人不起故园情？
2. 通过联想分析思想。如：《天净沙 秋思》
3. 马致远 枯藤老树昏鸦，小桥流水人家，古道西风瘦马。
4. 夕阳西下，断肠人在天涯。
5. 品味语言鉴赏技巧。如：《华子岗》 裴迪
6. 日落松风起，还家草露晞。
7. 云光侵履迹，山翠拂人衣。
8. 书面表达掌握术语。如：《滁州西涧》 韦应物
9. 独怜幽草涧边生，上有黄鹂深树鸣。
10. 春潮带雨晚来急，野渡无人舟自横。

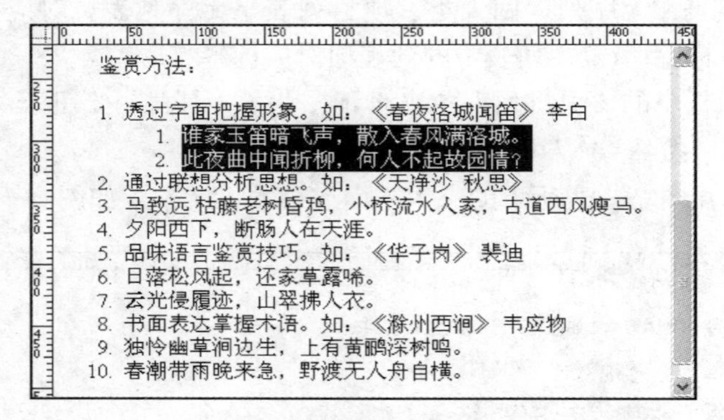

图 2—16　设置下级列表

鉴赏方法：
1. 透过字面把握形象。如：《春夜洛城闻笛》 李白
1. 谁家玉笛暗飞声，散入春风满洛城。
2. 此夜曲中闻折柳，何人不起故园情？
2. 通过联想分析思想。如：《天净沙 秋思》
1. 马致远 枯藤老树昏鸦，小桥流水人家，古道西风瘦马。
2. 夕阳西下，断肠人在天涯。
3. 品味语言鉴赏技巧。如：《华子岗》 裴迪
1. 日落松风起，还家草露晞。
2. 云光侵履迹，山翠拂人衣。
4. 书面表达掌握术语。如：《滁州西涧》 韦应物
1. 独怜幽草涧边生，上有黄鹂深树鸣。
2. 春潮带雨晚来急，野渡无人舟自横。

图 2—17　设置其他内容为下级列表

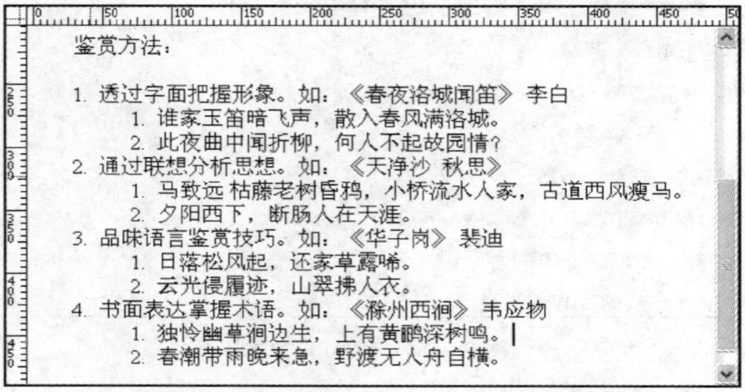

（5）修改列表属性。为文本设置列表后，“属性”面板中的“列表项目”按钮 列表项目... 可用。将光标置于需要修改的列表位置，单击“列表项目”按钮，打开“列表属性”对话框，如图 2—18 所示。

“列表属性”对话框中各项含义如下：

● 列表类型：在下拉列表中包含“项目列表”、“编号列表”、“目录列表”、“菜单列表”等选项。其中，“目录列表”和“菜单列表”只在较低版本的浏览器中起作用，在目前的高版本的浏览器中已经失去作用。

● 样式：选择相应的列表或编号的样式。

● 开始计数：只有在编号列表中才可以设置，在文本框中可以输入一个数字作为编号列表中第一个项目的值，其后的项目在该值的基础上递增。

● 新建样式：设置选定的列表项目的项目符号样式。

● 重设计数：只应用于编号列表，指定从该选定的列表项目开始计数的起始值。

（6）在“列表属性”对话框中，从“列表类型”列表中选中“项目列表”，在“样式”列表中选择“项目符号”，然后单击“确定”按钮，设置效果如图 2—19 所示。

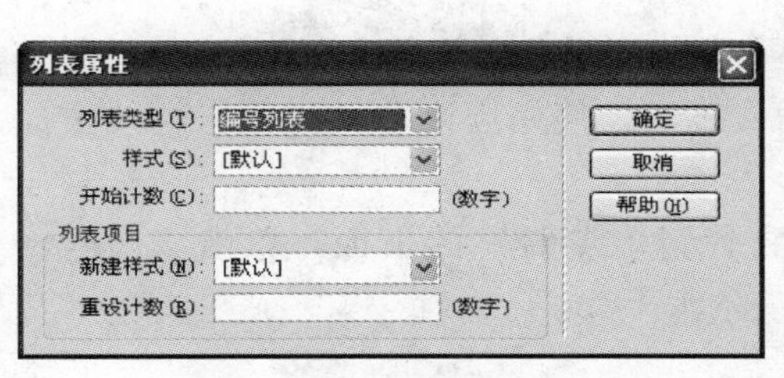

图 2—18　“列表属性”对话框

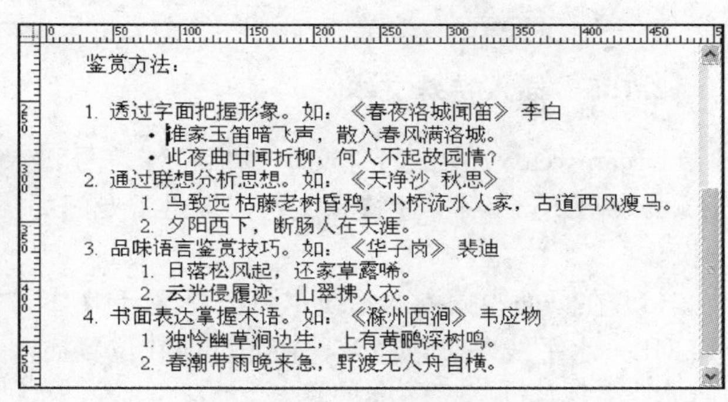

图 2—19　修改列表属性

（7）用同样的方法修改其他相关列表属性，修改效果如图 2—20 所示。

提示：修改列表属性的第二种方法是进入“代码”视图，选中相应列表标签，单击鼠标右键，选中“编辑标签”选项，弹出“标签编辑器”对话框，进行相应设置。

另外，Dreamweaver 项目列表的设置往往不能满足用户需要，用户可自定义项目列表。自定义项目列表通过“插入”面板“文本”标签中的 dl、dt、dd 按钮实现。〈dl〉标签等同于〈ul〉标签，用来定义列表，〈dt〉标签等同于〈li〉标签，用来定义列表项，〈dd〉标签是对列表项的解释。图 2—21 是使用自定义项目列表和 CSS 样式创建的列表，用户可自行练习。

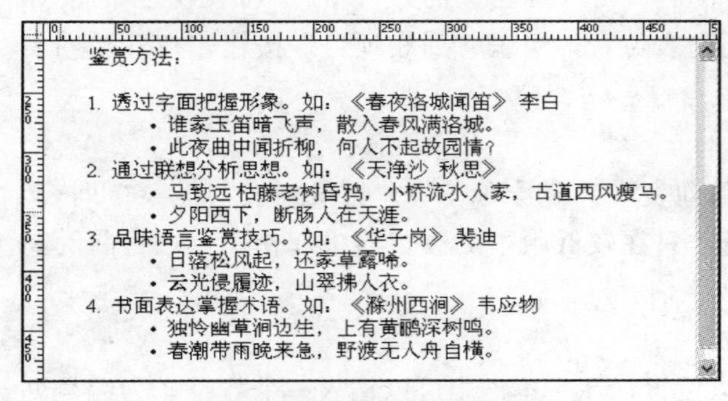

图 2—20　修改列表属性效果

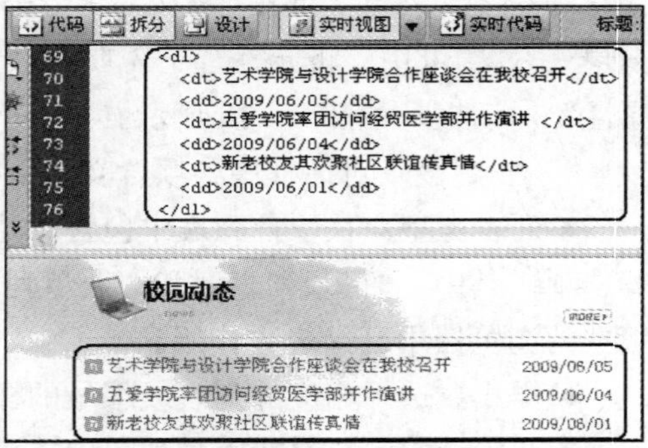

```
69  <dl>
70    <dt>艺术学院与设计学院合作座谈会在我校召开</dt>
71    <dd>2009/06/05</dd>
72    <dt>五爱学院率团访问经贸医学部并作演讲 </dt>
73    <dd>2009/06/04</dd>
74    <dt>新老校友其欢聚社区联谊传真情</dt>
75    <dd>2009/06/01</dd>
76  </dl>
```

校园动态

艺术学院与设计学院合作座谈会在我校召开　2009/06/05
五爱学院率团访问经贸医学部并作演讲　2009/06/04
新老校友其欢聚社区联谊传真情　2009/06/01

图 2—21　自定义项目列表

提示：在现有文本的基础上创建列表时，是将每一段文本作为列表中的一项，并非网页中显示的一行。也说是说，如果文本是〈br〉标签控制的换行，则将与前一行文本一起作为列表中的一项显示。

2.1.5　插入特殊文本

Dreamweaver 中的特殊文本包括特殊符号、水平线、日期和时间等，如 ©、®。Dreamweaver CS4 针对上述特殊文本，提供了专门的插入工具，使用起来非常方便。继续上面的操作：

(1) 在页面中插入水平线。将光标置于文本“古代诗歌鉴赏”的下面，单击“插入→HTML→水平线”菜单命令，在光标所在位置插入一条水平线。

提示：在页面上，可以使用一条或多条水平线分隔文本和对象。在网页中插入的水平线将自动横跨所在的表格、DIV、或是整个网页，并根据浏览器窗口大小自动伸缩。水平线的标签为〈hr〉。

(2) 将光标置于页面的最下面，用同样的方法插入一条水平线。

(3) 插入特殊字符。按 Enter 键，将光标置于水平线下面的一行中，输入文本“Copyright”，选择“插入→HTML→特殊字符”菜单命令，展开如图 2—22 所示的级联式菜单，从中选择需要插入的特殊字符。本例插入的是版权符号©，继续输入相关的其他信息，一个简单的文本页面制作完成。

提示：单击“插入”面板“文本”标签中最后一个按钮右侧的小三角，弹出如图 2—23 所示的列表，也可以从中选择需要插入的特殊字符。

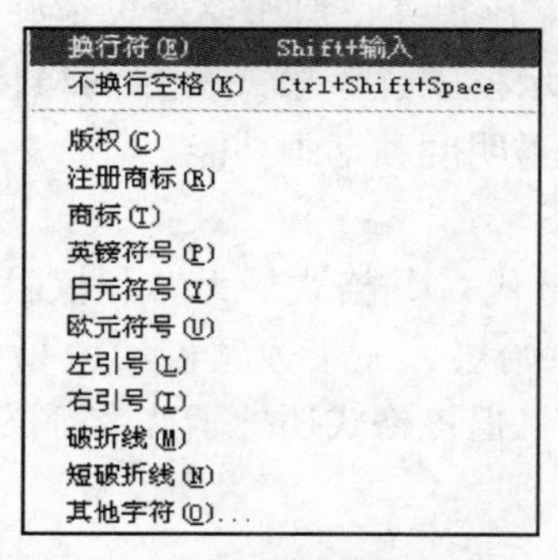

图 2—22　特殊符号菜单

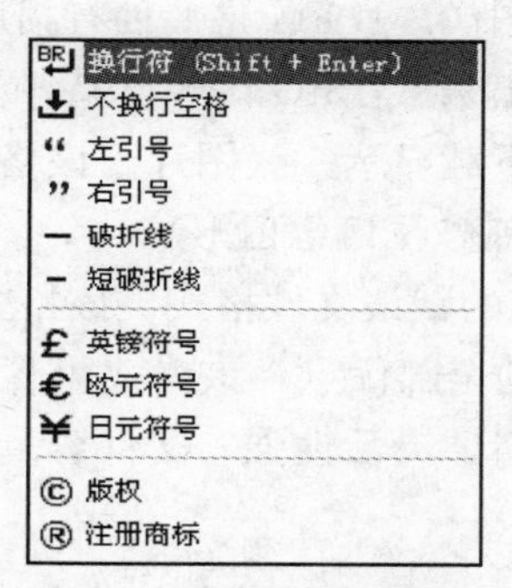

图 2—23　特殊符号列表

提示：在“设计”视图中能直接显示出特殊字符的效果，但在源代码中将以替代符号表示。例如，版权符号©表示为“©”，左引号表示为““”等。

(4) 保存网页文档，按 F12 键预览网页效果，最终效果如图 2—1 所示。

提示：Dreamweaver 可以自动插入当前日期和时间，以代替手动输入。单击“插入→日期”菜单命令打开“插入日期”对话框，在其中对日期格式进行设置，然后单击“确定”按钮即可实现日期的插入。

2.2　学习任务：网页图像及其处理工具

学习任务要求：了解网页中常用的图像格式及特点，了解常用的网页图像处理工具。

2.2.1　网页中常见的图像格式

在网页中使用图像可以使网页生动、美观、更具视觉冲击力。了解图像的格式及相应的设计工具有助于在网页中恰到好处地使用图像。

适应网络传输的要求，目前网页中通常使用的图像文件只有 3 种，即 GIF、JPEG 和 PNG，其中 GIF 和 JPEG 文件格式的支持情况最好。

1. GIF（图形交换格式）

GIF 文件是 Internet 上使用最早、最流行的图像格式。由于最高支持 256 种颜色，最适合显示色调不连续或具有大面积单一颜色的图像，如导航条、按钮、徽标、文本、卡通图像等，当它用来显示更丰富的色彩效果时，往往力不从心，但却有较好的压缩比。GIF 图像支持交错显示模式，该模式会在网络传输速率较慢时，以隔行显示的方式慢慢下载显示完一张图片。GIF 图像还支持透明背景，图像都是矩形占位的，通过设置背景透明度，来显示类似徽标等非规则形状，而不会遮挡背景。GIF 文件的扩展名为 .gif。

2. JPEG（联合图像专家组）

JPEG 最多支持 1670 万种颜色，当网页上需要全彩色图像（如高清晰照片）时，最好选用该格式的图像。JPEG 是一种有损压缩，压缩比很高，但压缩效果很好，压缩产生的损失肉眼很难看出来。JPEG 图像支持渐进交错显示模式，该模式会在网络传输速率较慢时，由模糊到清晰下载显示一张图片。该格式不支持透明度和动画功能。

3. PNG（可移植网络图形）

Fireworks 的默认文件格式。该格式是一种替代 GIF 格式的无专利权限制的格式，具有 GIF 和 JPEG 的全部优点，该格式可保留所有原始层、矢量、颜色和效果信息（如阴影），具有完全可编辑、灵活性强、文件容量小等特点，但该格式还处于普及阶段，还没有被所有浏览器支持。

2.2.2 网页图像设计工具简介

制作网页的前提是准备好各类素材。Dreamweaver CS4 是一款网页设计工具，虽然本身具有一定的图像处理能力，但并不提供图像设计功能。因此，需要用户掌握一种图像处理软件的基本使用方法。现在流行的图像制作软件有 Adobe 公司的 Photoshop、Fireworks、Illustrator、FreeHand，Corel 公司的 CorelDraw 等。目前，应用最广的是 Photoshop，最适合做网页图像的是 Fireworks。

1. Photoshop

Photoshop 是 Adobe 公司旗下最为出名的图像处理软件之一。从 1990 年 2 月由 Adobe 公司正式发行 Photoshop 1.0 开始，到 2008 年 10 月正式发布 Photoshop CS4，Photoshop 已经成为图像处理软件中的领军人物，其功能强大、操作便捷，为设计工作提供了一个广阔的表现空间，使许多不可能实现的效果变成了现实。Photoshop 的功能主要有：

（1）处理图像尺寸和分辨率。可以按要求调整图像的尺寸、修改分辨率和裁剪图像。

（2）图层功能。支持多图层工作方法，可以对图层进行合并、合成、翻转、复制和移动等编辑操作。可以建立不同的层，以及控制图层的透明度等。

（3）绘画功能。使用 Photoshop 提供的绘图工具（喷枪工具、画笔工具、铅笔工具、直线工具等）可以绘制图形，使用文本工具可以在图像中加入文字内容。

（4）选取功能。通过使用多种选取工具（矩形选框工具、椭圆形选框工具、魔棒工具、套索工具等）可以快速选取不同形状的选取范围，以及对不同选取范围进行修改和编辑（例如，进行羽化，自由变形选取范围，增删、载入和保存选取范围等编辑操作）。

（5）色调和色彩功能。通过此功能可以很容易地调整图像的对比度、色相、饱和度和明暗度。

（6）旋转和变形。可以分别对选取范围、层和路径等多种对象进行翻转和旋转，以及进行拉伸、缩放、倾斜和自由变形等操作。

（7）支持多种颜色模式。可以灵活地转换多种颜色模式，包括黑白、灰度、双色调、索引色、HSB、Lab、RGB 和 CMYK 模式等。

2. Fireworks

Fireworks 与 Dreamweaver 和 Flash 并称“网页三剑客”，专门用于网页图形的编辑软件。Fireworks 凭借其简便、易用等特点在 Web 图形设计和制作领域得到了广泛应用。

Fireworks 除了具备图像处理软件的一般功能外，典型的功能还有：

（1）同时编辑位图和矢量图形的功能。Fireworks 能把位图处理和矢量处理完美地结合

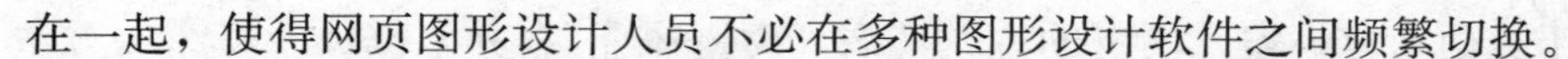

在一起，使得网页图形设计人员不必在多种图形设计软件之间频繁切换。

（2）大图切割功能。在网页中使用一大幅图像时会影响网页的下载速率，此时往往需要将大图片切割成多个小图片，Fireworks 提供了切割工具可以将一个大图片分割成不同色深的多个小图片，并且生成相应的网页文件或代码，从而减小网页的重量。

（3）制作具有动态效果的切图功能。

（4）制作动画功能。利用 Fireworks 可以合并图像形成动画、使用符号生成动画效果和手工绘制动画。

（5）文字工具及文字特效功能。Fireworks 具有强大、完善的文字工具，不仅有完整的文字格式化功能和支持双字节文字，还有方便的文字色彩填充功能和文字对齐选项。

提示：使用 Photoshop 和 Fireworks 先制作出网页图像，再使用切片功能，导出切片以及包含切片的 HTML 文件，利用这种方法可以快速制作生成网页。

2.3　案例 2：制作图像网页

学习目标： 掌握在网页中插入图像、设置图像属性及编辑图像等方法。

知识要点： 在网页中插入图像，图像的属性设置，图像的编辑，图像占位符的使用，插入鼠标经过图像等。

案例效果： 案例效果如图 2—24 所示。

图 2—24　案例效果图

2.3.1　插入图像

在网页中插入一幅图像，需要预先准备好图像文件，然后在插入点通过菜单命令或面板按钮方便地插入图像。操作步骤如下：

（1）新建一个空白 HTML 文档，并以“2-2. html”为文件名保存。

(2) 将光标置于页面上方，输入网页的主题文字“海南风光”，并根据以上介绍的方法适当设置文本的格式。

(3) 按 Enter 键，将光标置于页面的下一行，选择“插入→图像”菜单命令；或者单击“插入”面板“常用”标签中的 ▾图像 : 图像 按钮，打开“选择图像源文件”对话框，在“查找范围”下拉列表中选择图像所在的目录，在预览区选择要插入的图片，如图 2—25 所示。

图 2—25 “选择图像源文件”对话框

提示：Dreamweaver 会自动生成选择的图像文件的 URL，如果是在未保存的网页中添加图像文件，Dreamweaver 将使用“file：//”开头的绝对地址；如果网页文件是已保存的文档，则 Dreamweaver 将自动转换为相对于该文档的相对地址。

(4) 单击“确定”按钮，打开“图像标签辅助功能属性”对话框，如图 2—26 所示。

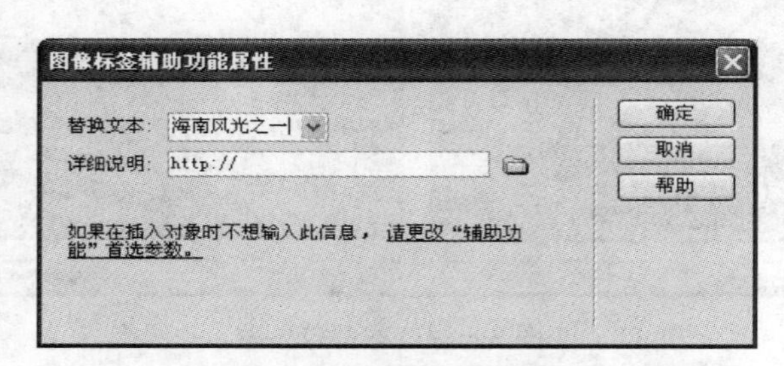

图 2—26 “图像标签辅助功能属性”对话框

(5) 在“替换文本”下拉列表中选择或者输入图像的替换文本，单击“确定”按钮，完成图像的插入操作。

(6) 用同样的方法再次插入一幅图像，插入的两幅图像效果如图 2—27 所示。

(7) 保存网页文件，按 F12 键预览网页效果。

图 2—27　插入的图像

提示：如果插入的图像不在站点中，插入时会弹出提示对话框，询问用户是否将图像复制到本地站点根目录内。插入图像的规范做法是：在站点根目录下建立如 images 文件夹，将需要插入到网页中的图像预先复制保存在此目录下。当站内文件增删变化后，可单击“文件”面板中的“刷新”按钮查看。

2.3.2　设置图像属性

在网页中插入图像后，往往需要对其进行属性设置，例如，调整图像的大小、对齐方式、设置边框等，这些操作可以通过如图 2—28 所示的图像“属性”面板完成。

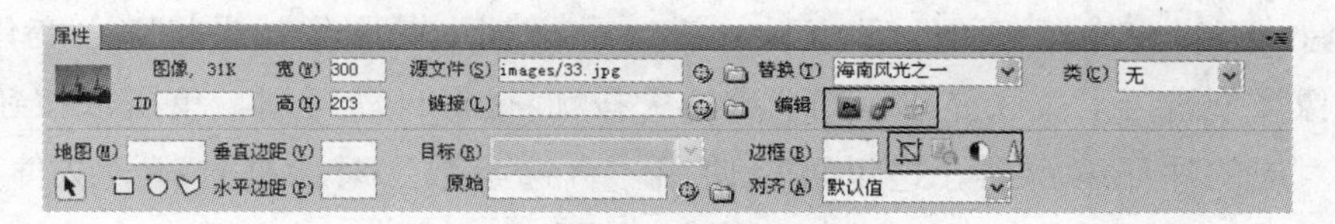

图 2—28　图像“属性”面板

图像“属性”面板中各项含义如下：

- 宽、高：指定图像被装入浏览器时所显示的宽度、高度，单位是像素。在页面中插入图像时，Dreamweaver 会自动在这两个文本框中填充图像的原始尺寸。要精确调整图像的显示尺寸可以直接在两个文本框中输入像素值；也可以用鼠标直接拖动图像四周的控制点，对图像进行大小调整。按 Shift 键的同时拖动图像控制点，可以等比例调整图像的大小。如果需要恢复图像的原始值，单击“宽”和“高”文本框标签，或文本框右侧的“重设大小”按钮。
- 链接：指定图像的超链接，可以直接在输入框中输入文件的路径，也可以单击后面的图标，在打开的“选择图像源文件”对话框中选择要链接的文件，或者拖动“指向文件”图标到“文件”面板的一个文件。
- 替换：指定图像无法正常显示时代替该图像显示的替换文本。
- 垂直边距、水平边距：指定沿图像边缘添加的边距，以像素为单位。
- 边框：指定图像边框的宽度，以像素为单位。默认为无边框。
- 对齐：指定同一行上图像和文本的对齐方式。
- 编辑：使用后面的一组按钮可以对图像进行编辑，具体方法将在后面详细介绍。

继续上面的操作：

(1) 分别选中图 2—27 中显示的两幅图像，在其对应的“属性”面板中，适当调整图片的大小，并设置图片边框为 3。

(2) 同时选中两幅图像，在“属性”面板中设置“目标规则”为“内联样式”，对齐方式选择居中对齐。

(3) 保存网页文档，按 F12 键在浏览器中浏览网页效果。

提示：在“代码”视图中可以看到图像使用的标签为〈img src="images/logo.jpg" width="924" height="160" border="3" align="absmiddle" /〉，src 标签属性指定图像源文件，width/heigh 指定图像宽高，border 指定图像边框，align 指定图像对齐方式。

2.3.3 编辑图像

在网页中插入图像后有时需要再进一步编辑，Dreamweaver 提供了基本的图像编辑功能，选用图 2—28 中圈起来的编辑按钮，可以对插入的图像进行编辑操作。

1. 关联外部编辑工具

Dreamweaver 可以关联外部图像编辑器（如 Photoshop、Fireworks、ACDsee）来编辑选定的图像，编辑完成保存图像后，Dreamweaver 文档中的图像效果将随之变化。如果对选中的图像类型进行了关联操作，则“编辑”按钮将自动可用，单击该按钮即可打开该类图像对应的外部编辑器。这里可以使用“首选参数”对话框选择“文件类型/编辑器”选项，选择要关联的文件扩展名，单击“添加”按钮，打开“选择外部编辑器”对话框进行关联。

2. 编辑图像设置

单击“编辑图像设置”按钮，弹出“图像预览”对话框，如图 2—29 所示，可对图像进行优化操作。在此对话框中，可将图片进行 GIF 和 JPEG 格式的转换，设置压缩等级，进行可视化裁剪。如果图片是 GIF 动画图像，还可以进行帧速和循环播放的控制。右边的预览区可将一幅图像最多分 4 个窗口显示，分别对其设置，以观察设置效果。

3. 裁剪图像

裁剪可以删除图像中选定区域以外的多余部分。选定图像，单击“裁剪”按钮，所选图像周围会出现裁剪控制点，拖动鼠标调整裁剪控制点，在边界框内部双击，或按 Enter 键均可完成裁剪操作，如图 2—30 所示。在图像外的任意地方单击可取消选择，选择“编辑→撤销裁剪”命令或按 Ctrl+Z 组合键可撤销刚才的裁剪操作，恢复原始图像。

4. 调整图像亮度和对比度

亮度即图像的明亮程度，图像中亮的部分和暗的部分就产生了亮暗对比。选中图像，单击“亮度/对比度”按钮，弹出“亮度/对比度”对话框，拖动亮度或对比度滑块进行调整。调整前后的效果如图 2—31 所示。

图 2—29　“图像预览”对话框

图 2—30　图像裁剪控制点

图 2—31　调整图像亮度和对比度前后的对比

5. 重新取样图像

为了使调整大小后的图像具有更加清晰的外观，需要对缩放过的图像重新取样。重新取样是对调整大小后的图像按照一定算法添加或减少像素的过程。原始图像经过缩小，重新取样后原文件由 105KB 变为 3.45KB，但仍保持了较好的图像质量。选中调整后的图像，单击“重新取样”按钮即可。

6. 锐化图像

锐化图像的功能是增加图像边缘像素的对比度，从而增加图像清晰度。选中图像，单击“锐化”按钮，弹出“亮度/对比度”对话框，进行调整即可。

2.3.4　插入其他图像元素

1. 插入图像占位符

在网页布局时，有时需要先设计图像在网页中的位置，待设计方案通过后，再将这个位置变成具体的图像，使用图像占位符功能可在网页中预留相应大小的位置。

将光标定位在插入点，单击“插入”面板“常用”标签中的“图像占位符”按钮，打开“图像占位符”对话框，如图 2—32 所示。在“图像占位符”对话框中设置图像占位的名称、宽度、高度、颜色以及替换文本，单击“确定”按钮在页面中插入一个图像占位符。

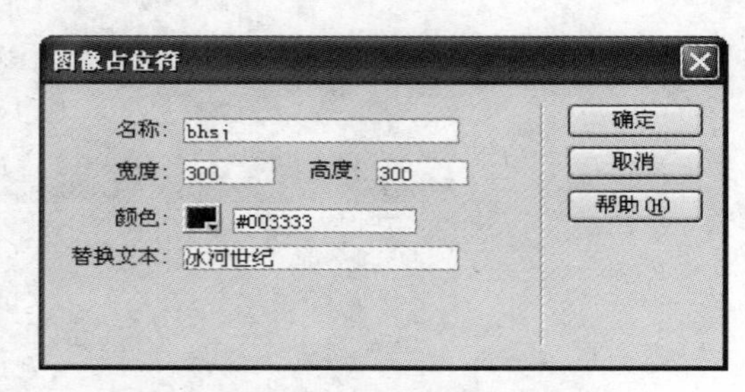

图 2—32 “图像占位符”对话框

选中图像占位符，可在“属性”面板中设置其属性。当图像准备好后，双击图像占位符，打开“选择图像源文件”对话框，在资源列表中选定图像文件，单击“确定”按钮完成替换。

2. 插入鼠标经过图像

在网页中，当鼠标经过某个图像时，图像会转换成另外一个图像，当鼠标移开时又恢复为原来的图像，这就是鼠标经过图像功能。它由两幅大小一样的图像组成，一幅是首次加载页面时显示的图像，即主图像；另一幅是鼠标指针移过主图像时显示的图像，即次图像。

将光标定位在要插入图像的位置，单击“插入”面板“常用”标签中的“鼠标经过图像”按钮，打开“插入鼠标经过图像”对话框，如图 2—33 所示。设置相关选项后，单击“确定”按钮完成鼠标经过图像的插入。

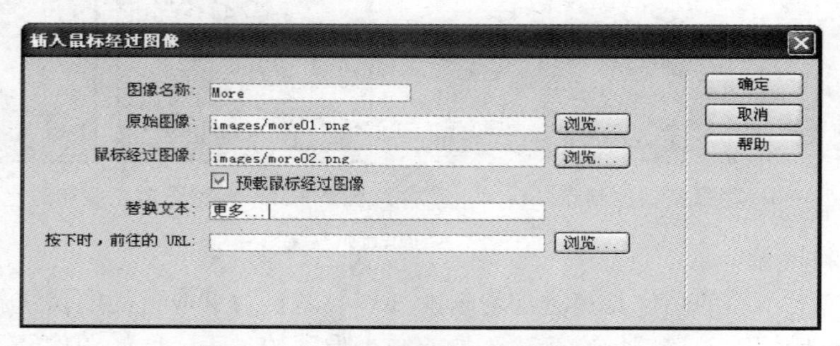

图 2—33 “插入鼠标经过图像”对话框

“插入鼠标经过图像”对话框中各选项的含义如下：

● 图像名称：鼠标经过图像的名称。

● 原始图像：即页面加载时显示的主图像，可在文本框中直接输入图像的相对路径，也可以通过“浏览”按钮选择图像。

● 鼠标经过图像：即鼠标经过原始图像时显示的次图像，也可直接输入路径或通过“浏览”按钮选择图像。

● 预载鼠标经过图像：选中该选项时，次图像将被预先加载到浏览器的缓存中，以便在显示次图像时不会发生延迟。

● 替换文本：用于在无法正常显示图像时显示替换文本。

● 按下时，前往的 URL：鼠标经过图像时设置的超链接目标地址。

3. 插入导航条

“导航条”与“鼠标经过图像”的效果非常相似，操作也大致相同。“导航条”通常由一系列的“栏目”按钮组成。在状态方面，“鼠标经过图像”存在“原始图像”和“鼠标经过图像”两种状态；与其对应的“导航条”还可以有“按下图像”和“按下时鼠标经过图像”共四种状态。

将光标定位在要插入图像的位置，单击“插入”工具栏“常用”选项中的“导航条”按钮，打开“插入导航条”对话框，如图 2—34 所示。设置各选项后，单击“确定”按钮完成导航条的插入。

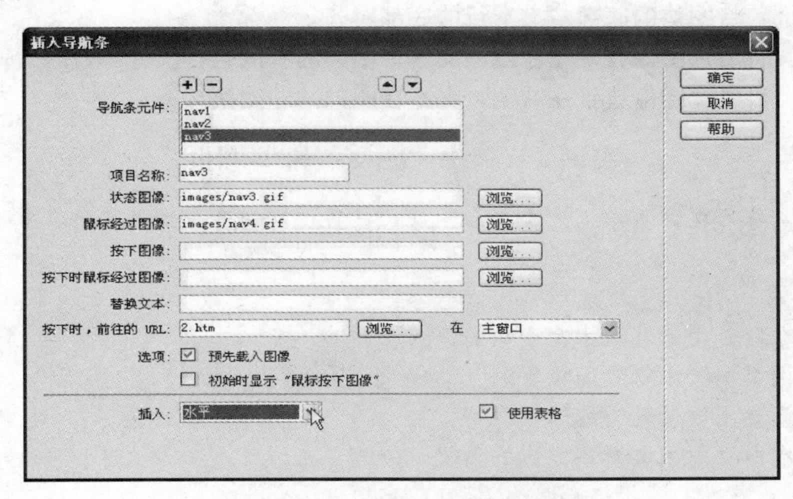

图 2—34　“插入导航条”对话框

2.3.5　调整图像与页面其他元素对齐

当网页中既包含文本，又包含图像时，图像与文本段落其中的一行是平行的，也就是说，图像也作为一个特殊的元素在文本行内显示，尺寸较大的图像占据文本一行的高度，不仅浪费网页空间，而且视觉上也不美观，通过设置图像与同一行内其他元素的对齐方式，可达到文本环绕图像混排的效果。

选中图像，在“属性”面板的“对齐”下拉列表中选择对齐方式，即可改变混排效果。采用部分对齐方式达到的效果如图 2—35 所示。各种对齐方式的含义：

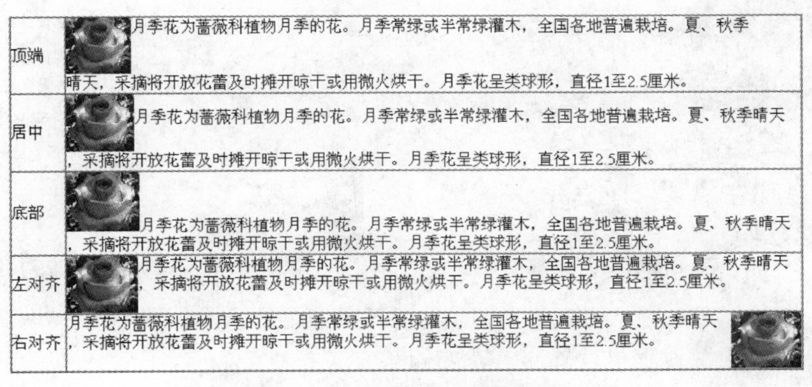

图 2—35　各对齐方式的效果图

- 默认值：指定基线对齐。
- 基线：将文本（或同一段落中的其他元素）的基线与图像的底部对齐。
- 顶端：将图像的顶端与当前行中最高项（图像或文本）的顶端对齐。
- 居中：将图像的中线与当前行的基线对齐。
- 底部：同基线，将图像的底部与当前行对齐。
- 文本上方：将图像的顶端与文本行中最高字符的顶端对齐。
- 绝对居中：将图像的中线与当前行文本的中线对齐。
- 绝对底部：将图像的底部与文本行的底部对齐。
- 左对齐：将所选图像放置在左侧，文本在图像的右侧换行。
- 右对齐：将所选图像放置在右侧，文本在图像的左侧换行。

实训 2　制作“图文混排”网页

本实训重点练习在网页中插入文本、图像，设置图文对齐方式的方法，提高制作图文并茂网页的技能。

1. 实训要求

(1) 练习在网页中添加文本和图像的方法。

(2) 练习网页中文本格式的设置。

(3) 练习设置图像属性、编辑图像的方法。

(4) 练习在网页中图文对齐方式的设置。

2. 实训指导

(1) 在新建的网页文档中插入一幅图片，然后在图片的后面输入或复制一段文本。

(2) 选中文本，设置文本的字体、颜色、大小等属性，如图 2—36 所示。默认文本与图像的底部对齐。

(3) 选中图像，在“属性”面板的“对齐”下拉列表中选择对齐方式为“左对齐”，在“水平边距”文本框中输入 30，以便在水平方向上使图像与页面边框以及文本间留有一段边距，增加页面效果，效果如图 2—37 所示。

图 2—36　在图像后插入文本

图 2—37　图像与文本左对齐

(4) 使光标置于下一行，插入第二幅图像后不换段输入文本，并设置文本属性。选中第二幅图像，在“属性”面板中设置“对齐方式”为“右对齐”，“水平边距”为 30。

(5) 保存网页文件，按 F12 键预览图文混排效果，如图 2—38 所示。

图 2—38　图文混排网页效果

习　题　2

一、填空题

1. 要在网页中插入换行符，除了在“插入”面板“文本”标签中单击“换行符”按钮外，还可以通过按__________组合键实现。

2. 为选中文本添加下划线，可选择“格式→样式→__________”菜单命令。

3. 使用“标签编辑器”设置〈ul〉标签，项目符号的类型有__________、__________、__________。

4. 拖动控制点调整图像大小时，可按住__________键以保持图像的宽高比不变。

5. Dreamweaver 中文本的对齐方式有______种，默认对齐方式为__________，图像的对齐方式有______种，默认对齐方式为__________。

二、选择题

1. 网页中“段落换行”对应的标签为________。

A. hr　　B. br　　C. b　　D. p

2. 在网页中可以使用组合键________插入一个“不换行空格”。

A. Shift＋Space　　B. Ctrl＋Space

C. Ctrl＋Shift＋Space　　D. Shift＋Alt＋Space

3. 网页中尖括号“〈〉”对应的标签为________。

A. ©　　B. ®　　C. <；>　　D. >

4. 以下不是网页中常见的图像格式________。

A. bmp　　B. jpg　　C. gif　　D. png

5. 调整图像大小尺寸后图像文件大小并没有改变，执行________操作才能减小该图像的文件大小并提高下载性能。

A. 锐化　　B. 重新取样　　C. 调整亮度　　D. 另存

三、简答题

1. 在网页中如何设置文本的格式？

2. 如何修改列表项目符号？

3. 如何编辑处理页面中的图像？

第 3 章　插入多媒体元素和超链接

在网页中适当添加声音、动画、视频等生动活泼的多媒体元素，将极大地丰富和增强页面的表现力。超链接在网页中无处不在，超链接不但轻松实现站内网页的跳转，而且可以轻松跳转到 Internet 的任意网页上，Internet 就是使用这种“超级”链接组织网站资源的。

本章学习要点

- Flash 元素的添加和设置。
- 音频和视频元素的添加和设置。
- 其他多媒体元素的添加和设置。
- 超链接的种类和路径。
- 各类超链接的创建。
- 管理超链接。

3.1　案例 1：制作多媒体网页“我的乐园”

学习目标：了解多媒体元素的特点，掌握在网页中插入 Flash 动画、视频和音频及其他多媒体元素的方法，掌握对多媒体元素的属性设置。

知识要点：插入 Flash 动画；插入视频和音频；插入 Applet 等元素；设置多媒体元素的属性等。

案例效果：案例效果如图 3—1 所示。

3.1.1　插入 Flash 元素

Flash 动画采用的是矢量技术，它以文件小巧、速度快、特效精美、支持流媒体和交互功能强大的特点成为网页中最流行的动画格式，广泛地应用于网页中。具体步骤如下：

(1) 新建一个网页文件，并以 3-1. html 为文件名进行保存。

(2) 单击“插入→表格”菜单命令，打开“表格”对话框，创建一个 6 行 4 列的表格。

图 3—1　案例效果图

> 提示：表格是 Dreamweaver 中最常用的页面布局工具，它不但可以精确定位网页在浏览器中的显示位置，而且还可以控制网页元素在页面中的精确布局。本案例只要求用户根据操作步骤创建并操作表格，有关表格的应用方法将在第 5 章进行详细介绍。

(3) 选中第一行的 4 个单元格，右击鼠标，在打开的快捷式菜单中选择“表格→合并单元格”命令，将选中的单元格合并为一个单元格。

(4) 将光标置于合并的单元格中，选择“插入→图像”命令，在第一行中插入已经准备好的图像，如图 3—2 所示。

图 3—2　插入的图像

(5) 将光标置于第 2 行第一列的单元格中，单击“插入”面板“常用”标签中的“媒体”按钮，打开如图 3—3 所示菜单栏。选择 SWF 后，打开如图 3—4 所示的“选择文件”对话框，从中选择已经准备好的 SWF 文件。

图 3—3　插入媒体菜单栏

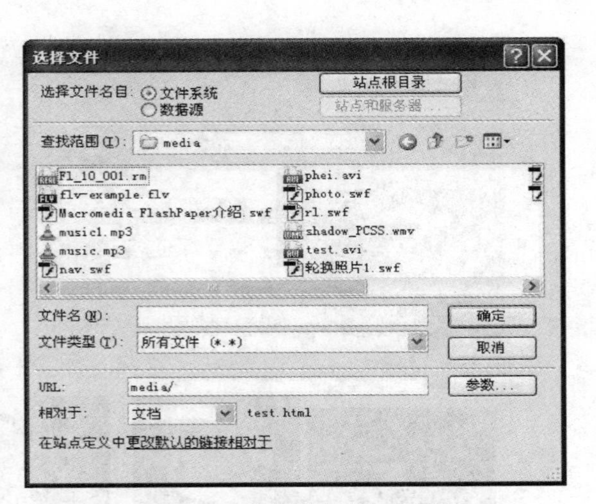

图 3—4　“选择文件”对话框

（6）单击“确定”按钮，打开“对象标签辅助功能属性”对话框，如图 3—5 所示。在“对象标签辅助功能属性”对话框中设置所插入媒体的标题、访问快捷键和 Tab 键顺序。插入的 SWF 文件在网页中显示为 Flash 占位符，如图 3—6 所示。

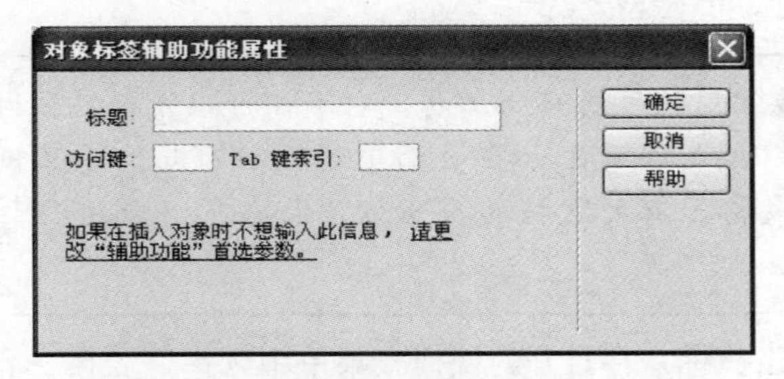

图 3—5　“对象标签辅助功能属性”对话框

图 3—6　插入的 Flash 占位符

提示：在 Dreamweaver 中只支持 .swf 格式的 Flash 动画，该格式的 Flash 动画是 Flash 源文件（.fla 格式）的压缩版本，已经进行了优化，便于在 Web 上查看。

（7）选中插入的 Flash 动画对象，选择“窗口→属性”菜单命令，打开“属性”面板，如图 3—7 所示。

图 3—7　Flash 对象“属性”面板

Flash 对象“属性”面板中各项含义如下：

● ID：为 SWF 文件指定唯一 ID 标识号。在属性检查器最左侧的未标记文本框中输入 ID。从 Dreamweaver CS4 起，需要唯一 ID。

● 宽、高：插入的文件会以默认宽、高显示，可以用鼠标或手工精确输入宽高值。

● 文件：指定 SWF 文件或 Shockwave 文件的源路径。单击文件夹图标可浏览到某一文件，或者直接输入路径。

● 源文件和编辑：如果计算机上同时安装了 Flash，Dreamweaver 可直接调用 Flash 对指定的源文件（FLA 文件）进行编辑；如果计算机上没有安装 Flash，“编辑”按钮为灰色，就不可用。

● 背景颜色：指定影片区域的背景颜色。在不播放影片时（在加载时和在播放后）也显示此颜色。

● 类：用于对影片应用 CSS 类。

● 循环：使影片连续播放。如果没有选择循环，则影片将播放一次后停止。

● 自动播放：在加载页面时自动播放影片。

● 垂直边距和水平边距：指定影片上、下、左、右空白的像素数。

● 品质：在影片播放期间控制抗失真。默认为高品质，该设置可改善影片的外观。但高品质设置的影片需要较快的处理器才能在屏幕上正确呈现。

● 比例：确定影片如何适合在宽、高度文本框中设置的尺寸。默认为显示整个影片。

● 对齐：确定影片在页面上的对齐方式。

● Wmode：设置 Flash 背景是否透明。使用透明 Flash 与背景图片配合，会达到意想不到的动画效果。

● 播放：在“文档”窗口中播放影片。

● 参数：打开一个对话框，可在其中输入传递给影片的附加参数。

(8) 根据需要适当设置 Flash 动画属性，设置完毕，单击面板中的[▶ 播放]按钮预览动画效果。

(9) 选中表格第二行后面的 3 个单元格，右击鼠标，在打开的快捷式菜单中选择“表格→合并单元格”命令，将选中的单元格合并为一个单元格。然后，在合并后的单元格中输入一些文本，根据需要对其进行属性设置。

(10) 保存含有 Flash 元素的网页时，Dreamweaver 会弹出“复制相关文件”对话框，如图 3—8 所示。若想在网页中正常显示 Flash，则需要把列表中的 JavaScript 文件复制到本地站点，当把站点上传时，这些文件也必须同时上传到服务器上。单击“确定”按钮，Dreamweaver 会在站点根目录下自动创建 Scripts 文件夹，并创建相应的 JavaScript 文件。

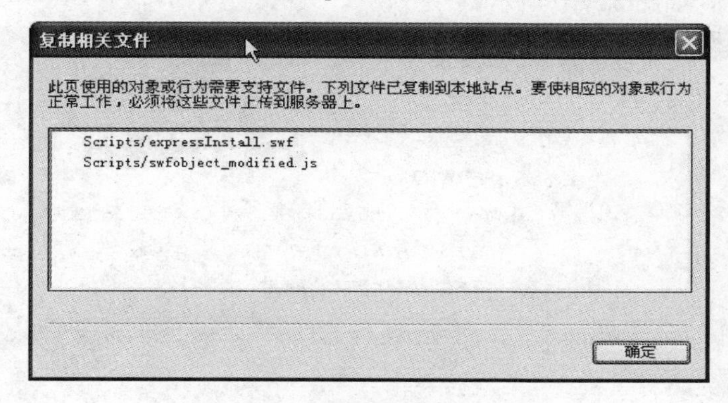

图 3—8　“复制相关文件”对话框

(11) 按 F12 键进行预览，效果如图 3—9 所示。

图 3—9　预览 Flash 动画效果

提示：在 Dreamweaver CS4 中可以插入 FlashPaper。FlashPaper 是原 Macromedia 公司出的一款文件转换软件，允许用户把打印文档直接转换成 Flash 文档或 PDF 文档，并且保持原来文件的排版格式。具体方法：单击“插入”面板“媒体”标签中的 FlashPaper 按钮，即可插入 FlashPaper 文件。用户可自行练习。

3.1.2　插入视频和音频

使用插件可以在网页中添加视频文件和音频文件。将鼠标放置在要插入内容的位置，单击“插入”面板“媒体”标签中的“插件”按钮，其他操作与插入 Flash 元素类似。进入“代码”视图可以发现，使用“插件”方式添加的多媒体元素，Dreamweaver 为其添加了〈embed〉标签，因此直接修改代码或使用“标签编辑器”可对用“插件”方式添加的多媒体元素进行更精确的控制。

下面介绍在网页中插入视频和音频的具体方法。操作步骤如下：

(1) 打开保存过的 3-1. html 文件，将表格第 3 行各单元格合并为一个单元格，然后插入已经准备好的图片，如图 3—10 所示。

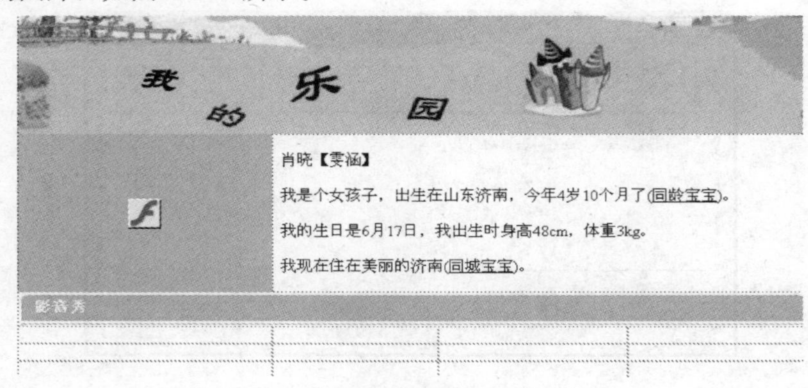

图 3—10　插入的图片

(2) 插入 FLV 视频。将光标置于表格的第 4 行第 1 列，选择“插入→媒体→FLV”命令，或者单击“插入”面板“常用”标签中的 FLV 按钮，打开如图 3—11 所示的“插入 FLV”对话框。

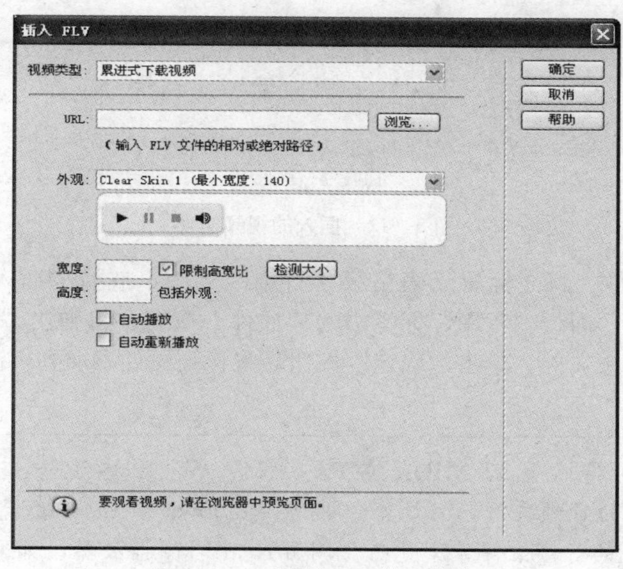

图 3—11　“插入 FLV”对话框

“插入 FLV”对话框中的各选项含义如下：

● 视频类型：累进式下载方式是将 FLV 文件下载到站点访问者的硬盘上，然后进行播放。与传统的“下载并播放”视频传送方法不同的是：累进式下载允许在下载完成之前就开始播放视频文件；流视频方式是对视频内容进行流式处理，并在一段可确保流畅播放的很短的缓冲时间后在网页上播放该内容。若要在网页上启用流视频，必须具有访问 Adobe Flash Media Server 的权限。

● URL：指定 FLV 文件的路径或服务器地址。

● 外观：指定视频组件的外观，即视频播放时将要显示的外观及播放控件类型。

● 宽度和高度：以像素为单位指定 FLV 文件的宽、高值。若要让 Dreamweaver 确定 FLV 文件的准确宽度，可单击“检测大小”按钮。如果 Dreamweaver 无法确定宽度，必须输入宽、高值，此时要注意宽度不能小于“外观”中设置的最小宽度。

● 限制高宽比：保持视频组件的宽度和高度之间的比例不变，并为默认设置。

● 自动播放：指定在 Web 页面打开时是否播放视频。

● 自动重新播放：指定播放控件在视频播放完之后是否返回起始位置。

(3) 在“插入 FLV”对话框中，单击 URL 后面的“浏览”按钮，选择以 FLV 为扩展名的 Flash 视频文件。分别设置“宽度”和“高度”值，来确定 Flash 视频文件播放时显示的大小，勾选“自动播放”，根据需要还可以设置其他的参数，设置完毕单击“确定”按钮。

(4) 插入其他视频文件。将光标置于表格第 4 行第 2 列中，选择“插入→媒体→插件”命令，或者单击“插入”面板“常用”标签中的“插件”按钮，在打开的“选择文件”对话框中选择准备好的视频文件，然后单击“确定”按钮。插入的视频占位符如图 3—12 所示。选中插入的视频占位符，根据需要在其“属性”面板中设置其大小等属性。

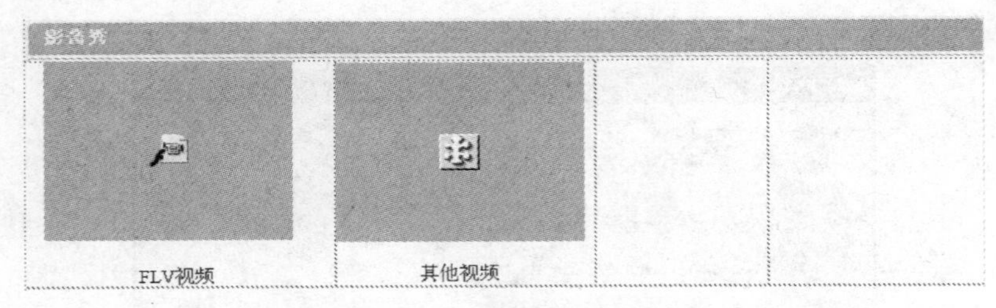

图 3—12　插入的视频文件

(5) 插入音频文件。将光标置于表格第 4 行第 3 列中，选择“插入→媒体→插件”命令，或者单击“插入”面板“常用”标签中的“插件”按钮，将弹出“选择文件”对话框，从中选择要插入的音频文件，单击“确定”按钮，将音频文件添加到页面中。

> 提示：网页支持常见的 MIDI、MP3、RM、WMA 格式音频文件，对 MIDI、MP3、WMA 格式的音频文件，浏览器会调用 Windows Media Play 播放器来播放音频文件，对 RM 格式的音频文件，浏览器会调用 Real Play 播放器，如果未安装 Real Play 播放器，该音频将不能播放。

(6) 选中插入的音频文件占位符，切换到“代码”视图，在对应的〈embed〉标签上右击鼠标，选择“编辑标签”选项，打开“标签编辑器”对话框，如图 3—13 所示。可以对〈embed〉标签进行再次设置。

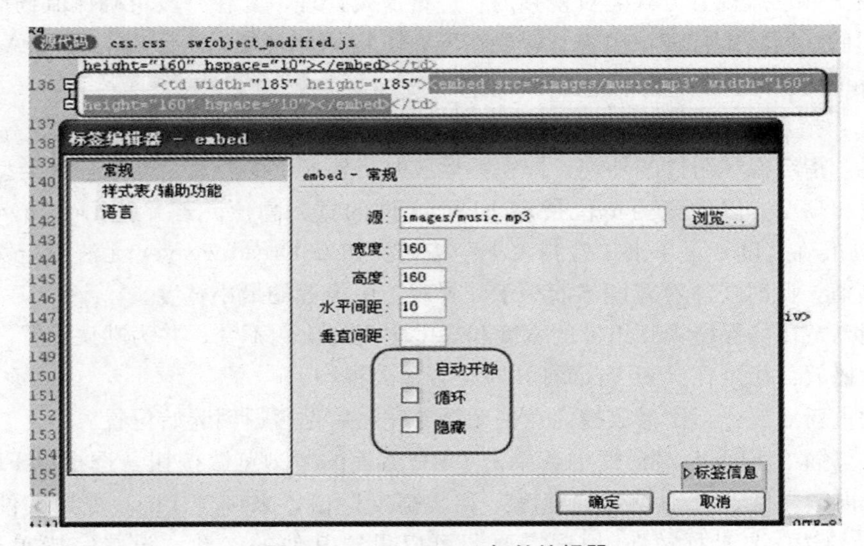

图 3—13　〈embed〉标签编辑器

3.1.3 插入其他多媒体元素

1. 插入 Java Applet

Java Applet 是在 Java 基础上演变而成的小应用程序，它可以嵌入到网页中来执行一定的任务，具有跨平台特性，运行 Java Applet 的前提是浏览器中安装了 JVM 虚拟机。操作步骤如下：

(1) 将光标放置在表格的第4行第4列中，单击“插入”面板“媒体”标签中的 Applet 按钮，弹出“选择文件”对话框，从中选择已经准备好的 Applet 文件，单击“确定”按钮，将 Applet 文件插入到页面中。

(2) 选中插入的 Applet 文件占位符，在其“属性”面板中进行适当的属性设置，效果如图 3—14 所示。

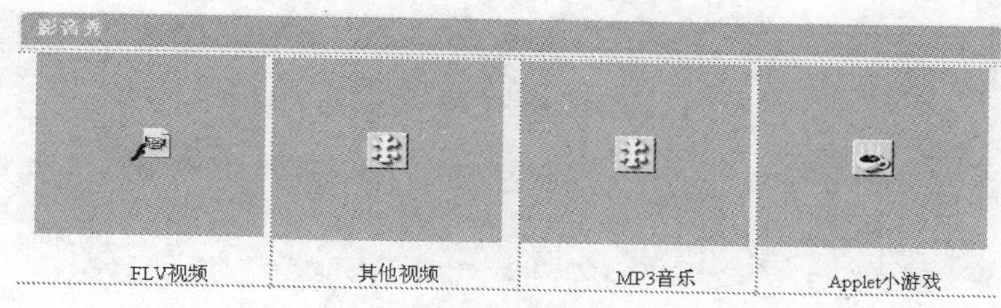

图 3—14 插入 Applet

(3) 保存网页文件。按 F12 键预览网页效果，如图 3—15 所示。

图 3—15 插入的各种多媒体元素效果图

(4) 分别合并第5行、第6行各单元格，在第5行插入已经准备好的图片，在第6行输入版权信息。至此，多媒体网页制作完成。

(5) 保存网页文件。按 F12 键预览网页效果，网页最终效果如图 3—1 所示。

2. 插入 Shockwave 影片

Shockwave 用于在网页中播放，并由 Adobe 公司的 Director 软件创建的多媒体电影。Shockwave 是一种网上媒体交互压缩格式的标准，用该标准生成的压缩文件可在 Internet 上快速下载。Shockwave 是一种流式播放技术，而不是一种文件格式，使用这种技术在不同的软件上可以制作出符合 Shockwave 标准的文件，如 .swf 和 .dcr 文件。目前主流浏览器都支持 Shockwave 影片。插入 Shockwave 影片的方式与插入 FLV 文件类似。

3. 插入 ActiveX 控件

ActiveX 控件（也称为 OLE 控件）的功能类似于浏览器插件的可复用组件，是宽松定义的、基于 COM 的技术组合。ActiveX 控件在 Windows 系统上的 Internet Explorer 中运行，但不能在 Macintosh 系统上或 Netscape Navigator 中运行。

3.2 案例 2：为网页添加超链接

学习目标： 认识超链接，掌握创建各类超链接的方法。

知识要点： 锚点超链接，E-mail 链接，空超链接，脚本超链接和路径的设置等。

案例效果： 将光标移动到超链接内容上时，光标变为小手形状，左击鼠标，将链接到指定的位置，效果如图 3—16 所示。

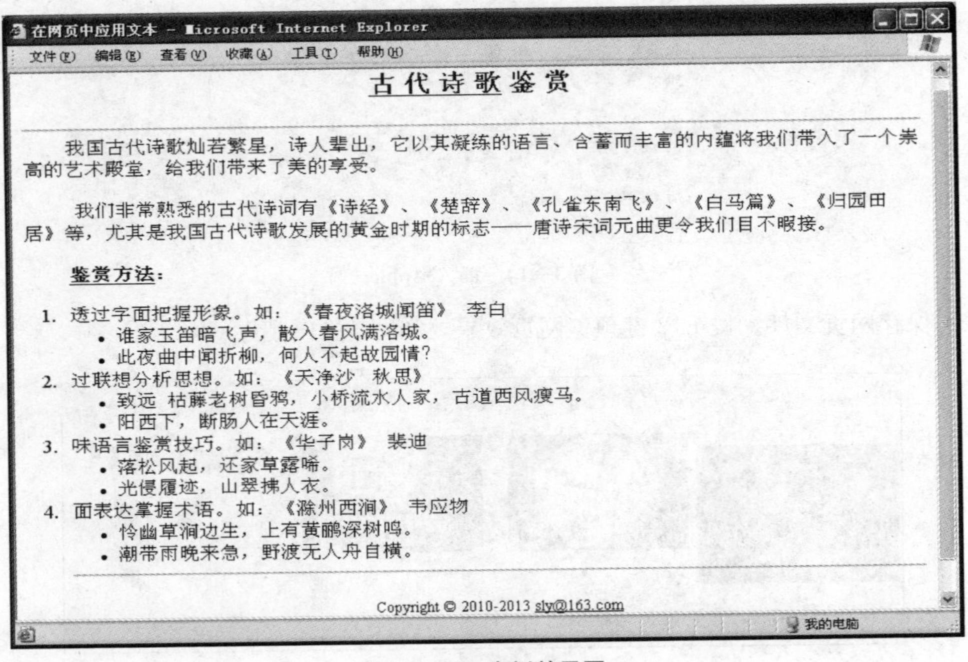

图 3—16 案例效果图

3.2.1 超链接概述

超级链接简称超链接。使用浏览器浏览网页时，当移动鼠标到页面的某些位置，鼠标指针会变成一只“手形”，表明该位置是一个超链接。单击超链接可以直接跳转到与这个超链接相连的网页或 Internet 网站，从而在不输入 URL 地址的情况下访问相关网站。通过超链接，使网站内的网页串联形成一个有机整体；也是通过超链接，在网站之间架起沟通的桥梁，使整个互联网形成一个有机整体。

1. URL 概述

每个网页都有独一无二的地址，通常被称为 URL（Uniform Resource Locator，统一资源定位符）。一般格式如下：

protocol ://hostname[:port] / path / [;parameters][? query]

例如，http：//www. baidu. com/view/1496. htm。

其中，protocol 指定使用的传输协议，主要有 http 协议（格式为 http：//）、ftp 协议（格式为 ftp：//）、SMTP 协议（格式为 mailto:）等。http 协议应用最为广泛。hostname[：port] 指存放资源的服务器主机名或 IP 地址，方括号中是指端口号，如 www. baidu. com。path 指路径，由零或多个/符号隔开的字符串，一般用来表示主机上的一个目录或文件地址，如 view/1496. htm。[;parameters][? query] 应用于动态网页的 URL 中，指定特殊参数和查询为可选内容。

2. 超链接种类

超链接是指从某个网页元素（源端点）向一个目标端点的跳转关系，这个目标可以是另一个网页，也可以是相同网页上的不同位置，还可以是一个图片、电子邮件地址或文件，甚至是一个应用程序。在一个网页中用来创建超链接的元素，可以是一段文本或者是一个图片。当浏览者单击设置了超链接的文字或图片后，浏览器将根据链接目标的类型决定打开或下载运行。超链接有以下不同的分类方式：

（1）按照“链接路径”的不同，网页中超链接分为内部链接和外部超链接。

（2）按照网页内“目标对象”的不同，网页中的链接分为锚点链接、电子邮件链接、脚本链接和空链接等。

3. 超链接路径

掌握从作为链接起点的文档到作为链接目标的文档之间的文件路径，对于创建链接至关重要。有 3 种类型的链接路径：

（1）绝对路径。它是指包括所使用协议的完整 URL 路径，如 http：//blog. sohu. com. cn/finance/shb. html。要链接到站外的其他资源，必须使用绝对路径。

（2）相对路径。它是指以当前文档所在位置为起点到被链接文档经由的路径，主要用来建立同一网站内的各个文件之间的链接。使用相对路径建立的内部链接，当站点移植和本地测试时，所有链接都能正常使用。当前网页文件的位置如果改变，链接路径也需要相应更改，否则出错。如果有如图 3—17 所示的文档结构，从 contents. html 文件出发到其他文档的相对路径的写法格式如表 3—1 所示。

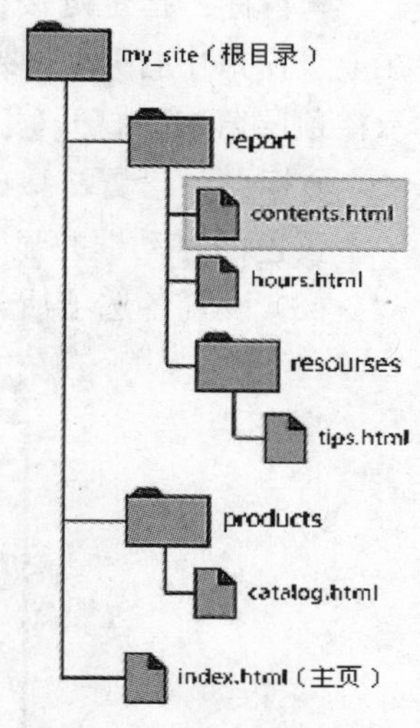

图 3—17　文档结构图

表 3—1　相对路径的写法

当前文件	目标文件	相对路径格式	说　明
contents. html	hours. html	hours. html	目标文件与当前文件在同一文件夹中
	tips. html	resourses/tips. html	目标文件位于当前文件所在文件夹的下层文件夹中
	index. html	../index. html	目标文件位于当前文件所在文件夹的父文件夹中
	catalog. html	../products/catalog. html	目标文件位于当前文件所在文件夹的父文件夹的其他子文件夹中

● 根路径。它是指从站点的根文件夹到文档的路径。当站点规模非常大，并且需要放置在几个服务器上，或在一个服务器上放置多个站点时才使用。

3.2.2　创建超链接

在 Dreamweaver CS4 中创建超链接的方法比较多，下面通过具体操作介绍创建超链接的方法。具体操作步骤如下：

(1) 打开在第 2 章中介绍过的如图 2—1 所示的网页，将其另存为 3-2.html。

(2) 创建超链接。选定要设置超链接的文本或图像，这里选择文本“鉴赏方法”，选择“插入→超级链接”命令，或者单击“插入”面板“常用”标签中的 超级链接 按钮，弹出“超级链接”对话框，如图 3—18 所示。

“超级链接”对话框各项含义如下：

● 文本：设置要创建超链接的文本，Dreamweaver 会自动添加选中的文本。

● 链接：指定链接目标对象的路径，可以直接输入，也可以通过单击后面的“浏览”按钮，在打开的“选择文件”对话框中进行选择。

● 目标：指定链接目标打开的窗口，其中 _blank 表示在新窗口中打开、_parent 表示在上级窗口中打开(主要用于框架结构的网页中)、_self 表示在当前窗口中打开、_top 表示在顶层窗口中打开(主要用于框架结构的网页中)。

● 标题：设置链接的标题。在浏览器中，当鼠标置于超链接文本上时，将在鼠标后出现一个黄色的浮动框并显示超链接标题的名称。

(3) 设置各选项后，单击“确定”按钮完成超链接的创建。

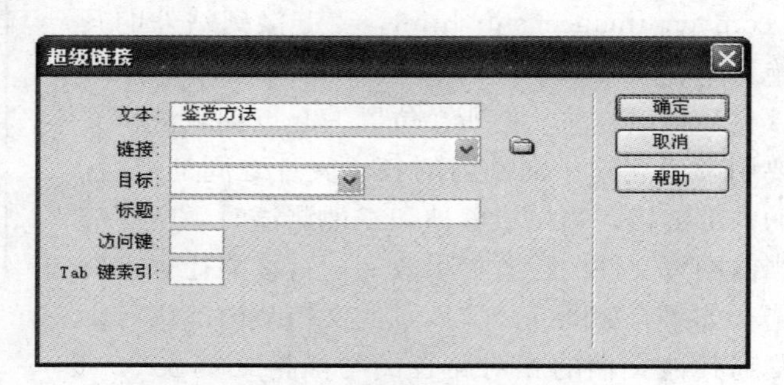

图 3—18　“超级链接”对话框

提示：创建文本、图像、多媒体链接的方法基本一致。也可以使用“属性”面板创建超链接：选中要设置超链接的对象，在 HTML“属性”面板的“链接”文本框中输入目标文件的路径，或单击“浏览文件”图标，在打开的“选择文件”对话框中选择目标地址文件。也可以拖动“指向文件”图标到“文件”面板的一个文件，如图 3—19所示。

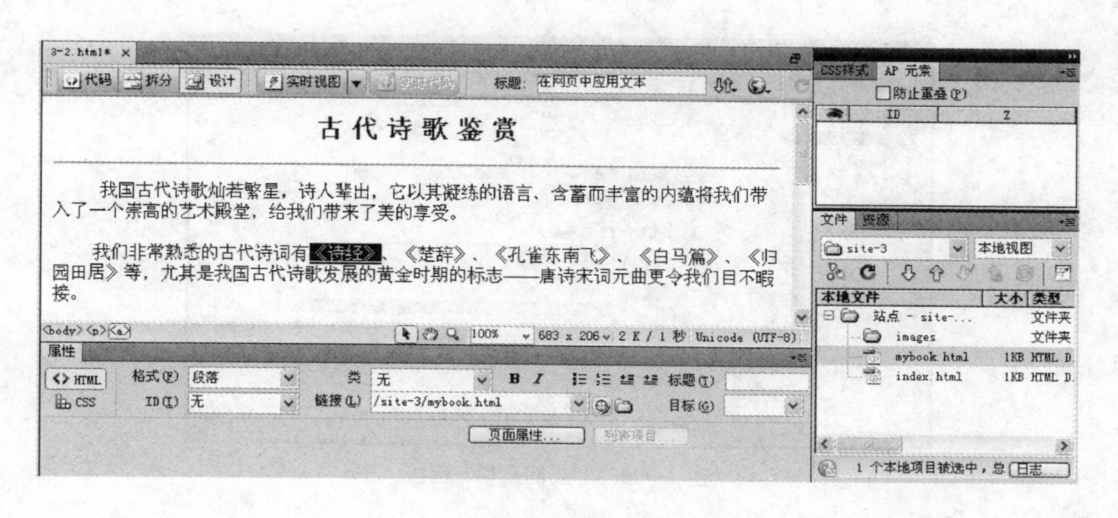

图 3—19　创建超链接

(4) 保存网页文档，按 F12 键在浏览器中浏览链接效果。

提示：建议先保存文件，然后再创建文档中的链接。如果没有一个确切的起点，则文档相对路径无效。如果在保存文件之前创建文档相对路径，Dreamweaver 将临时使用以“file：//”开头的绝对路径，直至该文件被保存；当保存该文件时，Dreamweaver 将“file：//”路径自动转换为相对路径。

创建超链接的目标文件不仅可以是网页文件，还可以是其他类型文件，如图像文件、音频视频文件和文本文件等。如果目标文件可以用默认浏览器打开，则单击超链接文本后会在浏览器中打开相应的目标文件；如果目标文件需要其他应用程序打开，则单击超链接文本后会弹出“下载文件”对话框，要求用户下载后再用相应程序打开。

默认超链接的样式为链接文本带有下划线，链接前文本为蓝色，在浏览器中单击超链接后，链接文本变为暗紫红色。可以对超链接的样式进行修改。具体方法是：选择“修改→页面属性”菜单命令，或单击“属性”面板上的“页面属性”按钮，打开“页面属性”对话框，如图 3—20 所示。选择“链接”选项卡，在其中设置链接的字体、大小、3 种状态的颜色，以及下划线样式等。各选项含义如下：

- 链接字体、大小：设置要创建超链接的文本的字体、大小。
- 链接颜色：链接没有被访问时的静态颜色。
- 变换图像链接：当用户把鼠标移到链接上时显示的颜色。
- 已访问链接：指链接被访问后的颜色。
- 活动链接：指用户单击链接文本时显示的颜色。
- 下划线样式：Dreamweaver 提供的常用下划线显示方式。

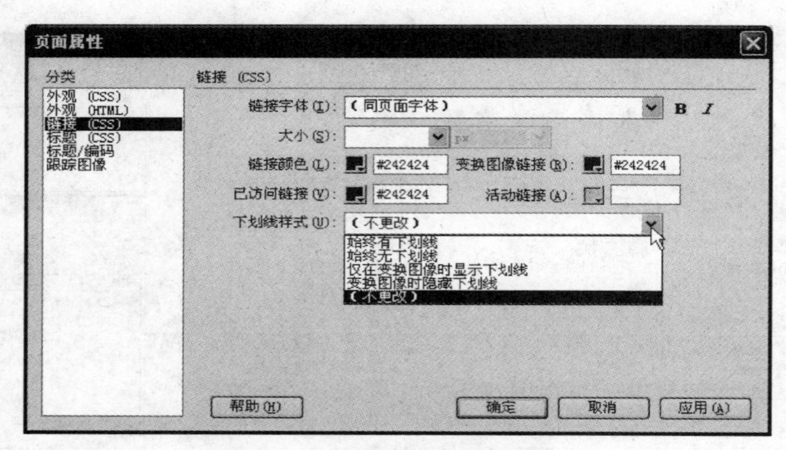

图 3—20　“页面属性”面板

提示：超链接对应的标签是〈a〉。例如，〈a href="content.html"〉像春天一样〈/a〉，其中 href 指定链接的目标地址，“像春天一样”是被添加链接的文本。

3.2.3　创建 E-mail 链接

使用电子邮件链接，可以方便地打开浏览器默认的邮件处理程序进行发送电子邮件的操作，收件人地址即为电子邮件链接指定的邮箱地址。

添加电子邮件链接的具体操作步骤如下：

(1) 继续编辑“3-2. html”文件。在页面底部的版权信息栏中，选中 E-mail 地址，选择“插入→电子邮件链接”菜单命令，或者单击“插入”面板“常用”标签中的 电子邮件链接 按钮，弹出“电子邮件链接”对话框，直接单击“确定”按钮，即可创建电子邮件超链接。

(2) 保存文档，按 F12 键在浏览器中测试 E-mail 链接效果，效果如图 3—21 所示。

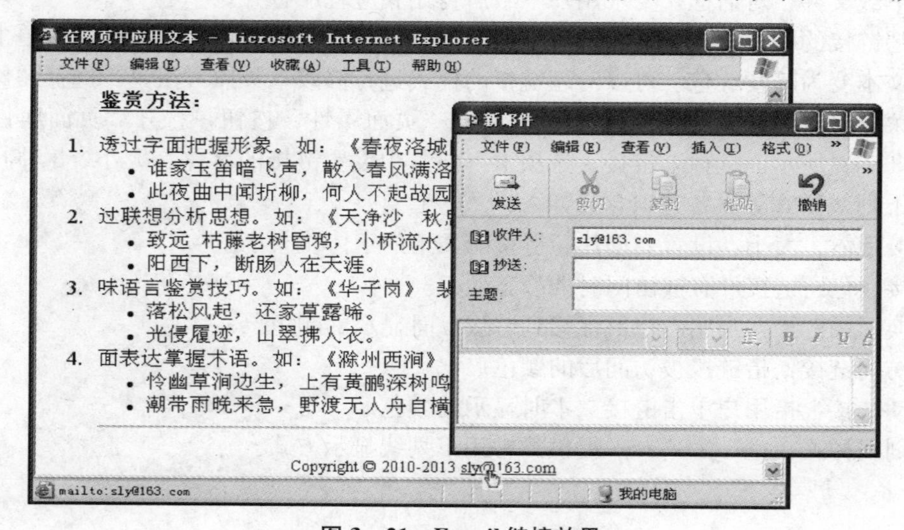

图 3—21　E-mail 链接效果

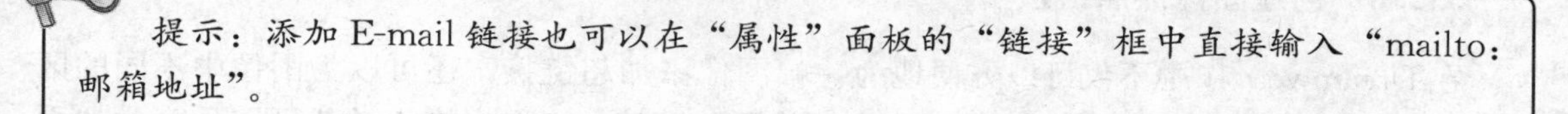

提示：添加 E-mail 链接也可以在“属性”面板的“链接”框中直接输入“mailto：邮箱地址”。

3.2.4　创建锚记链接

锚记链接的功能是单击超链接对象后可以跳转到本页面或其他页面的指定位置，即命名锚记处。锚记链接通常用于长篇文章、技术文档等内容的网页中，可快速到达指定位置。

下面通过具体操作介绍锚点链接的方法。

(1) 在 Dreamweaver CS4 中打开 3-2. html 网页文档。

(2) 创建命名锚记。将鼠标光标定位在要设置命名锚记的位置，选择“插入→命名锚记”菜单命令，或者单击“插入”面板“常用”标签中的 命名锚记 按钮，弹出“命名锚记”对话框，在对话框中输入命名锚记的名称，如 gushi，单击“确定”按钮，在文档窗口中出现了锚记图标，如图 3—22 所示。

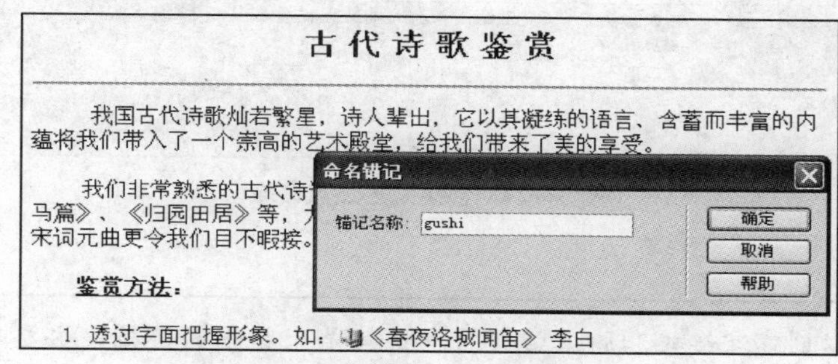

图 3—22　使用“命名锚记”对话框添加命名锚记

(3) 创建指向命名锚记的超链接。选定要设置锚点链接的文字，如“古代诗歌”四个字，在“属性”面板的“链接”输入框中，输入一个＃字符和锚记名称，如＃gushi，也可以使用“指向文件”图标拖到命名锚记处。

(4) 保存文档，按 F12 键在浏览器中测试锚点链接效果。

3.2.5　创建图像链接

对选定图像创建超链接的方法与创建文本超链接的方法非常类似。需要注意的是，创建超链接后的图像在网页中显示时，四周默认显示为蓝色边框，可在“属性”面板中设置图像“边框”为 0，以去掉边框，如图 3—23 所示。

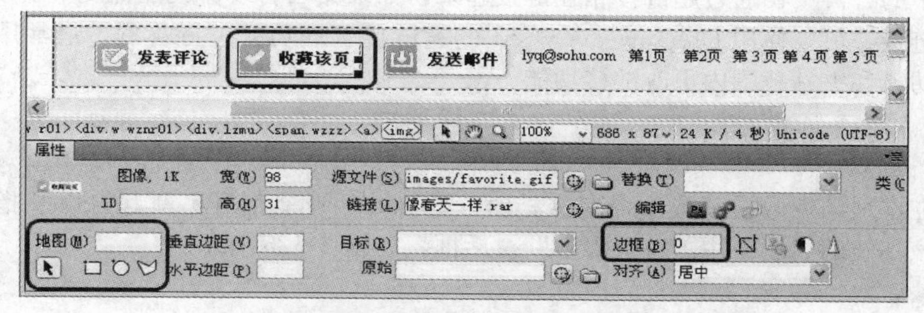

图 3—23　使用“属性”面板添加图像超链接

3.2.6　创建图像热点链接

在 Dreamweaver 中不仅可以方便地为一幅图像添加超链接，还可以为图像中不同的区域创建不同的超链接，即“热点”，也称为“热区”链接。当鼠标进入“热区”后变为“手形”，单击时，会显示其链接的目标文件。

使用图像“属性”面板左下角的热区工具绘制热区，Dreamweaver 把它称之为“地图”。单击选择矩形、圆形、多边形样式中的一种，在图像上拖动创建热点，热点的四周带有控制点，可调整热点区域的位置或大小。创建热点后，为其设置超链接即可，如图 3—24 所示。

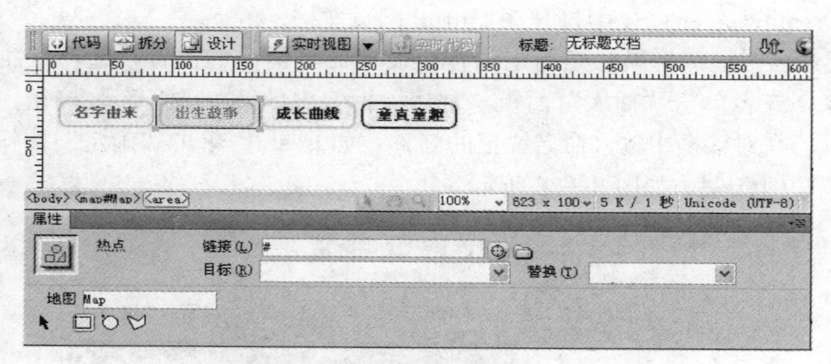

图 3—24　创建矩形热点区域

提示：可以创建空链接和脚本链接。空链接是未指派的链接，主要用于向页面中的对象或文本附加行为。添加空链接的具体方法是：在文档窗口中输入并选中省略号“……”，在“属性”面板的“链接”框中输入“javascript:;”即可创建空链接。

脚本链接能执行 JavaScript 代码或调用 JavaScript 函数。它能够在不离开当前 Web 页面的情况下为访问者提供有关某项的附加信息，还可用于在访问者单击特定项时执行计算、验证表单和完成其他处理任务等。

3.3　学习任务：管理链接

学习任务要求：掌握自动更新链接、整个站点范围内更改链接的功能。

网站中的各类文档通过超链接相互链接起来，如果文档名或存放位置发生了改变，必须修改相应链接，可以使用 Dreamweaver CS4 的超链接管理功能进行管理，最常用的是自动更新链接功能和整站范围内更改链接功能。

3.3.1　自动更新链接

每当在本地站点内移动或重命名文档时，Dreamweaver 都可更新起自以及指向该文档的链接。该功能的启动使用“首选参数”对话框，如图 3—25 所示。

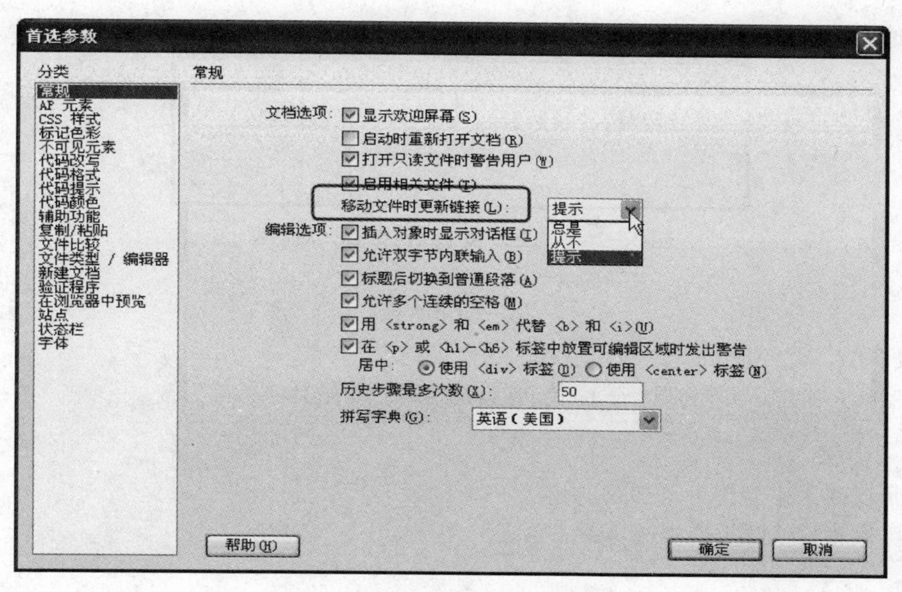

图 3—25　“首选参数”对话框

“移动文件时更新链接”选项有 3 个选项，其含义分别是：

- 总是：当移动或重命名选定文档时，自动更新起自与指向该文档的所有链接。
- 从不：在移动或重命名选定文档时，不自动更新起自与指向该文档的所有链接。
- 提示：显示一个对话框，列出此更改影响到的所有文件。单击“更新”可更新这些文件中的链接，而单击“不更新”将保留原文件不变。该选项为默认选项。

为了加快更新过程，Dreamweaver 通常创建一个缓存文件，用以存储有关本地文件夹中所有链接的信息。在添加、更改或删除本地站点上的链接时，该缓存文件以不可见的方式进行更新。启动 Dreamweaver 之后，第一次更改或删除指向本地文件夹中文件的链接时，Dreamweaver 会提示加载缓存。如果单击“是”按钮，则 Dreamweaver 会加载缓存，并更新指向刚刚更改的文件的所有链接；如果单击“否”按钮，则所做更改会记入缓存中，但 Dreamweaver 并不加载该缓存，也不更新链接。

3.3.2　在整个站点范围内更改链接

在这种情况下，整个站点内将“本月电影”这个词链接到了/movies/july. html，而到了 8 月份，则必须将那些链接更改为指向/movies/august. html。在整个站点范围内更改链接可执行以下操作步骤：

(1) 在“文件”面板的“本地”视图中选择一个文件。需要注意的是，如果更改的是电子邮件链接、FTP 链接、空链接或脚本链接，则不需要选择文件。

(2) 选择“站点→改变站点范围的链接”命令，出现“更改整个站点链接”对话框，如图 3—26 所示。

(3) 选择相应文件，单击“确定”按钮，Dreamweaver 更新链接到选定文件的所有文档，使这些文档指向新文件，并沿用文档已经使用的路径格式。如果旧路径为相对路径，则新路径也为相对路径。

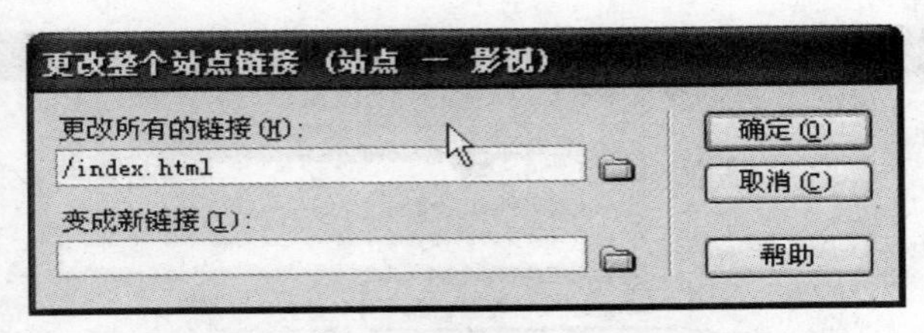

图 3—26 "更改整个站点链接"对话框

实 训 3

(一) 为网页添加背景音乐

1. 实训要求

(1) 掌握网页中常用的音频文件格式。

(2) 练习为网页添加背景音乐的方法。

2. 实训指导

在为网页插入音频前，要求对本章前面介绍的音频格式进行比较，选择已经准备好的音频，再将其插入到网页中。

背景音乐是在浏览网页时听到的音乐。使用〈bgsound〉标签可以为网页添加背景音乐。具体方法是：打开本章介绍的多媒体网页——我的乐园，直接将〈bgsound〉标签添加到网页文件的〈body〉〈/body〉之间，并设置好背景音乐的路径。

参考代码为：〈bgsound src="sound\music. wma" loop="-1"〉

(二) 为网页添加超链接

1. 实训要求

(1) 掌握各种超链接的基本功能。

(2) 练习在网页中添加文本链接、图像链接、锚点链接、图像热点链接等基本方法。

2. 实训指导

要求用户打开在第 2 章中制作的图文混排网页文档，根据本章第 2 节介绍的内容，为图文混排网页添加文本链接、图像链接、锚点链接和图像热点链接等。

习 题 3

一、填空题

1. 在网页中播放 FLV 文件，要求在计算机中必须安装________________。

2. 若修改用 Flash 做的导航条中的链接地址，需要修改________________格式的文件。

3. 空链接是没有目标端点的链接，在"属性"面板的"链接"输入框中输入________________符号可创建空链接。

4. 创建锚记链接一般分两步，首先________________，然后________________。

二、选择题

1. 在网页中插入 WMV 格式的视频，方法主要有________。

A. 使用“插入→媒体→插件”菜单命令。

B. 使用“插入”工具栏“媒体”选项卡中的“插件”图标。

C. 拖动“指向文件”图标直接指向要链接的文件。

D. 使用〈embed〉标签。

2. Flash动画的优点有________。

A. 容量小　　B. 动画制作容易　　C. 交互式矢量图　　D. 占用资源少

3. 以下关于相对路径说法正确的是________。

A. 如果链接中源端点和目标端点在同一目录下，那么在链接路径中，只需提供目标端点的文件名即可。

B. 如果链接中源端点和目标端点不在同一目录下，则需提供目录名、前斜杠和文件名。

C. 如果链接指向的文档没有位于当前目录的子级目录中，则可利用“../“来表示当前位置的上级目录。

D. 对于本地站点之中的链接，使用相对路径是个好方法。

4. 将链接的文件载入一个未命名的新浏览器窗口中，应选择________窗口打开方式。

A. _ blank　　B. _ parent　　C. _ self　　D. _ top

5. 用“属性”面板创建超链接的方法有________。

A. 在“链接”输入框中直接输入链接地址。

B. 单击“文件夹”图标，选择链接文件。

C. 拖动“指向文件”图标直接指向要链接的文件。

D. 从源链接点，按住Shift键，拖动“指向文件”图标指向要链接的文件。

三、简答题

1. 网页中Flash文件的格式有哪些？如何插入Flash文件？
2. 如何在网页中添加背景音乐？
3. 绝对路径和相对路径有何区别？如何运用？
4. 网页中有哪些链接方式？如何创建？
5. 如何组织网页文件？使用超链接有哪些规则？

第 4 章　使用 CSS 样式

层叠样式表（CSS）是 W3C 组织倡导的标准 Web 开发必须掌握的一项主流技术，它提供了丰富的样式，实现了页面内容与表现的分离，能够更好地进行网页布局。使用 CSS 不仅可以创建精美的网页，而且代码简洁，便于更新和维护。

本章学习要点

- CSS 的基本概念。
- 创建 CSS 规则。
- 使用 CSS 样式。
- CSS 的综合应用。

4.1　学习任务 1：认识 CSS 样式表

学习任务要求： 了解 CSS 的基本概念，掌握 CSS 样式表的引用方法。

对于网页设计者来说，仅使用 HTML 属性来设置网页外观是不够的，还需要使用 CSS 样式来设置网页元素的属性。

4.1.1　CSS 的基本概念

早期的网页一般是由 HTML 标签控制的文本网页，随着 Web 的流行与发展，漂亮的外观变得越来越重要。一方面，HTML 在控制页面格式和外观上越来越不能适应更高的要求；另一方面，HTML 标签中充斥了大量的对外观属性的定义，网页要表现的“内容”与如何“表现”内容混杂在一起，HTML 代码变得越来越繁杂，大量的标签堆积在一起，难以阅读和理解。

1996 年，W3C（万维网联盟）提出了 CSS 技术规范，它以 HTML 语言为基础，提供了丰富的样式。应用了 CSS 样式的网页，将样式外观设置从 HTML 文档中分离出来，使代码清晰、容易维护。CSS 一经引入即得到了广泛应用。

CSS 是 Cascading Style Sheets 的缩写，又称层叠样式表或级联样式表，主要用于对网页中的文本或某一区块的布局、字体、颜色、背景和特效等进行精确控制。

4.1.2 CSS样式的引用

CSS样式既可以定义在外部CSS样式表文件中，也可以定义在HTML文档中。外部CSS样式表是专门保存CSS样式的文件，其文件名后缀为.css，可以用记事本等编辑软件打开、查看、编辑和创建。内部CSS样式表是将CSS样式定义在HTML文档中，根据定义位置的不同，分为内联样式、内嵌样式和外部样式表。

1. 内联样式

“内联样式”方式直接将CSS样式嵌套在特定的HTML标签中。具体步骤如下：

(1) 选中需要添加样式的对象，在CSS“属性”面板中，“目标规则”设定为“新内联样式”。

(2) 根据需要设置其他的属性。由于网页要表现的内容和内容要表现的样式混杂在一起，因此，不建议使用这种方式。

2. 内嵌样式

“内嵌样式”方式将CSS样式嵌套在HTML文档的〈head〉标签内。具体步骤如下：

(1) 选中一段内容，在CSS“属性”面板中，“目标规则”选为“新CSS规则”，单击“编辑规则”按钮，在“新建CSS规则”对话框中，“选择器类型”选择“ID”，在“选择器名称”输入框中输入p1，在“规则定义”下拉列表框中选择“(仅限该文档)”，如图4—1所示。

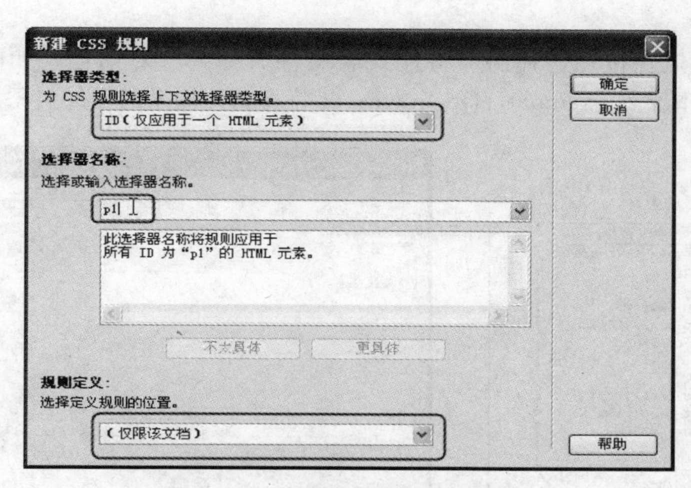

图4—1 “新建CSS规则”对话框

(2) 单击“确定”按钮，打开“#p1的CSS规则定义”对话框，设置Font-family为“宋体”，Font-size为18px，Color为#F00，如图4—2所示，单击“确定”按钮完成设置。“#p1的CSS规则定义”对话框中8类属性含义将在4.3.3中作详细介绍。

(3) 选中另一段内容，重复上面的操作，区别是在“新建CSS规则”的“选择器名称”输入框中输入p2。由图4—3可见，〈style〉〈/style〉标签之间即为定义的CSS样式，实现了“内容”与“表现”的分离。p1、p2是为第一段〈p〉标签和第二段〈p〉标签设置的唯一的标识号(ID)。〈p〉标签中不再有CSS样式的定义，而是通过p1、p2来引用相应的样式定义。

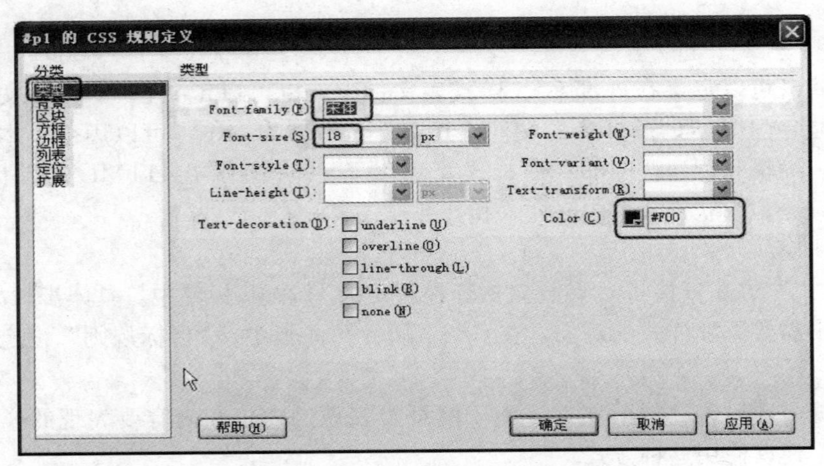

图 4—2 “#p1 的 CSS 规则定义”对话框

3. 外部样式表

“外部样式表”方式将 CSS 样式存储在外部样式表文件中。具体步骤如下：

(1) 选中元素，在 CSS“属性”面板中，“目标规则”选定为“新 CSS 规则”，单击“编辑规则”按钮，打开“新建 CSS 规则”对话框。在“选择器类型”下拉列表框中选择“ID”，在“选择器名称”输入框中输入 p1，在“规则定义”下拉列表框中选择“新建样式表文件”。

(2) 单击“确定”按钮，弹出“将样式表文件另存为”对话框，如图 4—4 所示。在“文件名”输入框中输入 example，Dreamweaver 将自动为输入的文件名添加 . css 扩展名。

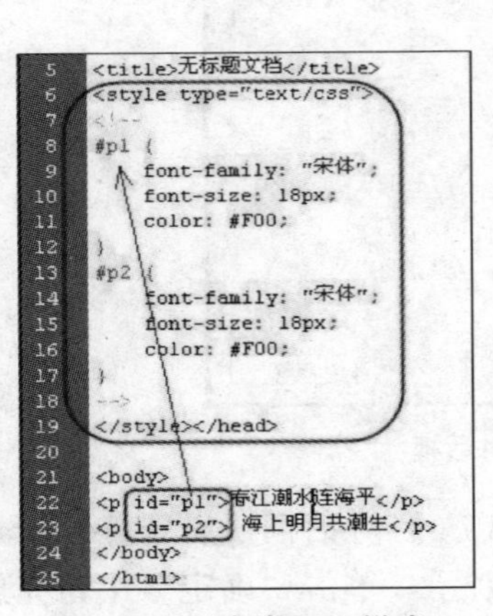

图 4—3 内嵌 CSS 样式

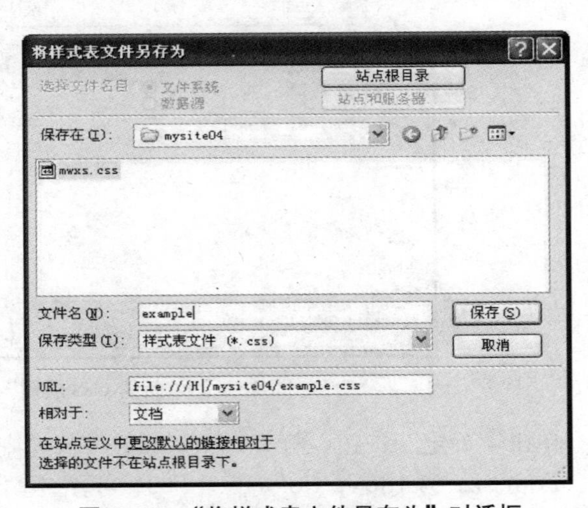

图 4—4 “将样式表文件另存为”对话框

(3) 单击“保存”按钮，打开“#p1 的 CSS 规则定义”对话框，从中设置 Font-family、Font-size、Color 等属性，单击“确定”按钮完成设置。

“外部样式表”方式是将 CSS 样式存储在外部的 CSS 文件中，如 example. css。在 HTML 文档的〈head〉标签内，Dreamweaver 将自动嵌入链接语句〈link href="example. css" rel="stylesheet" type="text/css"/〉，其中 href 属性指定了外部 CSS 文件的名称，type 属

性指明了引用文件的类型为 CSS 文件，如图 4—5 所示。

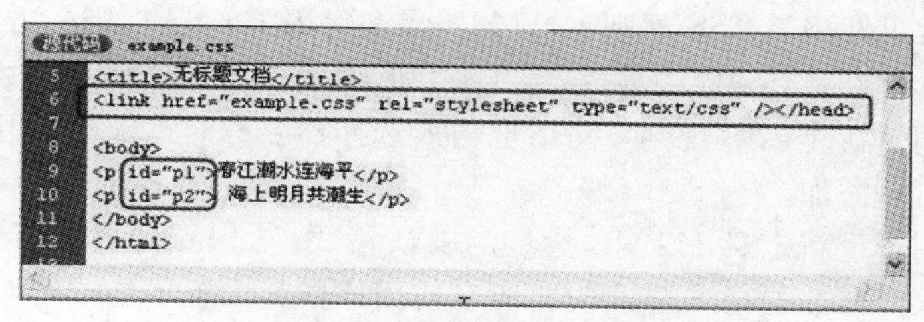

图 4—5　外部链接 CSS 样式

需要修改网页内容的显示效果时，只需对外部样式表中的相关内容属性进行修改即可，网页中的 HTML 文档不需做任何修改。

通过以上 3 种方式的比较可以发现，使用 CSS 外部样式表，实现了“内容”与“表现”的完全分离，可以一次对若干个文档的样式进行控制，当 CSS 样式更新后，所有应用了该样式的文档都会自动更新。

4.2　学习任务 2：CSS 规则的定义和创建

学习任务要求：理解 CSS 样式表的基本语法，掌握创建 CSS 样式规则的方法。

4.2.1　CSS 规则的语法和类型

1. CSS 规则的基本语法

CSS 样式设置规则由选择器和声明两部分组成，选择器是所设样式的标识（也就是给所设样式取的名字），声明块则用于定义一组样式属性，各个声明由两部分组成：属性（如 font-family）和值（如“宋体”）。例如：

```
#p1 { font-family: "宋体";
        font-size: 18px;
        color: #F00;
    }
```

其中，＃p1 是选择器，介于花括号 {} 之间的所有内容是声明块。CSS 规则的含义：使用＃p1 样式的文本，显示的字体是宋体，大小是 18px，颜色是＃F00。

2. CSS 规则的类型

在 Dreamweaver CS4 中，CSS 规则的选择器分别有类（CLASS）、ID、标签和复合内容 4 种类型，下面对这 4 种 CSS 规则类型进行简单介绍。

（1）ID：用于定义具有特定 ID（标识号）的标签的格式，ID 类型的 CSS 规则应用于一个 HTML 元素。建立 ID 类型的 CSS 规则时，其名称必须以＃符号开头，然后再输入 HTML 元素的 ID 号，ID 号可以是任何字母和数字的组合。使用“新建 CSS 规则”对话框输入选择器名称时，未输入开头的＃符号，Dreamweaver 将自动添加。不同的 HTML 元素，需要通过不同的 ID 号加以区分。

（2）类（CLASS）：可以应用于多个 HTML 元素的 CSS 规则。在使用 CSS 样式的过程中，经常会有几个标签使用相同属性的情况，或者使同一个 HTML 标签呈现不同的样式风格，针对这种情况可使用类 CSS 规则。HTML 元素引用类 CSS 规则的方法是〈标签 class ＝“类名”〉，类选择器名必须以“.”符号开头，形式为“. 类名”，类名可以是任何字母和数字的组合。使用“新建 CSS 规则”对话框输入选择器名称时，未输入开头的“.”符号，Dreamweaver 将自动添加。

（3）标签：用于重新定义 HTML 标签的默认格式，如 body、h1、font、p、table 等。当创建或更改了某一标签的 CSS 样式时，所有使用该标签设置了格式的对象都会更新为新设的样式。

（4）复合内容：用于定义同时影响两个或多个标签、类或 ID 类型的复合 CSS 规则。例如，建立 Div p 规则后，网页中所有 Div 标签内的所有 p 元素都将受此规则的控制。它常用于定义链接不同状态的文本外观，包括 a：link、a：visited、a：hover 链接状态的标签。

4.2.2 CSS 规则的创建方法

创建 CSS 规则的常用方法有两种：一种是使用 CSS“属性”面板，在目标规则下拉列表中选择“新 CSS 规则”，单击“编辑规则”按钮；另一种是使用“CSS 样式”面板。两种方式都将打开图 4—1 所示的“新建 CSS 规则”对话框。

各选项含义如下：

● 选择器类型：选择类、ID、标签和复合内容 4 种类型中的一种。

● 选择器名称：输入选择器名称。

● 规则定义：用于设定 CSS 规则的存放位置。选择“（仅限该文档）”，定义的 CSS 规则只对当前文档起作用，存放在 HTML 文档的〈head〉标签内；选择“新建样式表文件”，将弹出“将样式表文件另存为”对话框，可创建并链接一个外部 CSS 样式表文件，用于存放定义的 CSS 规则；如果站点内已经创建或有多个外部 CSS 样式表文件，可选择其中一个用于存放定义的 CSS 规则。

在“新建 CSS 规则”对话框中完成设置后，单击“确定”按钮，将打开“CSS 规则定义”对话框，该对话框包含了所有的 CSS 属性，分为“类型”、“背景”、“区块”、“方框”、“边框”、“列表”、“定位”和“扩展”等 8 个部分，根据需要对相关属性进行设置，连续单击“确定”按钮即可完成 CSS 规则的创建。

4.3 学习任务 3：在网页文档中使用 CSS 样式

学习任务要求： 熟悉 CSS 样式面板，掌握在 Dreamweaver CS4 中创建、编辑和应用 CSS 样式的方法。

Dreamweaver CS4 提供了多种方便快捷的可视化解决方案，用来创建、编辑、应用 CSS 样式。

4.3.1 “CSS 样式”面板

在 Dreamweaver CS4 中，对 CSS 样式的管理主要通过“CSS 样式”面板完成。选择“窗口→CSS 样式”菜单命令，展开“CSS 样式”面板。该面板分为“全部”模式和“正在”

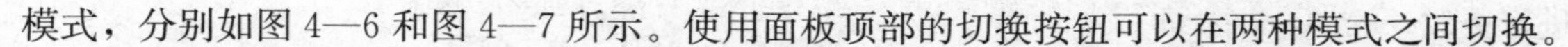

模式，分别如图 4—6 和图 4—7 所示。使用面板顶部的切换按钮可以在两种模式之间切换。

（1）“全部”模式：在该模式下，“CSS 样式”面板显示为两个窗格。“所有规则”窗格，显示当前文档中定义的规则以及附加到当前文档的样式表中定义的所有规则；“属性”窗格用于编辑“所有规则”窗格中任何选定的 CSS 规则的属性。

（2）“正在”模式：在该模式下，“CSS 样式”面板将显示为 3 个面板：“所选内容的摘要”窗格显示当前所选页面元素的 CSS 规则的属性；“关于”窗格显示所选属性的位置；“属性”窗格用来修改所选规则的 CSS 属性。

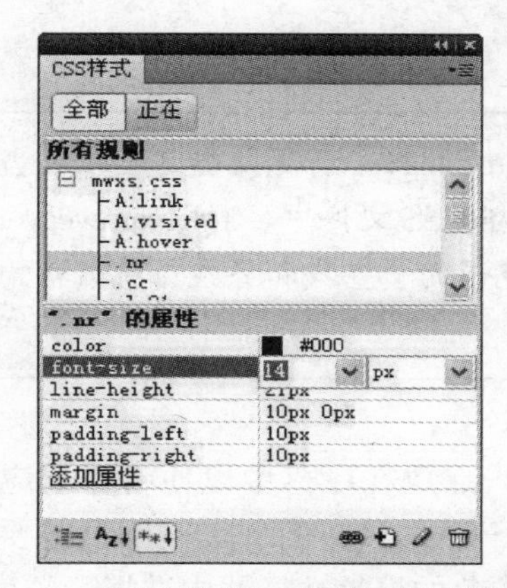

图 4—6　“CSS 样式”面板的“全部”模式

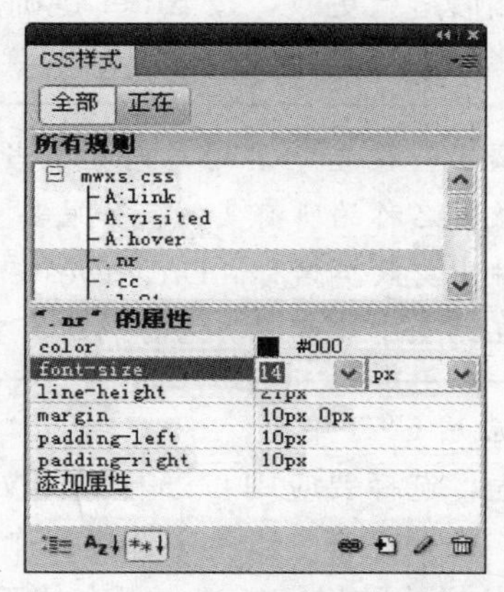

图 4—7　“CSS 样式”面板的“正在”模式

“CSS 样式”面板中各功能按钮的含义：

- 按钮：依次为“显示类别视图”、“显示列表视图”、“只显示设置属性”，它们用来设置“属性”栏显示方式。默认情况下，“属性”窗格仅显示那些先前已设置的属性，并按字母顺序排列。
- 附加样式表按钮：单击该按钮，可以在 HTML 文档中链接一个外部 CSS 文件。
- 新建 CSS 规则按钮：单击该按钮，可以编辑一个新建 CSS 样式文件。
- 编辑样式表按钮：单击该按钮，可对选定的 CSS 样式进行编辑。
- 删除 CSS 样式表按钮：单击该按钮，可以删除选定的 CSS 样式。

4.3.2　应用 CSS 样式

可以使用“CSS 样式”面板查看、创建、编辑和删除 CSS 样式，并且可以将外部样式表附加到文档。

1. 将外部样式表附加到文档

在菜单栏中选择“文件→新建”命令，打开“新建文档”对话框，在左边的分类中选择“空白页”项，然后在“页面类型”栏中选择 CSS，单击“创建”按钮就可以新建一个 CSS 样式文件。单击“CSS 样式”面板中的附加样式表按钮，可将该 CSS 文件或其他已经存在的外部 CSS 样式文件链接到当前网页。

2. 在 CSS 样式面板中编辑规则（“全部”模式）

编辑 CSS 规则有 3 种常用方法：

（1）在“所有规则”窗格中双击某条 CSS 规则，弹出“CSS 规则定义”对话框，然后进行更改。

(2) 在“所有规则”窗格中选择一条 CSS 规则，然后在下面的“属性”窗格中编辑该规则的属性。

(3) 在“所有规则”窗格中选择一条 CSS 规则，单击“CSS 样式”面板右下角的“编辑样式”按钮。

3. 重命名 CSS 选择器（“全部”模式）

在“CSS 样式”面板（“全部”模式）中，双击要更改的选择器，以使名称处于可编辑状态，然后进行更改，按 Enter 键确认。

提示：要重命名的类内置于当前文档头中，Dreamweaver 将更改类名称以及当前文档中该类名称的所有实例。如果要重命名的类位于外部 CSS 文件中，则Dreamweaver将在该文件中更改类名称。Dreamweaver 还启动一个站点范围的“查找和替换”对话框，以便可以在站点中搜索旧类名称的所有实例。

4. 应用 CSS 样式

首先，选择要应用 CSS 样式的文本或对象。将插入点放在段落中以便将样式应用于整个段落。如果在单个段落中选择一个文本范围，则 CSS 样式只影响所选范围。若要指定要应用 CSS 样式的确切标签，可在位于“文档”窗口左下角的标签选择器中选择标签。

应用类样式，可执行下列操作之一：

(1) 在“CSS 样式”面板（“全部”模式）中，右键单击要应用的样式的名称，然后从上下文菜单选择“套用”。

(2) 在属性面板中单击 HTML 按钮，从“类”下拉列表中选择应用的类样式；或在属性面板中单击 CSS 按钮，从“目标规则”下拉列表中选择应用的类样式。

5. 删除选定内容的样式

选择要从中删除样式的文本或对象。在 HTML“属性”面板中，从“类”下拉列表中选择“无”；或在 CSS 属性面板中，从“目标规则”下拉列表中选择“删除类”。

6. 复制 CSS 规则

为了快速建立网站 CSS 样式，可将之前已经创建好的或别人定义的样式进行复制，再修改其中的部分样式，这样不但提高了制作效率，而且可以学习当前网站流行的样式。

在“所有规则”窗格中选择一条或多条 CSS 规则，然后单击鼠标右键，从上下文菜单中选择“复制”，选中要“粘贴”的位置，“粘贴”即可。

7. 移动 CSS 规则

使用“CSS 样式”面板可以轻松地将 CSS 规则移动到不同位置。可以将规则在文档间移动、从文档头移动到外部样式表、在外部 CSS 文件间移动等。如果尝试移动的规则与目标样式表中的规则有冲突，则 Dreamweaver 会显示“存在同名规则”对话框。

在“CSS 样式”面板中，选择要移动的一个或多个规则，然后右击选定内容，并从上下文菜单中选择“移动 CSS 规则”；或者在“代码”视图中，选择要移动的一个或多个规则，然后右击选定内容，并从上下文菜单中选择“CSS 样式→移动 CSS 规则”命令。两种方法都将打开“移至外部样式表”对话框，如图 4—8 所示。

(1) 样式表：将 CSS 规则移至现有样式表。

(2) 新样式表：将 CSS 规则移至新的样式表中，并将其附加到当前文档。

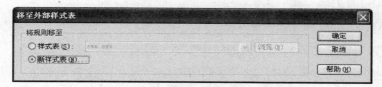

图 4—8　“移至外部样式表”对话框

4.3.3　定义 CSS 样式属性

Dreamweaver CS4 在“CSS 规则定义”对话框中提供了多种不同的 CSS 样式属性定义，分别安排在如图 4—2 所示的 8 大类别中。若要熟练使用 CSS，必须对 8 大类别的属性有深入理解。

1. 类型属性

“类型”类别可以定义 CSS 样式的字体和类型设置。各选项含义如下：

● Font-family（字体）：为样式设置字体系列（或多组字体系列）。

● Font-size（大小）：定义文本大小。可以通过选择数字和度量单位选择特定的大小，也可以选择相对大小。使用像素作为单位可以有效地防止浏览器扭曲文本。

● Font-style（样式）：指定“正常”、“斜体”或“偏斜体”作为字体样式。默认设置是“正常”。

● Line-height（行高）：设置文本所在行的高度。

● Text-decoration（修饰）：向文本中添加下划线、上划线或删除线，或使文本闪烁。常规文本的默认设置是“无”。链接的默认设置是“下划线”。将链接设置设为无时，可以通过定义一个特殊的类去除链接中的下划线。

● Font-weight（粗细）：对字体应用特定或相对的粗体量。“正常”等于 400；“粗体”等于 700。

● Font-variant（变体）：设置文本的小型大写字母变体。

● Text-transform（大小写转换）：将所选内容中的每个单词的首字母大写或将文本设置为全部大写或小写

● Color（颜色）：设置文本颜色。

2. 背景属性

“背景”类别可以对网页中的任何元素应用背景属性。例如，在文本、表格、页面等的后面，创建一个样式，将背景颜色或背景图像添加到任何页面元素中。各选项含义如下：

● Background-color（背景颜色）：设置元素的背景颜色。

● Background-image（背景图像）：设置元素的背景图像。

● Background-repeat：确定是否以及如何重复背景图像。“不重复”只在元素开始处显示一次图像。“重复”在元素的后面水平和垂直平铺图像。“横向重复”和“纵向重复”分别显示图像的水平带区和垂直带区，图像将被剪辑以适合元素的边界。

● Background-attachment：确定背景图像是固定在其原始位置还是随内容一起滚动。

● Background-position（X）和 Background-position（Y）：指定背景图像相对于元素的初始位置。这可用于将背景图像与页面中心垂直（Y）和水平（X）对齐。如果附件属性为“固定”，则位置相对于“文档”窗口而不是元素。

3. 区块属性

“区块”类别可以定义标签和属性的间距和对齐设置。各选项含义如下：

● Word-spacing（单词间距）：设置字词的间距。若要设置特定的值，可在弹出菜单中选择“值”，然后输入一个数值。在第二个弹出菜单中，选择度量单位（如像素、点等）。

● Letter-spacing（字母间距）：增加或减小字母或字符的间距。若要减小字符间距，可指定一个负值（如 −4）。字母间距设置覆盖对齐的文本设置。

● Vertical-align（垂直对齐）：指定应用此属性的元素的垂直对齐方式。

● Text-align（文本对齐）：设置文本在元素内的对齐方式。

● Text-indent（文字缩进）：指定第一行文本缩进的程度。

● White-space（空格）：确定如何处理元素中的空格。从 3 个选项中进行选择：“正常”，收缩空白；“保留”，其处理方式与文本被括在〈pre〉标签中一样（即保留所有空白，包括空格、制表符和回车）；“不换行”，指定仅当遇到〈br〉标签时文本才换行。

● Display（显示）：指定是否以及如何显示元素。“无”指定到某个元素时，它将禁用该元素的显示。

4. 方框属性

“方框”类别为用于控制元素在页面上的放置方式的标签和属性定义设置。各选项含义如下：

● Width/Height（宽和高）：设置元素的宽度和高度。

● Float（浮动）：设置其他元素（如文本、AP Div、表格等）在围绕元素的哪个边浮动。其他元素按通常的方式环绕在浮动元素的周围。

● Clear（清除）：定义元素的哪一边不允许有 AP Div 元素。如果清除边上出现的 AP 元素，则待清除设置的元素将移到该元素下方。

● Padding（填充）：指定元素内容与元素边框之间的间距。取消选择“全部相同”选项可设置元素各个边的填充。

● Margin（边界）：指定一个元素的边框与另一个元素之间的间距。仅当该属性应用于块级元素（段落、标题、列表等）时，Dreamweaver 才会在“文档”窗口中显示。取消选择“全部相同”可设置元素各个边的边距。

5. 边框属性

“边框”类别可以定义元素周围的边框样式、宽度和颜色属性。各选项含义如下：

● Style（类型）：设置边框的样式外观。

● Width（宽度）：设置元素边框的粗细。

● Color（颜色）：设置边框的颜色。

6. 列表属性

“列表”类别为列表标签定义列表设置（如项目符号大小和类型）。各选项含义如下：

● List-style-type：设置项目符号或编号的外观。

● List-style-image：为项目符号指定自定义图像。

● List-style-position：设置列表项文本是否换行并缩进（外部）或者文本是否换行到左边距（内部）。

7. 定位属性

"定位"样式属性确定与选定的CSS样式相关的内容在页面上的定位方式。各选项含义如下：

● Position（位置）：确定浏览器应如何来定位选定的元素。

● Visibility（可见性）：确定内容的初始显示条件。如果不指定可见性属性，则默认情况下内容将继承父级标签的值。body标签的默认可见性是可见的。

● Z-Index（Z轴）：确定内容的堆叠顺序。Z轴值较高的元素显示在Z轴值较低的元素（或根本没有Z轴值的元素）的上方。值可以为正，也可以为负。

● Overflow（溢出）：确定当容器（如Div或P）的内容超出容器的显示范围时的处理方式。

● Placement（位置）：指定内容块的位置和大小。浏览器如何解释位置取决于"类型"的设置。如果内容块的内容超出指定的大小，则将改写大小值。

● Clip（剪辑）：定义内容的可见部分。如果指定了剪辑区域，可以通过脚本语言（如JavaScript）访问它，并操作属性以创建像擦除这样的特殊效果。使用"改变属性"行为可以设置擦除效果。

8. 扩展属性

"扩展"样式属性包括滤镜、分页和鼠标指针选项。各选项含义如下：

● Page-break-before/after（分页）：在打印期间，在样式所控制的对象之前或者之后强行分页。

● Cursor（鼠标）：当指针位于样式所控制的对象上时改变指针图像。

● Filter（过滤器）：对样式所控制的对象应用特殊效果。

实训4　用CSS美化网页

通过本实训的练习，希望用户熟练掌握CSS使用方法，能够灵活运用CSS技术来美化网页，提高网页的设计与制作能力。

1. 实训要求

（1）练习创建CSS样式的方法。

（2）练习套用CSS样式。

（3）练习通过CSS样式，掌握设置文本、列表、超链接的方法。

2. 实训指导

在Dreamweaver CS4中用CSS样式美化网页。

（1）在Dreamweaver CS4中打开已有网页content.html，如图4—9所示。

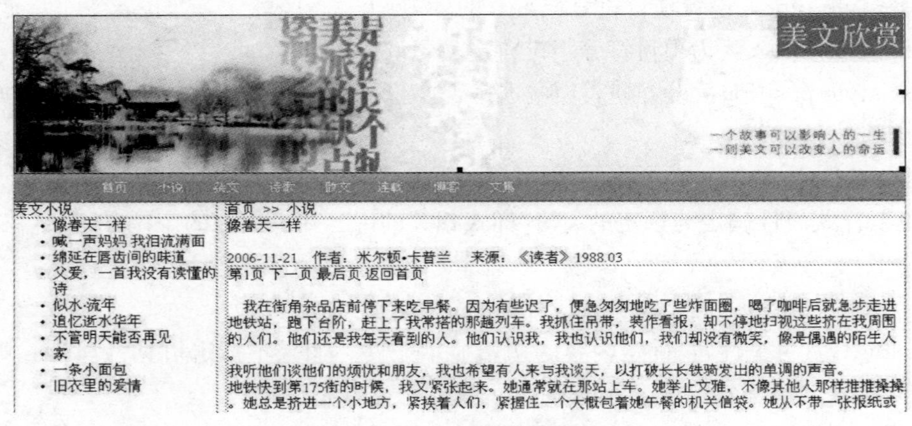

图 4—9　设置 CSS 样式前的页面

（2）创建标题 1 的 CSS 类规则。在“CSS 样式”面板中，单击“新建 CSS 规则”按钮，弹出“新建 CSS 规则”对话框，选择器类型设为“标签”，从选择器名称下拉列表中选择 h1 标签，规则定义选择 mwxs. css。单击“确定”按钮后，打开“CSS 规则定义”对话框，在“类型”分类中将 Font-size 设为 32px，Line-height 设为 60px，Font-weight 设为 bolder，在“区块”分类中将 Text-align 设为 center，使标题居中显示，连续单击“确定”按钮完成设置。

（3）用同样的方法分别创建针对文章出处文本“2006-11-21 作者……”的 CSS 类规则（选择器名称设定为 cc，规则定义选择 mwxs. css）和正方“我在街角……”的 CSS 类规则（选择器名称设定为 nr，规则定义选择 mwxs. css）。属性值根据情况用户自定。

（4）将 CSS 类规则套用到文章中。选中标题“像春天一样”，在属性面板中单击 HTML 按钮，从“格式”下拉列表中选择“标题 1”；选中文章出处注释文本“2006-11-21……”，在属性面板中单击 CSS 按钮，从“目标规则”下拉列表中选择 . cc，套用 CSS 样式后的文章外观如图 4—10 所示。用同样方法为文章正文套用 . nrCSS 样式。

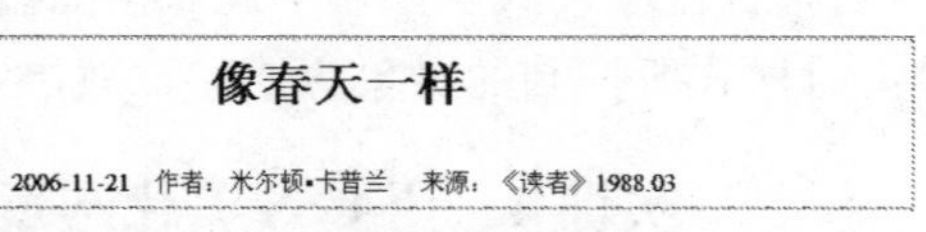

图 4—10　套用 CSS 样式后的页面

（5）将“美文小说”列表区的项目列表符号改为自定义图像。在打开的“新建 CSS 规则”对话框中，选择器类型设为“类”，选择器名称设定为 ln01，规则定义选择 mwxs. css；单击“确定”按钮，打开“CSS 规则定义”对话框，在“列表”类型中将 List-style-type 设为 none，List-style-image 设为自定义图像 list _ icon. gif，连续单击“确定”按钮完成设置。

（6）选中列表中的列表项“像春天一样”或在位于“文档”窗口左下角的标签选择器中单击标签 〈ul〉，在“CSS 属性”面板的目标规则下拉列表框中选择 ln01，完成样式套用。

（7）进一步美化“美文小说”列表。在 CSS 样式面板中，找到 . ln01 选择器双击，弹出“CSS 规则定义”对话框，在“类型”分类中将 Font-size 设为 12px，Line-height 设为 24px（设置字体）；在“方框”分类中将 Width 设为 160px，在“边框”分类中将 Bottom 设为

dashed，Width 设为 1，Color 设为＃c4b480（给列表项文本底部增加 160px 长度的下划线），单击“确定”按钮完成设置，设置后的效果如图 4—11 所示。

- 像春天一样
- 喊一声妈妈 我泪流满面
- 绵延在唇齿间的味道
- 父爱，一首我没有读懂的诗

- 像春天一样
- 喊一声妈妈 我泪流满面
- 绵延在唇齿间的味道
- 父爱，一首我没有读懂的诗

图 4—11 设置 CSS 样式后的列表效果

(8) 创建超链接 CSS 规则。在“新建 CSS 规则”对话框中，将选择器类型设为“复合内容”，选择器名称设为 a：link，规则定义设为 mwsx. css，单击“确定”按钮，将打开“CSS 规则定义”对话框，在“类型”分类中将 Color 设为＃242424，Text-decoration 设为 none，连续单击“确定”按钮完成设置。

(9) 用同样的方法创建 a：visited，将 Text-decoration 设为 none ，Color 设为＃900；创建 a：hover，将 Text-decoration 设为 underline，Color 设为＃30F。

(10) 设置导航区背景属性。在“CSS 规则定义”对话框中，将选择器类型设为“类”，选择器名称设为 nav，规则定义选择 mwxs. css；单击“确定”按钮，在打开的“CSS 规则定义”对话框中，在“背景”类型中将 Background-image（背景图像）设为 title _ bj. jpg，Background-repeat（背景图像重复方式）设为 repeat-x，单击“确定”按钮完成设置。分别选中“美文小说”、“首页 〉〉小说”区域，套用该样式。

可以进一步美化导航区文本，用户可自行练习。设置 CSS 样式后的页面效果如图 4—12 所示。

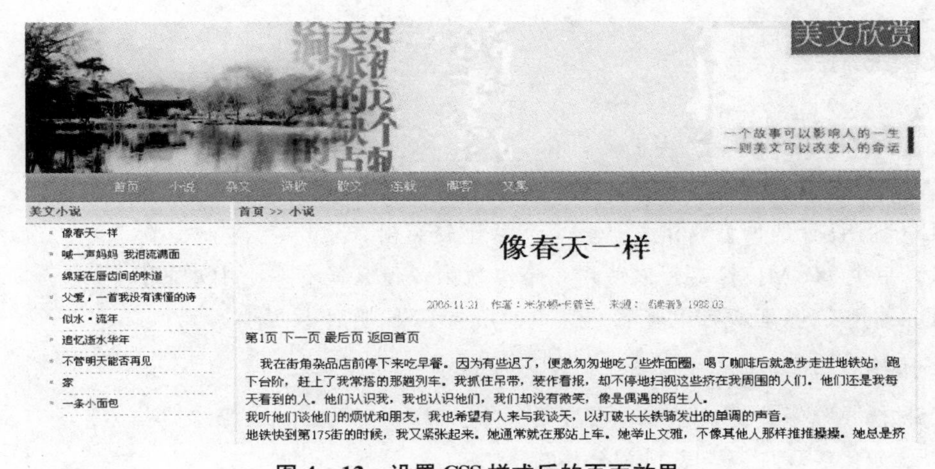

图 4—12 设置 CSS 样式后的页面效果

习 题 4

一、填空题

1. CSS 是 Cascading Style Sheets 的缩写，又称____________或级联样式表，用于控制或增强网页外观样式，CSS 分为内部样式表和____________。

2. 一个CSS样式表一般由若干样式规则组成，每条样式规则都可以看作是一条CSS的基本语句，每条规则都包含一个________（如 body，p）和写在大括号里的声明，这些声明通常是由几组用分号分隔的________和________组成。

3. HTML 标签使用________来引用ID类型的CSS规则。

4. 为了使用CSS的滤镜特效，使用CSS ________属性。

5. 新建CSS规则必须用到的两个对话框是________和________。

6. CSS样式属性包括________、________、________、________、________、________、________、________等8个选项，可对每个选项设置不同的参数。

二、选择题

1. CSS可以作用于HTML中的标准标签，下列哪个不是CSS可以作用的HTML标准标签________。

A. h1　　B. p　　C. font　　D. br

2. CSS规则的类型有________。

A. 类　　B. ID　　C. 标签　　D. 复合内容

3. ________是把CSS样式定义直接放在〈style〉…〈/style〉标签之间，然后插入到网页的头部。

A. 行内样式　　B. 内嵌式　　C. 链接式　　D. 导入式

4. 下面哪些是合法的CSS规则________。

A.
```
#p1 { font-family:" 宋体";
      font-size: 18px;
    }
```

B.
```
#p1 { font-family:" 宋体",
      font-size: 18px,
```

C.
```
#p1 {
    }
```

D.
```
%p1 {
    }
```

5. 下面关于CSS规则说法正确的有________。

A. CSS设计的网站，CSS文件丢失将影响整个网站的浏览。

B. CSS设计的网站，浏览器兼容问题比较突出。

C. 一个HTML标签可以使用多个类规则，但只能有一个ID规则。

D. 使用CSS面板可以查看网页中的所有CSS规则。

三、简答题

1. CSS样式分哪些类，各有什么应用？

2. CSS如何实现内容与表现相分离？

3. 引用CSS样式表有哪些方法？

4. 使用CSS有哪些好处？

第5章　表　　格

表格是一种在 HTML 页面上布局数据与网页元素的工具。表格不但可以控制网页元素在网页中的精确布局，而且能简化页面布局的设计过程。实际上，Internet 中的绝大多数网页是使用表格辅助布局的。

本章学习要点

- 创建表格。
- 编辑表格。
- 表格的嵌套。
- 设置表格的属性。

5.1　案例1：制作个人履历表

学习目标：通过本案例的学习，要求用户掌握创建表格、编辑表格、设置表格属性等知识。

知识要点：创建表格；插入行或列、删除行或列、表格的拆分与合并等操作；设置表格及单元格属性。

案例效果：案例效果如图 5—1 所示。

5.1.1　在页面中创建表格

表格由 3 个基本组件构成：行、列、单元格。表格横向叫行，纵向叫列，行列交叉的区域为单元格，如图 5—2 所示。一般以单元格为单位来插入网页元素，以行和列为单位来修改性质相同的单元格。

创建“个人履历表”，操作步骤如下：

(1) 在本地站点新建网页或打开指定的网页。

(2) 将网页标题设置为“表格的应用”。

(3) 确定表格插入点的位置，进行下列操作之一，弹出“表格”对话框，如图 5—3 所示。

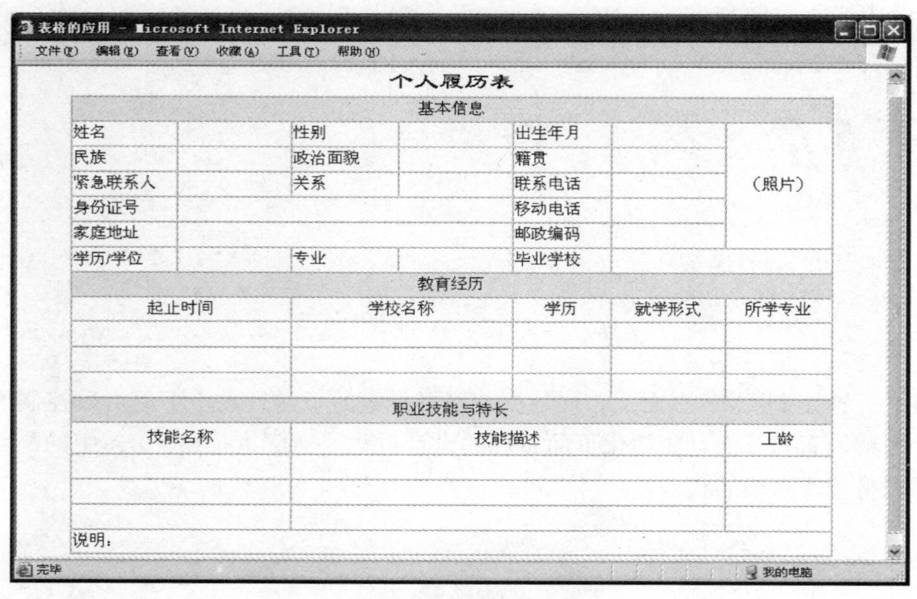

个人履历表

基本信息						
姓名		性别		出生年月		（照片）
民族		政治面貌		籍贯		
紧急联系人		关系		联系电话		
身份证号				移动电话		
家庭地址				邮政编码		
学历/学位		专业		毕业学校		
教育经历						
起止时间		学校名称		学历	就学形式	所学专业
职业技能与特长						
技能名称		技能描述				工龄
说明：						

图 5—1　个人履历表效果图

①选择“插入→表格”菜单命令。

②从“插入”面板中单击表格按钮，或者将其拖动到页面的插入点。

③按 Ctrl＋Alt＋T 组合键。

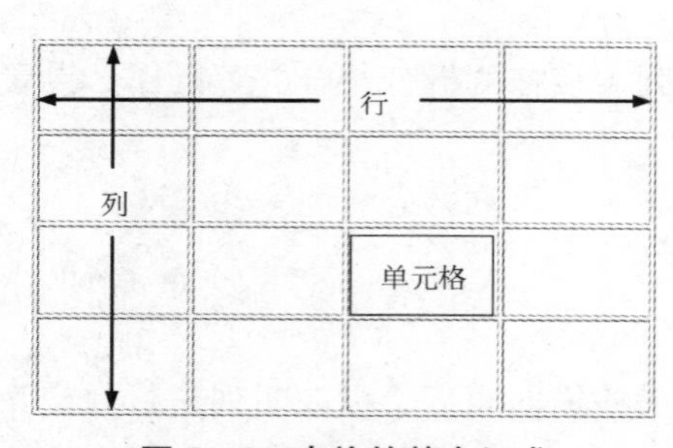

图 5—2　表格的基本组成

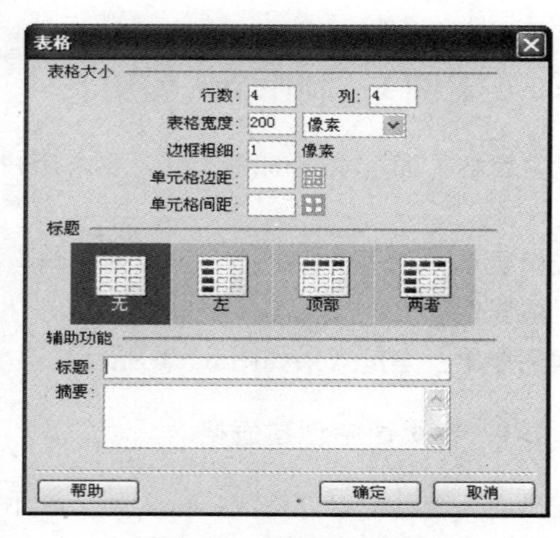

图 5—3　“表格”对话框

“表格”对话框中各项含义如下：

①“表格大小”部分。

- 行数：指定表格的行数。
- 列数：指定表格的列数。
- 表格宽度：指定以像素为单位或按占浏览器窗口“百分比”的表格宽度。
- 边框粗细：指定表格边框的宽度（以像素为单位）。若希望浏览器不显示边框，可将其值设置为 0 像素。

● 单元格边距：指定单元格内容与单元格边框之间的距离，单位是像素。

● 单元格间距：指定相邻的单元格之间的距离，单位是像素。

②“标题”部分。

● 无：对表格不启用列或行标题。

● 左：将表格的第一列作为标题列。

● 顶部：将表格的第一行作为标题行。

● 两者：能够在表格中输入列标题和行标题。

③“辅助功能”部分。

● 标题：提供一个显示在表格外的表格标题。

● 摘要：给出对表格的说明文本。屏幕阅读器可以读取摘要文本，但是该文本不会显示在用户的浏览器中。

(4) 本例在“表格”对话框中，指定“行数”为 14 行，“列数”为 8 列，“表格宽度”为 90%，“边框粗细”为 2 像素，“标题”内容为“个人履历表”，其他为默认值。单击“确定”按钮，创建了一个 14 行 8 列的表格，如图 5—4 所示。

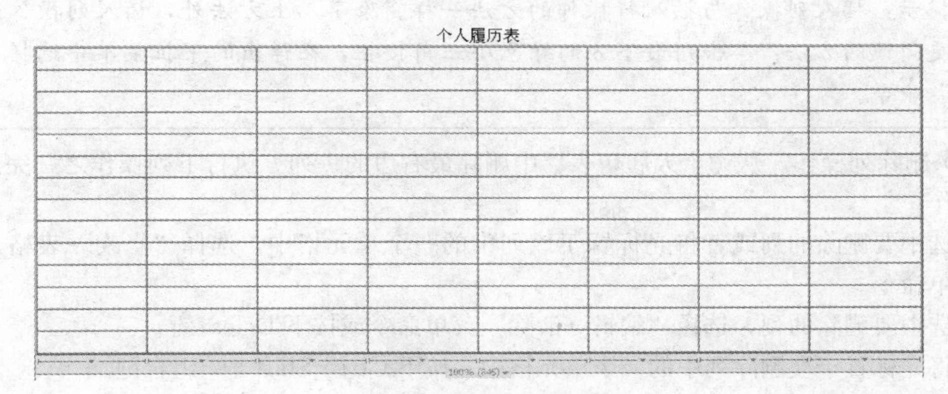

图 5—4　插入的表格

5.1.2　表格的基本操作

创建表格后，根据需要常常对表格进行相应的操作，如选择表格或单元格、合并或拆分单元格、添加或删除行和列等。

选中表格或表格元素是对表格进行操作的基础。用鼠标单击某个单元格即可将其选中，若选择多个单元格，可使用下面提供的方法来完成。

(1) 选择整行单元格：将鼠标移到行的最左边，当光标变成一个向右箭头时，单击即可选中整行单元格。

(2) 选择整列单元格：将鼠标移到列的最上边，当光标变成一个向下箭头时，单击即可选中整列单元格。

(3) 选择连续的多个单元格：在需要选择的单元格中单击鼠标，然后按住鼠标左键不放，同时向相邻的单元格方向拖曳，被拖到的单元格出现黑色边框，表示它们被选中。

(4) 选择不连续的多个单元格：按住 Ctrl 键的同时，单击任意不相邻的单元格，可以选中不相邻的多个单元格。

(5) 选择表格的所有单元格：在第 1 个单元格中单击鼠标，按住鼠标左键不放，向右下角最后一个单元格拖曳，直到所有单元格已全部被选中。

下面对创建的“个人履历表”进行操作，具体操作步骤如下：

(1) 插入行。为“个人履历表”插入 3 行。将光标置于某一行的单元格中，执行下列操作之一完成插入行的操作。

①选择“修改→表格→插入行”菜单命令，即在插入点的下面出现一行。

②选择“插入→表格对象→在上面插入行”菜单命令，在插入点的上面插入一行。

③选择“插入→表格对象→在下面插入行”菜单命令，在插入点的下面插入一行。

④按下 Ctrl＋M 组合键，在插入点的下面插入一行。

⑤选择“修改→表格→插入行或列”命令，弹出“插入行或列”对话框，根据需要设置对话框，可实现在当前行的上面或下面插入多行。

提示：插入列操作与插入行操作的方法一样。除了以上方法外，插入列操作还有一种更简便的方法：单击列最下方的绿色小三角按钮，在弹出的下拉菜单中选择“插入列”命令。

(2) 删除列操作。从“个人履历表”中删除最右边的一列。执行下列操作之一完成删除列的操作。

①选中要删除的列或者将光标置于该列中的一个单元格中，选择“修改→表格→删除列”菜单命令。

②选中要删除的列，选择“编辑→清除”菜单命令或按下 Delete 键。

③将光标置于被删除列中的一个单元格中，按下 Ctrl＋Shift＋－组合键。

提示：删除行操作与删除列操作的方法相似。但是，删除行操作使用的是 Ctrl＋Shift＋M 组合键。

(3) 合并、拆分单元格。选中需要合并的多个单元格，选择“修改→表格→合并单元格”命令，将选中的多个单元格合并为一个单元格。选中需要拆分的单元格，选择“修改→表格→拆分单元格”命令，打开“拆分单元格”对话框。选择把单元格拆分为行还是列，并输入拆分的行数或列数，然后单击“确定”按钮。

(4) 调整列的宽度。执行以下操作之一调整列宽。

①将鼠标指针移到要调整列的右边框，当鼠标指针变为双向箭头时，向左右拖动边框线，可使列的宽度缩小或增大。

②选中要调整的列，在“属性”面板的“宽”文本框输入选中列的宽度。

编辑后的“个人履历表”如图 5—5 所示。

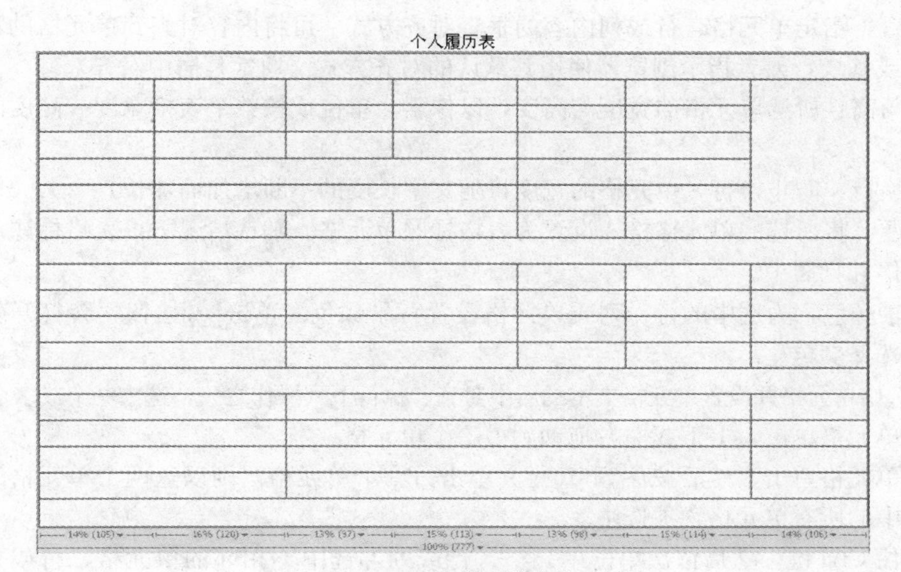

图 5—5　编辑后的表格

5.1.3　设置表格属性

1. 在表格中输入文本并设置文本对齐方式

具体操作步骤如下：

（1）向表格中输入文本。在指定的单元格中单击，设置插入点，从插入点开始，在表格中输入信息。

（2）选中行或列并设置行或列文本的对齐方式。执行下列操作之一，选中行或列。

①将鼠标指针移动到一行的左边界或一列的顶部，当出现选择黑色箭头时单击。

②在单元格中单击，然后按住鼠标左键拖动，以选取相应的行或列。

（3）选中行或列后，在如图 5—6 所示的“属性”面板中，在“水平”下拉列表中选择“居中对齐”；在“垂直”下拉列表中选择“居中”。

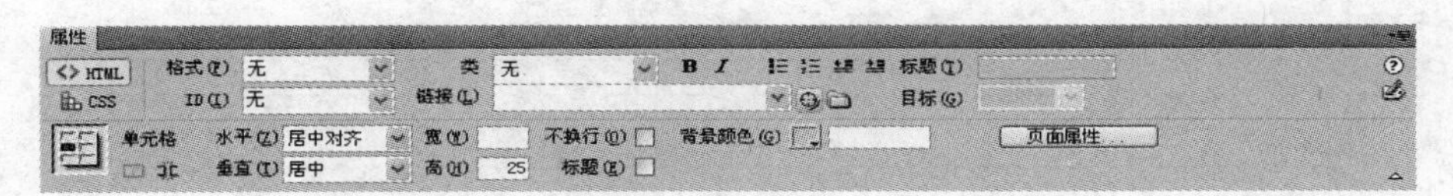

图 5—6　行、列或单元格对应的“属性”面板

“属性”面板中各选项含义如下：

● □：合并所有单元格按钮。将所选的单元格、行或列合并为一个单元格。只有当单元格形成矩形或直线的块时，才可以合并这些单元格。

● ䷀：拆分单元格为行或列。将一个单元格分成两个或更多个单元格。一次只能拆分一个单元格；如果选择的单元格多于一个，则此按钮将被禁用。

● 水平：指定单元格、行或列内容的水平对齐方式。可将内容对齐到单元格的左侧、右侧或使之居中对齐，也可以指示浏览器使用默认的对齐方式（通常常规单元格为左对齐，标题单元格为居中对齐）。

● 垂直：指定单元格、行或列内容的垂直对齐方式。可将内容对齐到单元格的顶端、中间、底部或基线，或者指示浏览器使用其默认的对齐方式（通常是居中对齐）。

● 宽与高：所选单元格的宽度与高度，以像素为单位或按整个表格宽度或高度的百分比指定。

● 不换行：防止换行，单元格的宽度将随文字长度的不断增加而加长。

● 标题：将所选的单元格格式设置为表格标题单元格。默认情况下，表格标题单元格的内容为粗体并且居中。

● 背景颜色：为选中的行、列或单元格设置背景颜色。单击按钮，会打开颜色选择器，从中选择颜色。

(4) 选中单元格并设置单元格文本的居中对齐。执行下列操作之一，选中一个或多个单元格。

①在单元格单击，上下或左右拖动到另一个单元格。

②在单元格单击，然后按住 Shift 键并单击另一个单元格，则以这两个单元格为顶点的矩形区域中的所有单元格均被选中。

③按住 Ctrl 键，然后依次单击单元格、行或列，选中不相邻的单元格、行或列。按下 Ctrl 键并单击被选中的单元格、行或列可取消选中。

(5) 选中单元格后，在图 5—6 所示的“属性”面板中，在“水平”下拉列表中选择“居中对齐”；在“垂直”下拉列表中选择“居中”。

“个人履历表”中的文字输入与设置效果如图 5—7 所示。

个人履历表

基本信息						
姓名		性别		出生年月		（照片）
民族		政治面貌		籍贯		
紧急联系人		关系		联系电话		
身份证号				移动电话		
家庭地址				邮政编码		
学历/学位		专业		毕业学校		
教育经历						
起止时间		学校名称		学历	就学形式	所学专业
职业技能与特长						
技能名称		技能描述				工龄
说明：						

图 5—7 表格中的文字输入与设置效果

2. 设置表格属性

在页面中插入表格后，表格对应的“属性”面板如图 5—8 所示。可以通过修改“属性”面板中的各项参数，得到不同风格的表格。

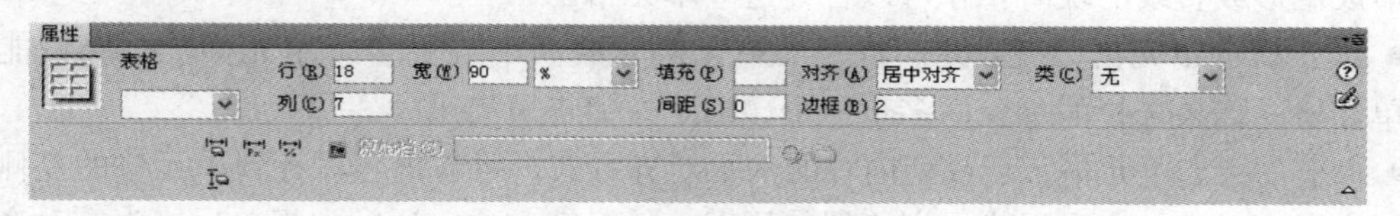

图 5—8 表格的“属性”面板

表格“属性”面板中主要参数含义如下：

● 表格：为表格输入一个名称，用于标识表格。

● 行、列：用于设置表格中行、列的数量。

● 宽：以像素为单位或按浏览器窗口宽度的百分比指定表格的宽度。

● 填充：也称单元格边距，是单元格内容和单元格边框之间的像素数。对于大多数浏览器来说，此选项的值设为1。如果用表格进行页面布局时，将此参数往往设置为0。

● 间距：也称单元格间距，设置相邻的表格单元格间的像素数。

● 对齐：设置表格的对齐方式，该下拉列表中包括“默认”、“左对齐”、“居中对齐”和“右对齐”。

● 边框：以像素为单位设置表格边框的宽度。

● 按钮：清除列宽按钮。从表格中删除所有明确指定的列宽数值。

● 按钮：清除行高按钮。从表格中删除所有明确指定的行高数值。

● 按钮：将表格宽度转换成像素按钮。将表格每列宽度的单位转换成像素，还可将表格宽度的单位转换成像素。

● 按钮：将表格宽度转换成百分比。将表格每列宽度的单位转换成百分比，还可将表格宽度的单位转换成百分比。

下面对“个人履历表”做进一步属性设置：

(1) 选中表格并设置表格的对齐方式。执行下列操作之一，选中整个表格。

①单击表格的左上角，或单击表格的右边界，或单击表格下边界的任何一处。

②单击表格，选择“修改→表格→选择表格”菜单命令。

③将插入点放置在表格内的任何位置，然后在文档窗口左下角的“标签选择器”中单击table标签。

(2) 在“属性”面板的“对齐”下拉列表中选择“居中对齐”，完成表格的居中设置。

(3) 选中插入的“个人履历表”，在其“属性”面板中将“边框”设置为1。

(4) 为表格选中的行填充颜色。选中需要填充颜色的行，在如图5—6所示的“属性”面板中，单击“背景颜色”后面的按钮，在打开的颜色选择器中选择需要填充的颜色。本例选择的颜色值为＃FFFF00。

(5) 选中表格上方的文本“个人履历表”，在“属性”面板中设置文本“字体”为隶书、“大小”为24。“个人履历表”效果如图5—9所示。

(6) 保存网页文档，按下F12键，在浏览器中预览网页效果，最终效果如图5—1所示。

5.2 学习任务：表格标签及标签检查器

HTML中一个表格通常是由〈table〉、〈tr〉、〈td〉3个标签来定义的，这3个标签分别表示表格、表格行、单元格。表格的基本结构如表5—1所示。

表 5—1　　表格的基本结构

标　　签	功　　能
〈table〉... 〈/table〉	定义一个表格开始和结束
〈caption〉... 〈/caption〉	定义表格标题，可以使用属性 align，属性值 top、bottom
〈tr〉... 〈/tr〉	定义表行，一行可以由多组〈td〉或〈th〉标签组成
〈td〉... 〈/td〉	定义单元格，必须放在〈tr〉标签内
〈th〉... 〈/th〉	定义表头单元格，是一种特殊的单元格标签，在表格中不是必须的

语法格式举例如下，在“设计”视图中生成的表格如图 5—9 所示。

```
〈table width = "200" height = "60" border = "1" align = "center" cellpadding = "12" cellspacing =
"3" bgcolor = "yellow"〉
    〈caption〉表格标题〈/caption〉
    〈tr〉
        〈td〉单元格 1〈/td〉
        〈td〉单元格 2〈/td〉
    〈/tr〉
    〈/table〉
```

网页中的表格除了可以在“属性”面板和“代码”视图中设置其相关属性外，还可以通过“标签检查器”来设置。选中表格，单击“窗口→标签检查器”菜单命令，打开“标签检查器”面板，切换到“属性”选项卡中，如图 5—10 所示。

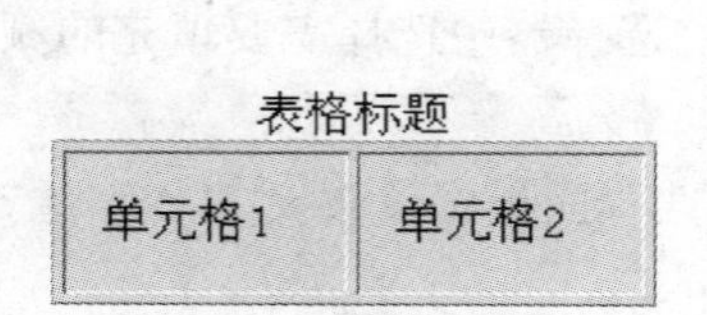

图 5—9　生成的表格

图 5—10　“标签检查器”面板

在“标签检查器”中列出了表格所有的属性，如表 5—2 所示。

表 5—2　　表格的属性及含义

属　　性	含　　义	属　　性	含　　义
align	表格的对齐方式，分为 center（居中）、left（左对齐）、right（右对齐）	bgcolor	设置表格的背景颜色
border	设置表格的边框粗细	cellpadding	设置表格的填充

续前表

<table>
<tr><th>属　　性</th><th>含　　义</th><th>属　　性</th><th>含　　义</th></tr>
<tr><td>cellspacing</td><td>设置表格的间距</td><td></td><td></td></tr>
<tr><td rowspan="9">frame</td><td>above：只显示上边框</td><td rowspan="9">rules</td><td rowspan="2">none：表格内部所有线框不显示</td></tr>
<tr><td>below：只显示下边框</td></tr>
<tr><td>border：显示上下左右边框</td><td rowspan="2">groups：表格内部横向和纵向线框不显示</td></tr>
<tr><td>box：显示上下左右边框</td></tr>
<tr><td>hsides：显示上下边框</td><td rowspan="2">rows：只显示表格内部横向线框</td></tr>
<tr><td>lhs：只显示左边框</td></tr>
<tr><td>rhs：只显示右边框</td><td rowspan="2">cols：只显示表格内部纵向线框</td></tr>
<tr><td>void：不显示边框</td></tr>
<tr><td>vsides：只显示左右边框</td><td>all：显示表格所有内部线框</td></tr>
<tr><td>width</td><td>设置表格的宽度</td><td></td><td></td></tr>
</table>

请用户根据表 5—2 列出的表格属性，在“标签”面板中对表格作进一步的属性设置，观察表格外观变化情况。

5.3　案例 2：使用表格设计网页

学习目标：掌握使用表格设计网页的方法，根据网页内容所需，能够熟练地在页面中导入表格数据，并能对表格数据进行排序等。

知识要点：用表格设计网页；表格的嵌套；导入/导出表格数据；排序表格等。

案例效果：网页效果如图 5—11 所示。

图 5—11　用表格设计的网页效果

5.3.1 使用表格对网页进行布局

很多网页设计者喜欢使用表格设计网页的布局。通过表格可以精确地定位网页元素，准确地表达创作意图。下面以制作“我的书屋”为例，详细介绍使用表格设计网页的过程。具体操作步骤如下：

(1) 在本地站点窗口中，新建网页文件 bookroom.html。

(2) 双击打开该文件，将页面标题设置为“使用表格设计网页”。

(3) 按下 Ctrl＋S 快捷键保存网页。

(4) 插入表格。选择“插入→表格”命令打开“表格”对话框，设置“行数”为 5，“列数”为 2，“表格宽度”为 800 像素，“边框粗细”为 0 像素，单元格边距与单元格间距均为 0，单击“确定”按钮，在页面中插入一个 5 行 2 列的表格。

> 提示：对于有些表格，并不希望在浏览器中显示表格的边距和间距，可将“单元格边距”和“单元格间距”都设置为 0。如果想在边框设置为 0 时查看单元格和表格边框，请选择“查看→可视化助理→表格边框”命令。

(5) 选中第 1 行的两个单元格，并将其合并为一个单元格；选中第 2 行的两个单元格，也将其合并为一个单元格。

(6) 选中表格的第 1 行，选择“插入记录→图像”菜单命令，将已经准备好的图像插入到第 1 行中。

(7) 插入嵌套表格。在表格的第 2 行插入一个 1 行 8 列的表格，宽度设置为 800 像素，边框粗细、单元格边距及单元格间距均为 0，单击“确定”按钮。效果如图 5—12 所示。

图 5—12 插入嵌套表格

(8) 制作导航菜单。在插入的嵌套表格中输入文本，并在其“属性”面板中设置为“居中对齐”。

(9) 调整第一列的列宽，然后用同样的方法在表格第 3 行的第 1 列插入一个 5 行 1 列的表格，宽度设置为 100%，边框粗细、单元格边距及单元格间距均为 0。

(10) 在嵌套的表格中输入栏目内容，并在其“属性”面板中设置为“居中对齐”。

(11) 选中输入的文本，在其“属性”面板中设置“字体”为“幼圆”，“大小”为 18，效果如图 5—13 所示。

图 5—13 设置文本效果

(12) 为嵌套的表格设置背景颜色。选中页面顶端嵌套的表格，在单元格“属性”面板中设置“背景颜色”为＃FFFF99；选中页面左侧嵌套的表格，在单元格“属性”面板中设置“背景颜色”为＃88DDF1。

(13) 选中“计算机类图书”文本所在的单元格，设置其“背景颜色”为＃CC99FF，并将栏目头的文本设置为“粗体”，效果如图 5—14 所示。

(14) 保存页面文件，按下 F12 键预览网页效果。

图 5—14 为嵌套的表格设置背景颜色

5.3.2 导入和导出表格数据

在 Dreamweaver 中导入表格式数据功能可根据素材来源的结构，为网页自动建立相应的表格，并自动生成表格数据。因此，当遇到大篇幅的表格内容需要编排，而手头又拥有相关表格式素材时，就可以使网页编排工作轻松得多。

1. 导入 Microsoft Excel 表格

将在 Microsoft Excel 中创建并保存的电子表格导入到 Dreamweaver 中后，可以像插入的表格一样设置表格。导入 Microsoft Excel 表格的具体操作步骤如下：

(1) 在 Microsoft Excel 中创建一个电子表格，并将其进行保存，如图 5—15 所示。

	A	B	C	D	E	F
1	编号	书名	编者	出版社	出版时间	单价
2	1	《计算机文化基础》	琼·玛格丽塔	电子工业出版社	2009年3月	24元
3	3	《C语言程序设计》	魏东平	电子工业出版社	2009年3月	29元
4	2	《Java语言程序设计》	孙敏	电子工业出版社	2008年8月	27元
5	4	《VB语言程序设计》	林卓然	电子工业出版社	2009年1月	25元
6	5	《数据结构》	田鲁怀	电子工业出版社	2009年1月	29元
7	6	《C++程序设计》	梁兴柱	电子工业出版社	2009年1月	29元
8	7	《ASP.NET 2.0(C#)大学实用教程》	刘丹妮	电子工业出版社	2009年1月	32元

图 5—15　Excel 电子表格

(2) 在“我的书屋”网页窗口，将光标置于第 3 行的第 2 列中，选择“文件→导入→Excel 文档”命令，弹出“导入 Excel 文档”对话框，从中选择已经准备好的 Excel 文档，单击“打开”按钮导入 Excel 文档。

> 提示：也可以在 Dreamweaver 中导入 Word 文档，具体方法同导入 Excel 文档一样，请用户自行练习。

(3) 选中导入的表格，在表格“属性”面板中对其进行设置。用户可边设置边预览网页效果，直到满意为止。本例是将表头字体设置为“粗体”，设置表格内容为“居中对齐”，并为表格添加了背景颜色。页面效果如图 5—16 所示。

(4) 保存文档，按下 F12 键预览网页效果。

编号	书名	编者	出版社	单价
1	《计算机文化基础》	琼·玛格丽塔	电子工业出版社	24元
3	《C语言程序设计》	魏东平	电子工业出版社	29元
2	《Java语言程序设计》	孙敏	电子工业出版社	27元
4	《VB语言程序设计》	林卓然	电子工业出版社	25元
5	《数据结构》	田鲁怀	电子工业出版社	29元
6	《C++程序设计》	梁兴柱	电子工业出版社	29元
7	《ASP.NET 2.0(C#)大学实用教程》	刘丹妮	电子工业出版社	32元

图 5—16　导入的 Excel 文档

2. 导出表格

也可以将 Dreamweaver 中的表格导出，具体操作步骤如下：

(1) 将插入点放置在表格中的任意单元格中，选择“文件→导出→表格”命令，打开“导出表格”对话框，如图 5—17 所示。“导出表格”对话框中的选项含义如下：

①定界符：指定应该使用哪种分隔符在导出的文件中隔开各项。

②换行符：指定将在哪种操作系统中打开导出的文件，其列表中包含了 Windows、Macintosh 和 Unix。不同的操作系统具有不同的指示文本行结尾的方式。

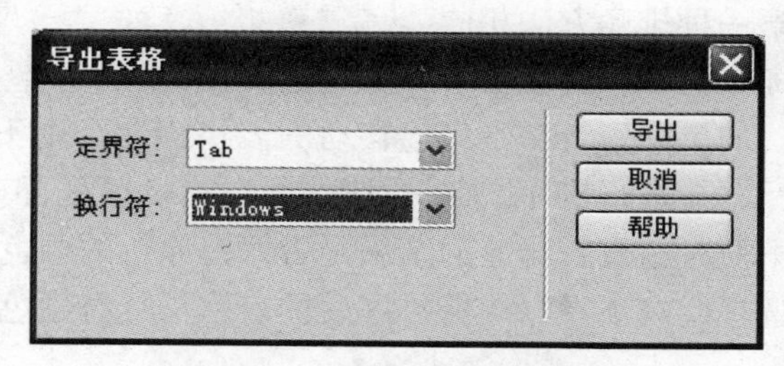

图 5—17　“导出表格”对话框

(2) 单击“导出”按钮，打开“表格导出为”对话框，从中指定保存路径，并输入文件名称，然后单击“保存”按钮。

提示：在 Dreamweaver 中，也可以将在另一个应用程序中创建并以分隔文本的格式（其中的项以制表符、逗号、分号或引号隔开）保存的表格式数据导入到 Dreamweaver 中。可通过以下 3 种方法之一完成操作：

①选择“文件→导入→表格式数据”菜单命令。

②在“插入”面板的“数据”选项栏中，单击“导入表格式数据”图标。

③选择“插入→表格对象→导入表格式数据”命令。

5.3.3　排序表格

通过“排序表格”功能可以快速地对表格内容进行排序。具体操作步骤如下：

(1) 在“我的书屋”页面中，选中导入的 Excel 表格。选择“命令→排序表格”菜单命令，弹出“排序表格”对话框，如图 5—18 所示。

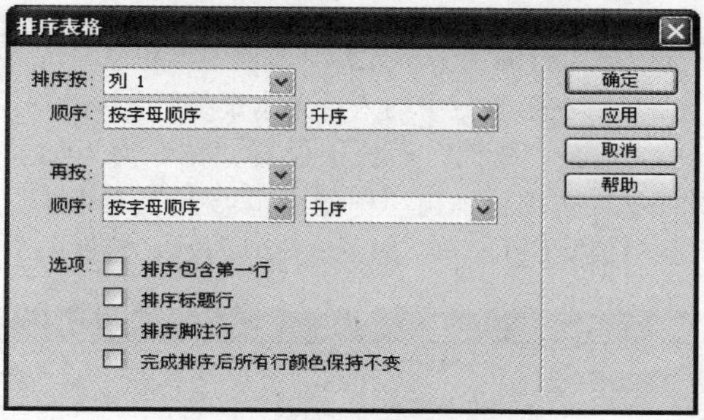

图 5—18　“排序表格”对话框

“排序表格”对话框中各项含义如下：

- 排序按：选择表格按哪列的值进行排序。
- 顺序：选择是按字母顺序排序还是按数字顺序排序，以及指定是以升序对列进行排序还是以降序对列进行排序。
- 再按、顺序：按第一种排序方法排序后，当排序列中出现相同的结果时，设置第二种排序方法。设置方法与第一种排序方法相同。

● 选项：设置是否将标题行、脚注行等一起进行排序。“排序包含第一行”指设置表格的第一行是否应该排序，如果第一行是不应该移动的表格标题，则不必选择此选项。“排序标题行”指设置是否对标题行进行排序。“排序脚注行”指设置是否对脚注进行排序。“完成排序后所有行颜色保持不变”指设置排序的结果是否保持原行的颜色值。如果表格行使用两种交替的颜色，则不要选择此选项，以确保排序后的表格仍具有颜色交替的行。

提示：有合并单元格的表格不能使用“排序表格”命令。

(2) 在“排序表格”对话框中，本例是在“顺序按”列表中选择“列 1”，在“顺序”对应列表中选择“按数字顺序”、“升序”，其他项不做任何设置，单击“确定”按钮，表格第 1 列中的内容按设置进行了升序排序。效果如图 5—19 所示。

我的书屋

加入收藏

首 页 | 专业图书 | 教育图书 | 文学天地 | 期刊杂志 | 美文欣赏 | 网上书店 | 联系我们

计算机类图书 | 计算机软件 | 计算机硬件 | 计算机网络 | 计算机通信

编号	书名	编者	出版社	单价
1	《计算机文化基础》	琼.玛格丽塔	电子工业出版社	24元
2	《Java语言程序设计》	孙敬	电子工业出版社	27元
3	《C语言程序设计》	魏东平	电子工业出版社	29元
4	《VB语言程序设计》	林卓然	电子工业出版社	25元
5	《数据结构》	田鲁怀	电子工业出版社	29元
6	《C++程序设计》	梁兴柱	电子工业出版社	29元
7	《ASP.NET 2.0(C#)大学实用教程》	刘丹妮	电子工业出版社	32元

图 5—19 排序表格

(3) 设置分隔线。选中第 4 行的两个单元格，并将其合并为一个单元格。选择“插入→HTML→水平线”菜单命令，在第 4 行中插入一条水平线。

(4) 选中插入的水平线，在“属性”面板中设置“宽”为 100%，“高”为 4，在“修改”菜单中选择“编辑标签”选项，弹出“标签编辑器-hr”对话框，在列表中选择“浏览器特定的”选项，输入颜色值＃FFCC33，如图 5—20 所示，然后单击“确定”按钮。

图 5—20 “标签编辑器-hr”对话框

(5) 输入相关版权信息。选中最下面的一行，将该行中的单元格合并为一个单元格，输入版权信息，并将其设置为“居中对齐”。

(6) 选中整个表格，在“属性”面板中设置“对齐”方式为“居中对齐”，使网页内容在浏览器中的显示位置居中。

(7) 保存网页文档，按下 F12 键预览网页效果。网页最终效果如图 5—11 所示。

实训5　使用表格设计“礼品店”主页

1. 实训要求

(1) 掌握利用表格进行网页布局的方法。

(2) 练习在网页中导入外部表格数据。

(3) 练习表格数据的属性设置与排序。

2. 实训指导

(1) 插入一个 4 行 2 列的表格。

(2) 对插入的表格进行合并单元格、插入嵌套表格、拆分单元格等操作，调整成如图 5—21 所示的样式。

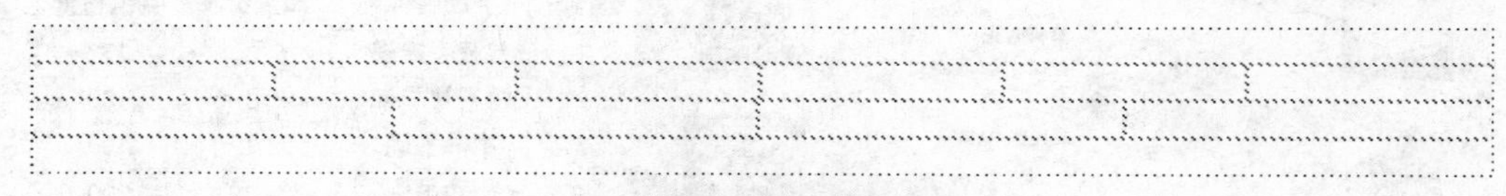

图 5—21　插入并调整表格

(3) 在第 1 行插入 LOGO 图像。

(4) 在第 2 行的单元格中插入文字，并在“属性”面板中设置文字对齐方式等属性，效果如图 5—22 所示。

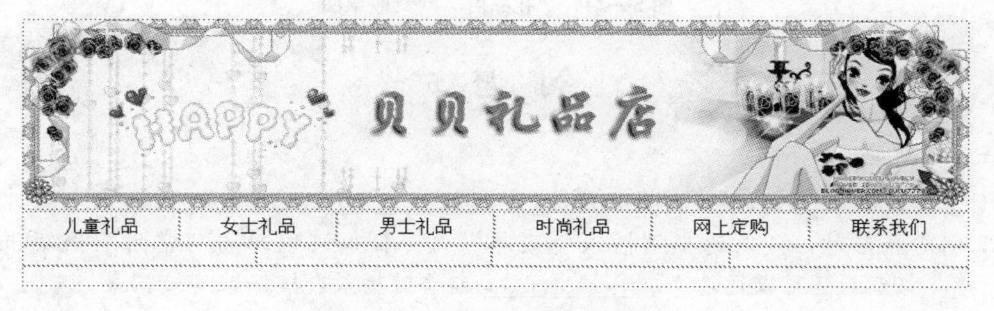

图 5—22　插入 LOGO 图像和文字

(5) 新建一个 Excel 数据表格，如图 5—23 所示。

	A	B	C	D
1	编号	礼品名称	淘宝价	共销售数量
2	1	包装手提袋	6元	132
3	2	精美礼品盒	3元	180
4	3	水晶手链	58元	120
5	4	海燕吊坠	33.8元	200
6	5	男士钱包	169元	78
7	6	红宝石项链	600元	124
8	7	迷你手机	690元	119

图 5—23　数据表

（6）在第 3 行的左侧 3 个单元格中分别插入图片，或者输入文字，并对插入的图片或文字进行属性设置。

（7）在第 3 行的第 4 个单元格中导入 Excel 数据表格，并对其进行属性设置。

（8）在最后一行中输入版权信息，并将其设置为“居中对齐”。

（9）选中整个表格，在“属性”面板中设置“对齐”方式为“居中对齐”，使网页内容在浏览器中的显示位置居中。

（10）保存网页文档，按下 F12 键预览网页效果。网页最终效果如图 5—24 所示。

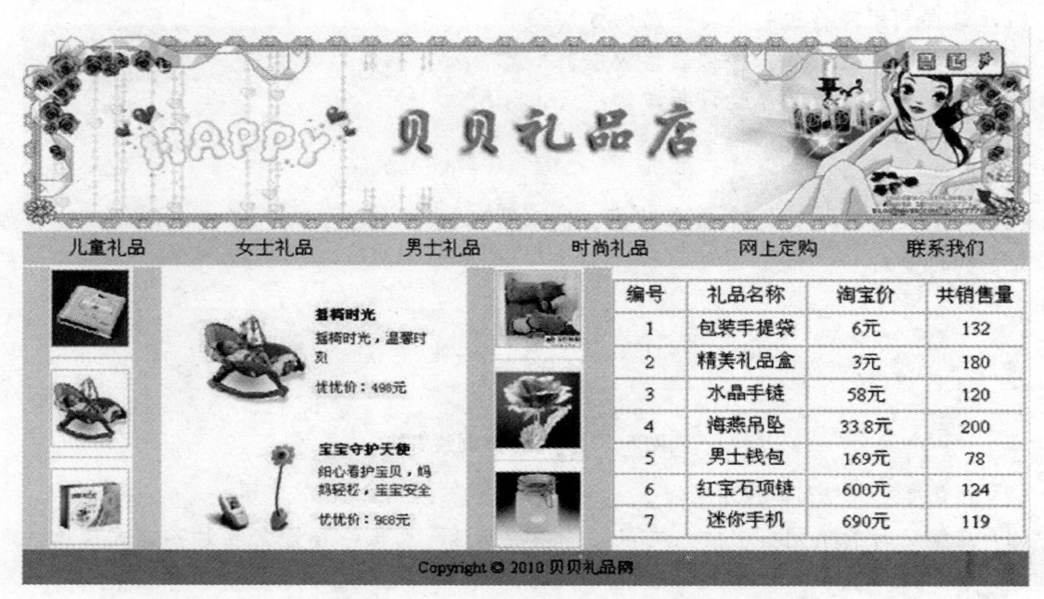

图 5—24　“礼品店”网页效果图

习　题　5

一、填空题

1. 对表格格式进行设置的前提条件是________________。

2. 创建表格时，可以选择“插入→表格”命令，也可以单击“常用”选项卡中的__________按钮，还可以通过________________组合键插入表格。

3. 在“表格”对话框中，表格宽度有两种可选择的单位，一种是__________，另一种是__________。

4. 在源代码中，表格的标签是__________。

5. 要导入表格式数据，可执行“文件→导入→__________”命令，也可以单击__________选项栏中的“导入表格式数据”按钮。

6. 当表格边框设置为 0 时，若要查看单元格和表格边框，应该选择“查看→可视化助理→________________”命令。

二、选择题

1. 定义表格的行的标签是________。

A. tr　　　　　　B. th　　　　　　C. td　　　　　　D. table

2. 若合并单元格，首先选中要合并的单元格，然后单击“属性”面板中的“合并所有单元格”按钮________。

A. [icon]　　　　　　B. [icon]　　　　　　C. [icon]　　　　　　D. [icon]

3. 若排序表格，首先选中表格，然后执行“________________→排序表格”命令，弹出“排序表格”对话框，从中进行排序设置。

三、简答题

1. 网页表格的主要作用是什么？

2. 表格由哪些基本组件构成？

3. 什么是嵌套表格？嵌套表格有什么作用？

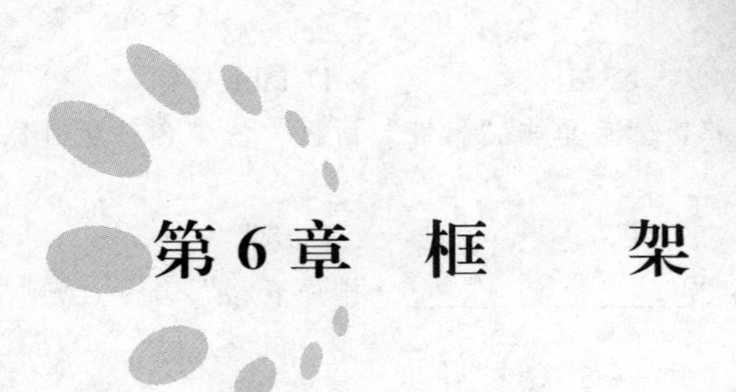

第6章　框　　架

框架的作用是将网页页面划分为多个相对独立的区域，每个区域相当于一个独立的页面，从而达到将几个独立页面同时显示在浏览中的效果。很多大型论坛的网页都是框架型网页。

本章学习要点

- 框架和框架集。
- 框架与框架集的属性设置。
- 用框架布局网页。
- 框架的嵌套。
- 使用浮动框架。

6.1　学习任务1：框架和框架集

学习任务要求：认识框架和框架集，掌握创建和保存框架集的方法。

框架技术由框架集和框架两部分组成。框架集是框架的集合，它定义了各框架的结构、数量、大小尺寸、装入框架中的HTML文件名和路径等属性。框架集不在浏览器中显示，它只是用于容纳和组织保存框架网页的一个容器。框架集中的全部框架文件构成一个网页页面。

6.1.1　认识框架和框架集

框架是框架集的组成元素，它可以简单地理解为是对浏览器窗口进行划分后的子窗口，每一个子窗口是一个框架，可以在框架中插入图片、输入文本或者在框架中打开一个独立的网页文档内容。如果在各个框架中分别打开一个已经做好的网页文档，那么这个页面就是由几个网页组合而成的框架网页。框架常用于导航。

图6—1显示出框架与框架集之间的关系。图中的框架集包含了3个框架。实际上，该页面包含的是4个独立的HTML页面、一个框架集文件和3个框架内容文件。

当一个页面被划分成几个框架时，系统会自动建立一个框架集文档，用来保存网页中所有框架的数量、大小、位置及每个框架内显示的网页名等信息。当用户打开框架集文档时，

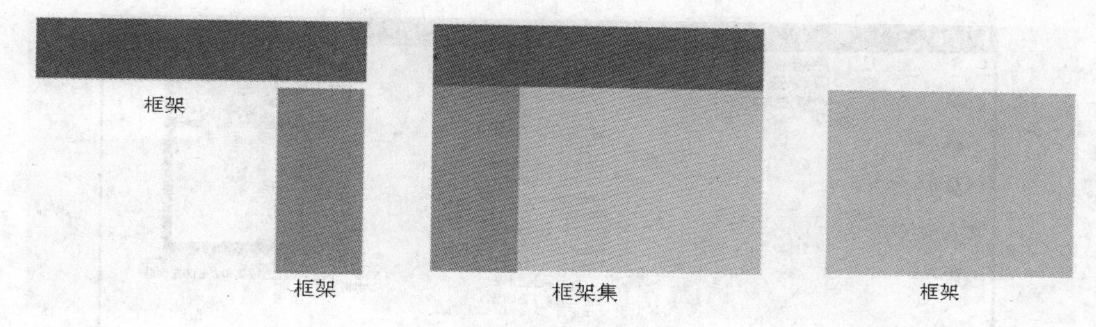

图 6—1　框架和框架集的关系

计算机就会根据其中的框架数量、大小、位置等信息将浏览器窗口划分成几个子窗口，每个窗口显示一个独立的网页文档内容。

框架结构常用在具有多个分类导航或多项复杂功能的 Web 页面上，如 BBS 论坛页面及网站中邮箱的操作页面等。创建基于框架的网页一般包括以下步骤：

(1) 在网页中创建框架和框架集。

(2) 保存框架集文件与框架文件。每个框架与框架集都是独立的网页，应单独保存。

(3) 设置框架和框架集的属性，包括命名框架与框架集、设置是否显示框架等。

(4) 确认链接的目标框架设置，使所有链接内容显示在正确的区域内。

6.1.2　创建和保存框架集

1. 创建框架和框架集

在创建框架和框架集前，选择“查看→可视化助理→框架边框”命令，使框架边框在“文档”窗口的“设计”视图中可见。

在 Dreamweaver 中有两种创建框架的方式：一种是自己设计；另一种是从 Dreamweaver 提供的框架类型中选取。具体方法是：确定插入框架的位置，执行下列操作之一插入框架。

(1) 在“插入”面板的“布局”标签中打开“框架”下拉列表，选择一种框架。

(2) 选择“插入→HTML→框架”选项，在“框架”的下级菜单中，单击选择一种框架。

在新建网页文件时创建框架，具体方法是：选择“文件→新建”命令，弹出“新建文档”对话框，在最左侧选择“示例中的页”选项，在“示例文件夹”列表中选择“框架页”选项，在右边的“示例页”列表框中选择“上方固定，下方固定”选项，如图 6—2 所示。

单击“创建”按钮，弹出“框架标签辅助功能属性”对话框，如图 6—3 所示，在此可为每一个框架指定一个标题，单击“确定”按钮即可创建一个框架集。单击“窗口→框架”菜单命令，打开“框架”面板，显示出创建的框架集，如图 6—4 所示。

2. 保存框架和框架集

保存框架结构的网页，需要将整个框架集与它的各个框架文件一起保存。具体方法是：选择“文件→保存全部”命令，整个框架边框会出现一个阴影框，并弹出“另存为”对话框，如图 6—5 所示。Dreamweaver 将依次提示需要保存的内容，首先保存的是框架集文件，一般以 index. html 作为框架集文件名，然后是其他框架文件。

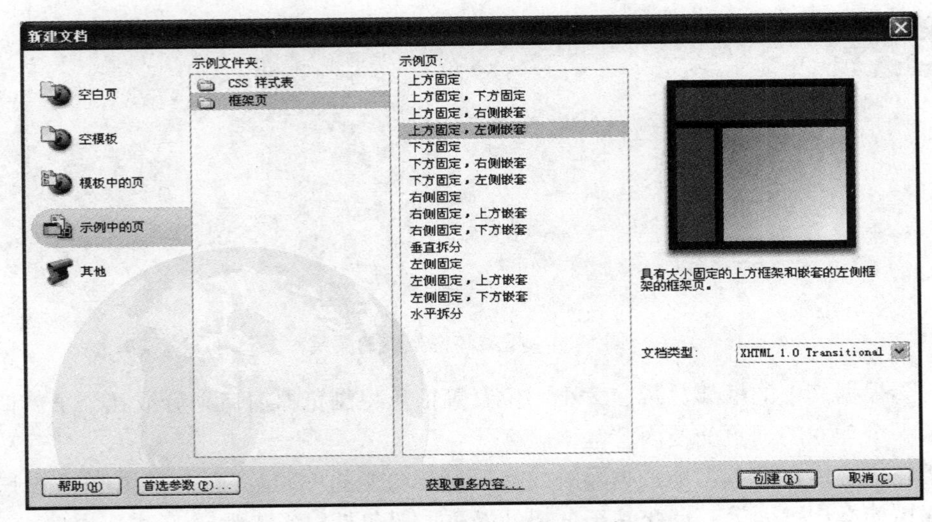

图 6—2 “新建文档”对话框

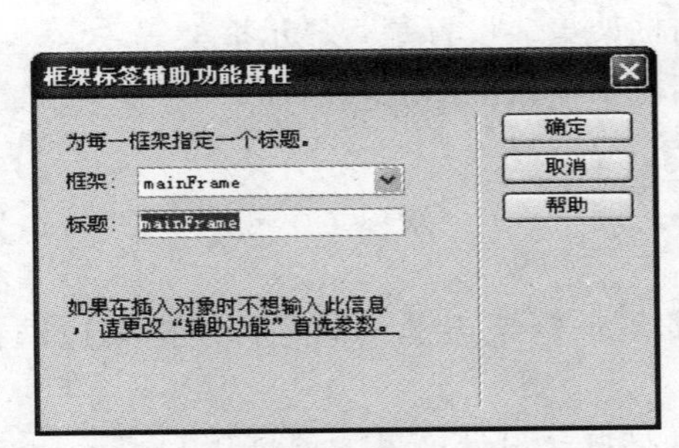

图 6—3 “框架标签辅助功能属性”对话框

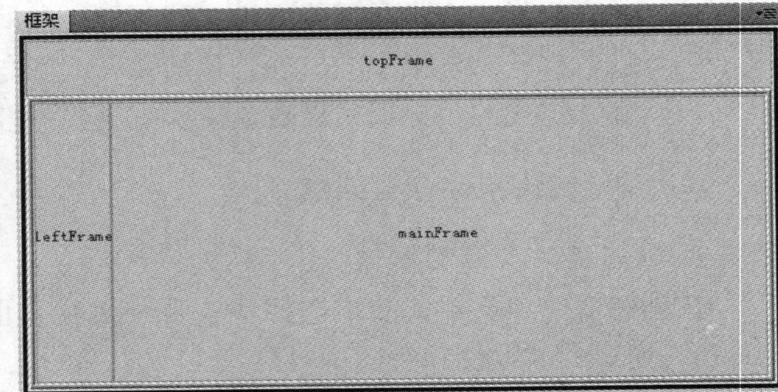

图 6—4 创建的框架集

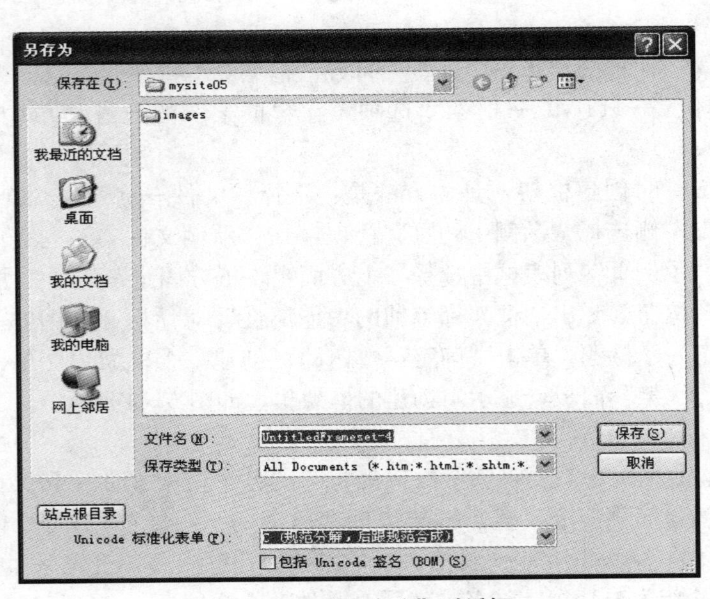

图 6—5 “另存为”对话框

本例以保存图 6—4 所示的框架结构为例，执行保存操作后生成的框架和框架集文件，如图 6—6 所示。

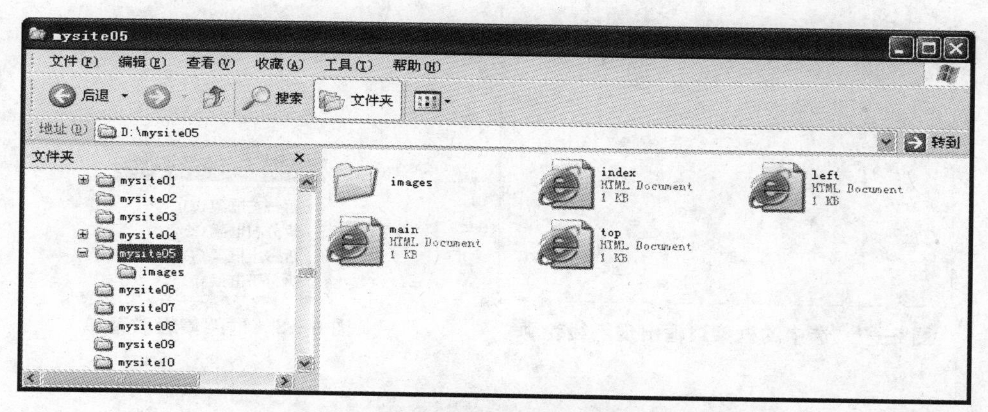

图 6—6　保存得到的框架和框架集文件

提示：也可以单独保存框架集文件。具体方法是：在“框架”面板或“文档”窗口选中框架集后，选择“文件→保存框架页”命令，或者选择“文件→框架集另存为”命令。

6.2　学习任务 2：编辑框架

学习任务要求：理解并掌握选择框架、拆分框架、修改框架大小和删除框架的方法。

1. 选择框架或框架集

框架和框架集都是单个 HTML 文档，选择框架或框架集的具体方法是：选择“窗口→框架”命令，或者按下 Shift+F2 组合键，打开“框架”面板，每个框架用默认的框架名来识别。单击需要选择的框架，即可将框架选中，此时，在“设计”视图中，选中的框架边框会出现点线轮廓，如图 6—7 所示。在“框架”面板中单击环绕框架的边框，或者在“文档”窗口中，单击框架的外边框，均可选中框架集。

2. 拆分框架

插入框架之后，可利用拆分框架的方法调整框架的结构。具体方法如下：

(1) 选中框架后，按住 Alt 键拖动框架边框，可将框架纵向或横向划分。

(2) 在需要拆分的框架内单击，选择“修改→框架集”菜单项，在如图 6—8 所示的级联式菜单中选择需要的一项，完成框架的拆分。

3. 删除框架

如果删除不需要的框架，可将鼠标指针放在要删除框架的边框上，当鼠标指针变为双向箭头时，按下鼠标左键并拖曳边框到编辑窗口之外，即可删除框架。

4. 修改框架的大小

在框架“属性”面板中可以修改框架的大小。具体方法是：选中框架，在其对应的

“属性”面板中，通过设置“边界宽度”或“边界高度”的值来改变框架的大小。

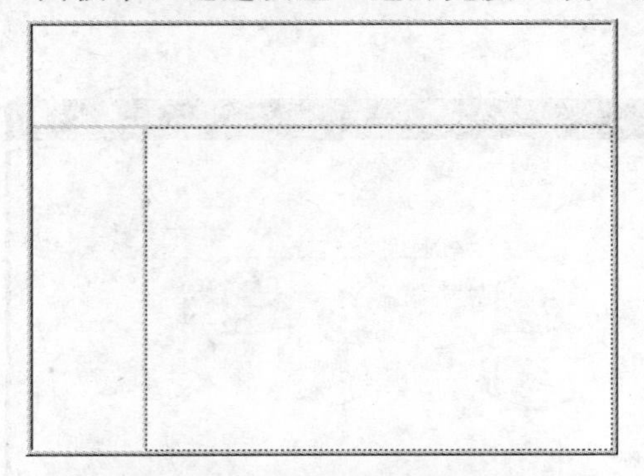

图 6—7　选中的框架边框出现点线轮廓

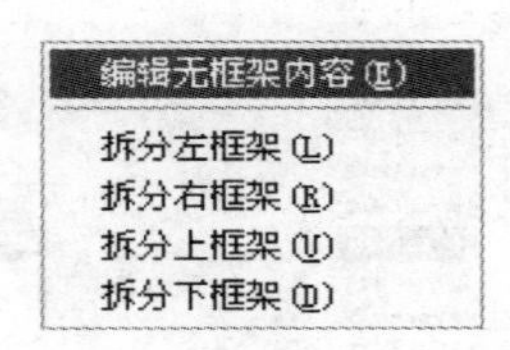

图 6—8　框架集级联菜单

6.3　学习任务 3：设置框架和框架集属性

学习任务要求：熟悉框架“属性”面板各选项的含义，有针对性地对框架和框架集进行属性设置。

框架与框架集均有对应的“属性”面板。框架属性包括框架的名称、框架源文件、框架的空白边框、滚动特性、重设大小特性以及边框特性等。框架集属性主要包括框架间边框的颜色、宽度和框架大小等。

1. 设置框架属性

在“框架”面板中选中框架，其对应的“属性”面板如图 6—9 所示。

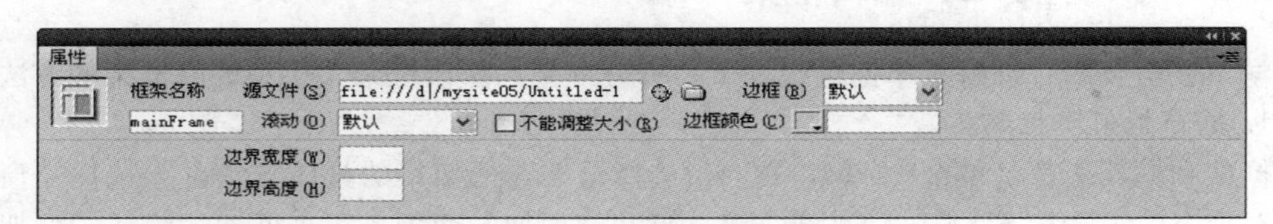

图 6—9　框架“属性”面板

框架“属性”面板的各项含义如下：

● 框架名称：可在文本框中为选中框架输入一个名称，该名称用于超链接和脚本的调用中。框架名一般是一个单词。

● 源文件：指定该框架所在的源文件。如果该框架已经保存，则显示已有的文件名与路径；如果该框架未保存，可输入一个文件名或单击文件夹图标选取一个源文件。

● 边框：设置框架是否显示边框。“是”指显示边框；“否”指不显示边框；“默认”由浏览器决定是否显示框架的边框。

● 滚动：设置是否显示滚动条。该列表中有 4 个选项，分别为“是”、“否”、“自动”和“默认”。绝大部分浏览器的默认值是“自动”，即在需要时自动添加滚动条。

● 不能调整大小：选中该选项将禁止调整当前框架的大小。

● 边框颜色：用于设置框架集所有边框的颜色。

● 边界宽度：设置当前框架的内容与框架左右边界的距离，单位是像素。

● 边界高度：设置当前框架的内容与框架上下边界的距离，单位是像素。

2. 设置框架集属性

使用框架集属性可以设置所有边框的共同属性。如果指定的框架设置了属性，将覆盖框架集所对应的属性设置。选中框架集，其对应的"属性"面板如图 6—10 所示。

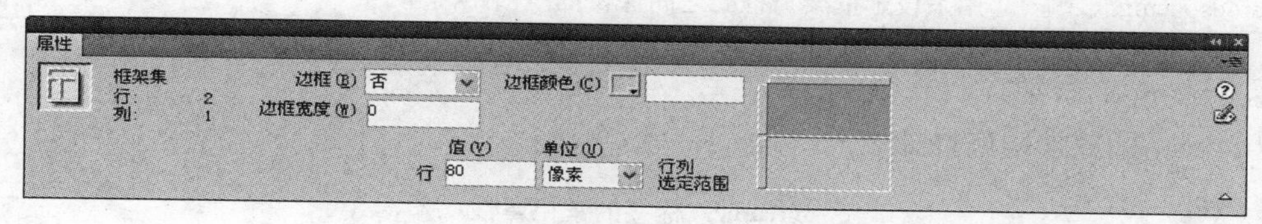

图 6—10　框架集"属性"面板

框架集"属性"面板的各项含义如下：

● 边框：设置框架集中所有框架边框是否被显示。"是"指显示边框；"否"指不显示边框；"默认"由浏览器决定是否显示边框。

● 边框颜色：用于设置框架集中的边框颜色。

● 值：指定所选择的行或列的大小。

● 单位：设置"值"域中数值所使用的单位。

● 行列选定范围：深色是框架被选中的部分，浅色是框架未被选中的部分。单击可选中行或列。

6.4　学习任务 4：框架标签

学习任务要求：理解框架标签的含义，熟悉框架标签的属性功能及使用方法。

框架的 HTML 标签包括：框架集标签〈frameset〉、框架标签〈frame〉、浏览器不支持框架标签〈noframes〉以及脱离框架集的浮动框架标签〈iframe〉等。

1.〈frameset〉标签

〈frameset〉用来指示浏览器如何划分窗口，〈frame〉用来指示每一个窗口要加载的文档以及指定窗口的名称等。在主框架文档中，如果〈frameset〉把窗口划分为 n 个区域，就会有 n 个〈frame〉相对应。〈frameset〉的常用属性如表 6—1 所示。

表 6—1　　〈frameset〉标签的常用属性

属性名	功　能
cols	用于从左到右指定各列的宽度，默认值为 100%。可以用像素数、占浏览器窗口的百分比或相对宽度来指定属性值，数值的个数代表分成的窗口数目且以逗号分隔。例如，cols＝"30，*，50%"可以从左到右分成 3 个窗口，第一个窗口的宽度为 30 像素，为绝对宽度；第三个窗口的宽度为整个浏览器窗口的 50%，为百分比宽度；第二个窗口的宽度为当分配完第一及第 3 个窗口后剩下的空间。cols＝"1，1，1"则说明 3 个窗口宽度的比例为 1：1：1
rows	用于从上到下划分窗口，指定各行的高度，属性值同 cols
frameborder	用来设定是否显示框架边框，属性值只有 no 和 yes，no 表示不要边框，yes 表示要显示边框

续前表

属性名	功能
border	用来设定框架边框的厚度
bordercolor	用来设定框架边框的颜色
framespacing	用来设定框架与框架之间保留的空白距离

2. 〈frame〉标签

〈frame〉标签常用属性如表 6—2 所示。

表 6—2　〈frame〉标签的常用属性

属性名	功能
src	用来设定此窗口中初始时要显示的网页文档，属性值为网页文档的绝对路径或相对路径
name	用来设定窗口的名称，指定名称后，该窗口就可以作为链接的目标窗口，也就是说可以把窗口的名字赋予链接的 target 属性
frameborder	用来设定是否显示框架边框，属性值只有 no 和 yes
framespacing	用来设定框架与框架之间保留的空白距离
bordercolor	用来设定框架边框的颜色
scrolling	用来指定在框架中是否显示滚动条。可取属性值有 yes（显示滚动条）、no（不显示滚动条）、auto（自动显示滚动条）
noresize	在〈frame〉中加上 noresize，访问者将无法通过拖动框架边框在浏览器中调整框架大小
marginheight	用来设置上边距和下边距的高度（框架边框和内容之间的空间）
marginwidth	用来设置左边距和右边距的宽度（框架边框和内容之间的空间）

下面列出几种使用〈frameset〉划分窗口的情况。

（1）只有行：代码〈frameset rows＝"20%,80%"〉〈frame〉〈frame〉〈/frameset〉把浏览器窗口分为上下两个窗口，高度分别为浏览器窗口高度的 20%和 80%。

（2）只有列：代码〈frameset cols＝"400, * "〉〈frame〉〈frame〉〈/frameset〉把浏览器窗口分为左右两个窗口，第一个窗口宽度为 400 像素，第二个窗口宽度为除去第一个窗口后剩余的空间。

（3）行和列都有：代码〈frameset rows＝"1, 3" cols＝"300, * "〉〈frame〉〈frame〉〈frame〉〈frame〉〈/frameset〉把浏览器窗口分为两行两列，也就是 4 个窗口，第一行和第二行的高度比例为 1∶3，第一列宽度为 300 像素，第二列宽度为除去第一列后剩余的空间。

（4）嵌套〈frameset〉：下面的代码会把浏览器窗口分为 3 个窗口，外层的〈frameset〉把浏览器窗口分成两行，内层的〈frameset〉把第二行又分为两列。

```
〈frameset rows = "200, * "〉
  〈frame〉
  〈frameset cols = "20 % ,80 % "〉
    〈frame〉
    〈frame〉
```

```
  </frameset>
</frameset>
```

3. 〈noframes〉标签

〈noframes〉标签位于最外层的〈frameset〉与〈/frameset〉之间，并且在定义完其他〈frameset〉和〈frame〉之后。〈noframes〉定义的内容将在访问者的浏览器不支持框架时显示。〈noframes〉用法如下：

```
〈frameset〉
  〈frame〉
  〈frame〉
  〈noframes〉
  〈body〉
    本机浏览器不支持框架!
  〈/body〈
  〈/noframes〉
〈/frameset〉
```

4. 〈iframe〉标签

〈iframe〉标签是浮动框架标签。浮动框架是将一个 HTML 文件嵌入在另一个 HTML 中显示。它不同于〈frame〉标签的最大特征是，这个标签所引用的 HTML 文件不是与另外的 HTML 文件相互独立显示，而是可以直接嵌入在一个 HTML 文件中，与这个 HTML 文件内容相互融合，成为一个整体。另外，还可以多次在一个页面内显示同一内容，而不必重复写内容，甚至可以在同一 HTML 文件中嵌入多个 HTML 文件。

浮动框架还可以在空白页面中创建，也可以在表格中创建。将光标放置在要插入浮动框架的位置，切换到“拆分”视图，在“代码”视图中激活光标，在“插入”工具栏中，单击 HTML 选项栏中的“浮动框架”按钮，插入浮动框架，接着在〈iframe〉标签中设置浮动框架的属性。〈iframe〉标签的代码格式如下：

```
〈Iframe src = "URL" width = "x" height = "x" scrolling = "[OPTION]" frameborder = "x"〉〈/iframe〉
```

其中各属性参数含义与框架属性参数相同，这里不再重复介绍。

> 提示：浮动框架的属性与框架属性相同，设置浮动框架的宽度和高度时，必须将滚动条包含在内，否则浮动框架就会使表格错位。

浮动框架的作用就是在网页中间生成一个窗口来显示另一个页面，它是由〈iframe〉标签定义的，〈iframe〉只被 IE 浏览器支持。定义浮动框架的语法格式为：

```
〈iframe src = "index.htm"〉浏览器不支持‹iframe〉〈/iframe〉
```

开始标签与结束标签之间的内容将在浏览器不支持〈iframe〉时显示。〈iframe〉的常用属性如表 6—3 所示。

表 6—3　　〈iframe〉标签的常用属性

属性名	功　能
src	指定在内联框架中显示的文档，属性值为文档的路径
name	指定内联框架的名字
height	设定内联框架的高度
width	设定内联框架的宽度
scrolling	指定在内联框架中是否显示滚动条，可取属性值有 yes、no、uto

6.5　案例 1：利用框架设计网页

学习目标：认识框架和框架集，掌握创建、保存框架和框架集，用框架布局页面。

知识要点：创建框架和框架集；保存框架和框架集；用框架布局网页；向框架中插入网页内容等。

案例效果：案例效果如图 6—11 所示。

图 6—11　案例效果图

具体操作步骤如下：

(1) 创建框架集及框架文件。启动 Dreamweaver，在新建的站点 mysite05 中创建一个 anli1 文件夹，用于存放创建的框架文件和框架集文件。在 anli1 中新建一个 images 子文件夹，用于存放网页图片素材。

(2) 用前面介绍的方法创建一个“上方固定，左侧嵌套”的框架集，如图 6—12 所示。分别将创建的框架集和 3 个框架进行保存，保存后的框架集文件如图 6—13 所示。

(3) 设置框架和框架集属性。创建框架后，Dreamweaver 自动为每个框架起一个名字。在本例中，系统自动为 3 个框架命名为 mainFrame、topFrame、leftFrame。topFrame 框架往往作为网页的标题栏，为了保证标题栏的浏览效果，其大小应是固定的，并且应关闭滚动条显示，因此，在框架“属性”面板中，选中“不能调整大小”复选框，并设置“滚动”选项为“否”。框架 mainFrame 和框架 leftFrame 应该设置“滚动”选项为“自动”。

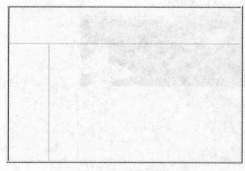

图 6—12 创建的框架集

图 6—13 站点中的框架集文件

(4) 选中框架集，在框架集“属性”面板中设置“边框”为“否”，设置“边框宽度”为 0，即在浏览器中不显示所有框架的边框。

(5) 拆分框架。选中 mainFrame 框架，单击“插入”面板“布局”标签中的“框架”下拉列表按钮，在弹出的列表中选择“底部框架”按钮，将 mainFrame 框架拆分成上下两个框架，如图 6—14 所示。

(6) 改变框架的大小。在“设计”视图中，将鼠标指针放在底部框架的上边框上，当鼠标指针呈双向箭头时，拖曳鼠标改变框架的大小，如图 6—15 所示。

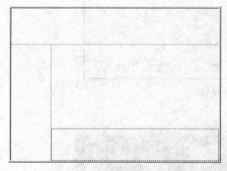

图 6—14 拆分后的框架

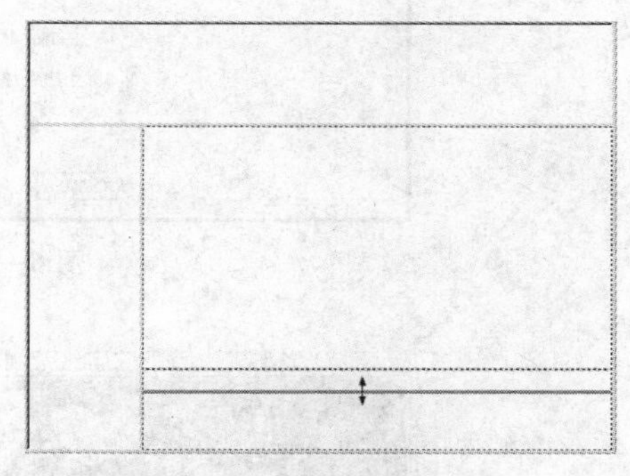

图 6—15 改变框架的大小

(7) 编辑标题栏框架的内容。在标题栏框架中单击设置插入点，插入一幅 LOGO 图片，并适当调整框架的大小，使该图片完全显示。

(8) 拆分 leftFrame 框架。根据步骤 5，将 leftFrame 框架拆分成上下两个框架，如图 6—16 所示。

(9) 将光标置于左侧的框架中，选择“修改→页面属性”命令，弹出“页面属性”对话框，分别设置“左边距”、“右边距”、“上边距”、“下边距”的值为 0px，如图 6—17 所示，单击“确定”按钮。

(10) 在框架中插入表格。在左侧的框架中插入一个 5 行 1 列的表格，在“属性”面板中将表格的“边框”设置为 0。分别在表格的各个单元格中输入文本。选中输入的文本，在“属性”面板中设置文本的大小、字体、颜色和对齐方式等属性，并设置表格的填充色，效果如图 6—18 所示。

(11) 选中左下角的框架，选择“修改→页面属性”命令，打开“页面属性”对话框，

图 6—16　拆分框架效果

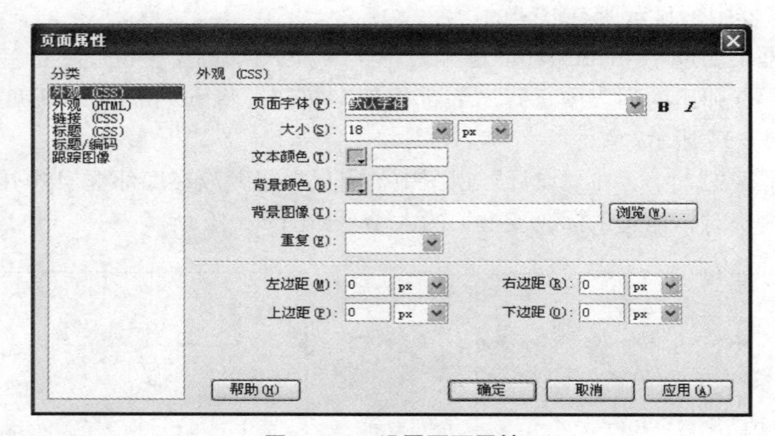

图 6—17　设置页面属性

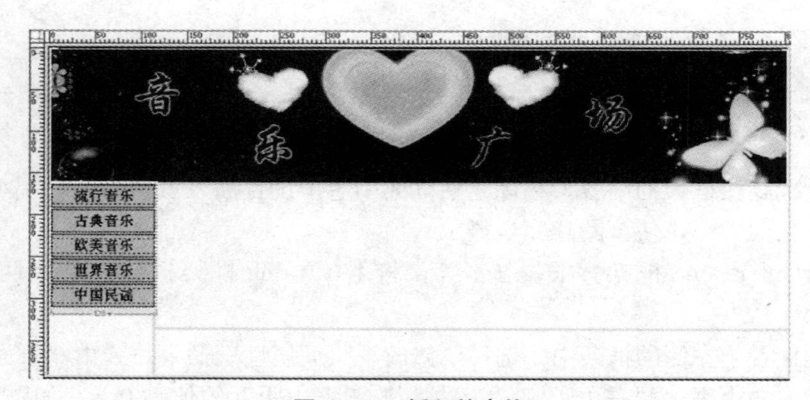

图 6—18　插入的表格

在“分类”列表中选择“外观”选项，分别在“左边框”、“右边框”、“上边框”、“下边框”选项的文本框中输入 0，其他选项为默认值。最后，插入一幅已经准备好的图片。

（12）制作链接的网页。制作一个音乐网页，用于链接到主框架（mainFrame）中。制作的网页效果如图 6—19 所示。

图 6—19　数码相机网页

(13) 在“框架”面板中选择 mainFrame 框架，并在“页面属性”对话框的“外观”选项中，分别设置“左边框”、“右边框”、“上边框”、“下边框”的值为 0。

(14) 在框架“属性”面板中，单击“源文件”右侧的“浏览文件”按钮，弹出“选择 HTML 文件”对话框，在弹出的对话框中选择做好的音乐网页，单击“确定”按钮，将音乐网页链接到 mainFrame 框架中，效果如图 6—20 所示。

图 6—20　在主框架加入源文件

(15) 链接框架。选中图 6—18 左侧导航栏中的“流行音乐”文本，在“属性”面板中，单击“链接”列表框右侧的“浏览文件”按钮，选择要链接的网页文件，本例要链接的是音乐网页文件。在“目标”列表中选择 mainFrame，用于设置链接网页文件打开的位置，如图 6—21 所示。

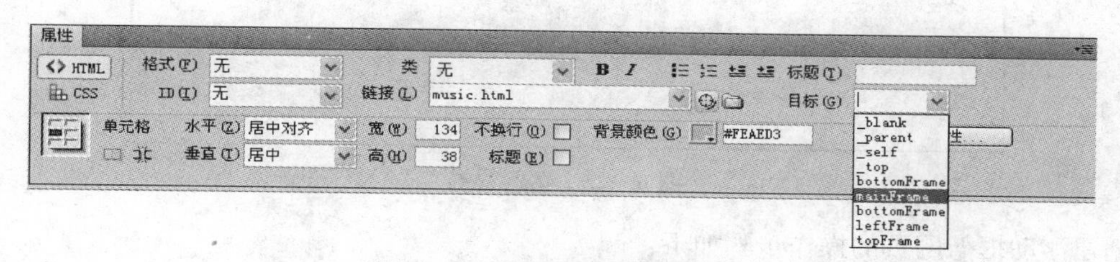

图 6—21　设置链接的网页文件

“属性”面板的“目标”列表中各项含义如下：

- _ blank：表示在新的浏览器窗口中打开链接网页。
- _ parent：表示在父级框架窗口中或包含该链接的框架窗口中打开链接网页。
- _ self：默认选项，表示在当前框架中打开链接，同时替换该框架中的内容。

● _top：表示在整个浏览器窗口中打开链接的文档，同时替换所有框架。一般使用多级框架时才选用此选项。

其中的各框架名称选项，用于指定打开链接网页的具体的框架窗口，一般在包含框架的网页中才会出现。

(16) 用同样的方法，分别为导航栏中的其他文本建立链接。需要注意的是：建立链接前应该制作好要链接的网页文件，“目标”均设置为 mainFrame 框架。

(17) 将光标置于 bottomFrame 框架中，输入网页相关版权信息。

(18) 到此为止，网页制作完成。保存文档，按 F12 键预览网页效果。

6.6 案例 2：创建浮动框架网页

浮动框架（iframe）是指在网页文档中，以框架形式显示其他网页文档、主页、公告板或记事本的功能，利用这一功能，可以在指定的位置以指定的大小显示其他网页文档或站点。

学习目标：掌握浮动框架的插入，掌握通过浮动框架显示其他网页内容的操作方法。

知识要点：浮动框架，并通过浮动框架显示其他网页内容等。

案例效果：案例效果如图 6—22 所示。

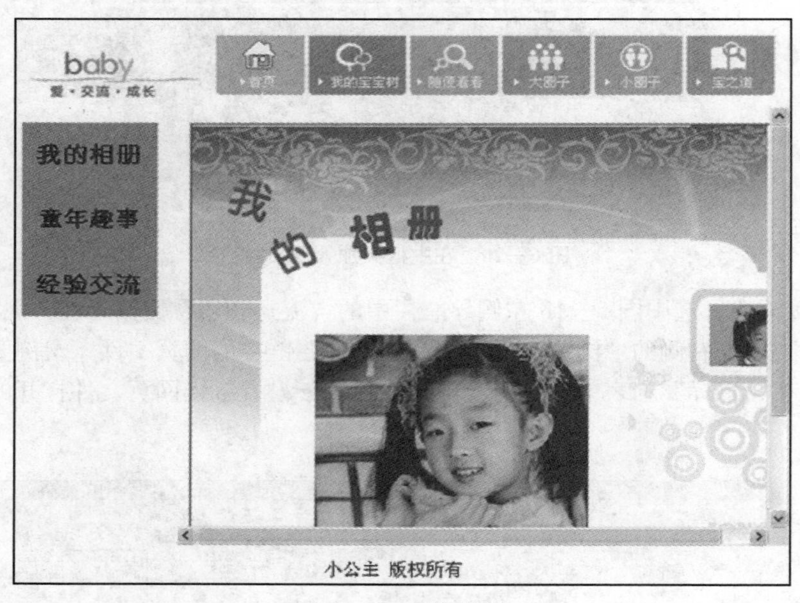

图 6—22 案例效果

创建浮动框架网页的操作步骤如下：

(1) 制作子网页。制作一个将在浮动框架中显示的“我的相册”网页，如图 6—23 所示。

(2) 在 Dreamweaver 中，新建一个“上方固定，下方固定”的框架集。

(3) 选择“文件→保存全部”命令，保存框架集和各个框架。本例将整个框架集保存为 index.html，下方框架保存为 bottom.html，主框架保存为 main.html，上方框架保存为

图 6—23　子网页效果

top. html。

(4) 拆分框架。将光标置于 mainFrame 框架中，单击“布局”标签中的“框架”右侧的黑色小三角，在展开的下拉列表中选择“左侧框架”，在 mainFrame 框架的左侧拆分出一个 leftFrame1 框架。

(5) 插入表格。将光标置于 leftFrame1 框架中，插入一个 3 行 1 列的表格。在表格“属性”栏中设置表格边框为 0，效果如图 6—24 所示。

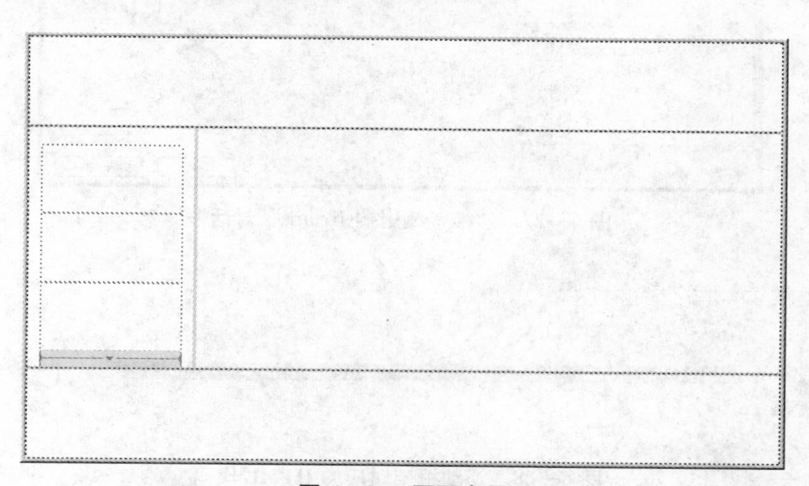

图 6—24　页面布局

(6) 在最上面的框架中插入已经准备好的图片，在表格单元格中输入文本，并设置文本的属性，设置效果如图 6—25 所示。

(7) 将光标置于主框架 (mainFrame) 中，选择“插入→标签”命令，弹出“标签选择器”对话框，在对话框中选择“HTML 标签→浏览器特定→iframe”选项，如图 6—26 所示。

(8) 单击“插入”按钮，弹出“标签编辑器- iframe”对话框，如图 6—27 所示。在“标签编辑器- iframe”对话框中，单击“源”文本框右边的“浏览”按钮，在打开的对话框

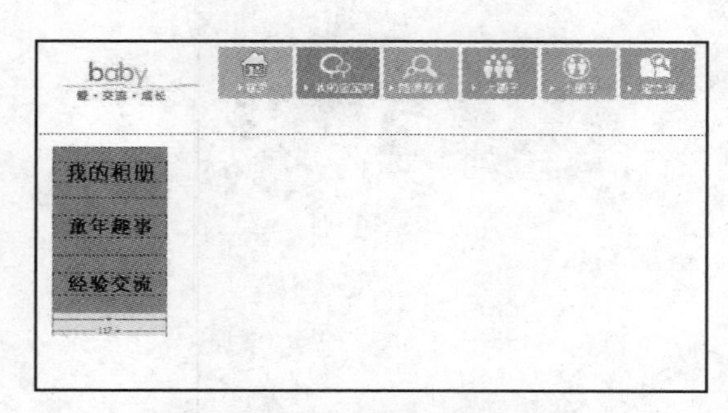

图 6—25　为框架添加网页元素

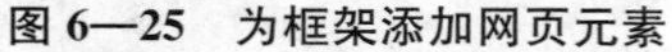

图 6—26　“标签选择器”对话框

中选择前面已经制作好的“我的相册”文件。单击“确定”按钮，在“代码”视图中可以看到插入浮动框架的代码，在图 6—28 中选中部分代码。

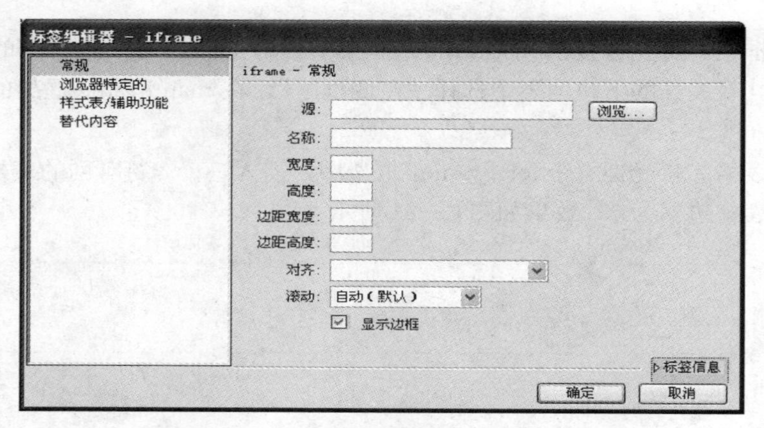

图 6—27　“标签编辑器-iframe”对话框

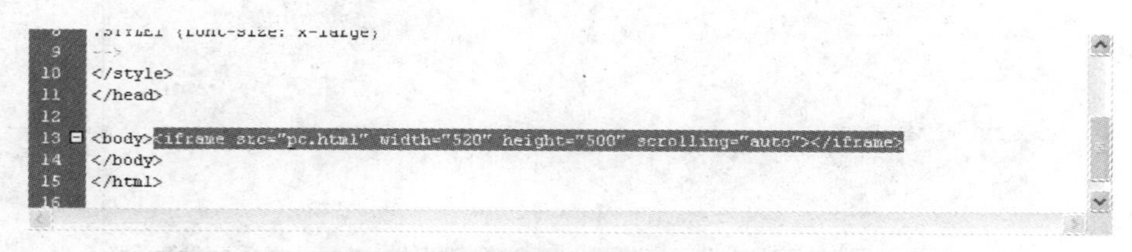

图 6—28　浮动框架对应的 HTML 代码

(9) 在页面的 bottomFrame 框架中输入网页版权信息，到此为止，网页制作完成。

(10) 保存文档，按 F12 键预览网页效果。

实训 6　利用框架设计“立杨花园”网页

通过本实训的练习，希望用户全面地掌握框架；能灵活运用框架技术来设计并制作网页，提高网页的设计与制作能力。

1. 实训要求

(1) 使用框架设计网页。

(2) 练习在框架中插入表格。

(3) 练习框架的编辑及属性设置。

(4) 练习框架的链接与嵌套。

2. 实训指导

利用框架设计网页的操作步骤如下:

(1) 创建框架。创建一个“上方固定”的框架结构。

(2) 拆分框架。将光标置于 mainFrame 框架中，在 mainFrame 框架的上方拆分出一个 topFrame1 框架。用同样的方法在 mainFrame 框架的左侧拆分出一个 leftFrame 框架。

(3) 将光标置于 leftFrame 框架中，对其继续拆分，拆分后的框架结构如图 6—29 所示。

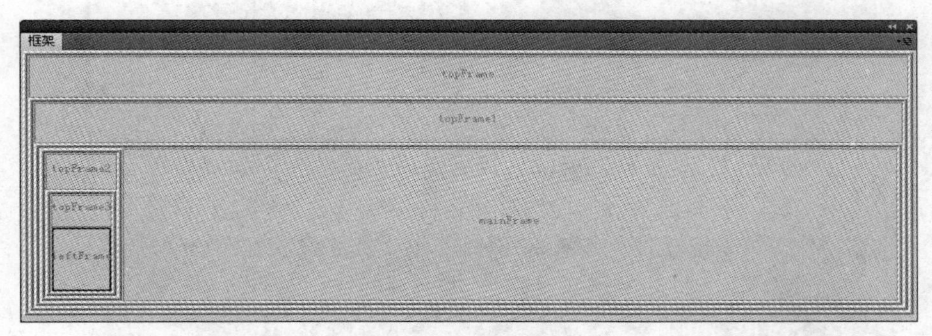

图 6—29 框架结构

(4) 保存框架集文件，并设置框架与框架集属性。

(5) 选中各个框架，选择“修改→页面属性”命令，打开“页面属性”对话框，在“分类”列表中选择“外观”选项，分别在“左边框”、“右边框”、“上边框”、“下边框”选项的文本框中输入 0，其他选项为默认值。

(6) 向 topFrame 框架中插入已经准备好的网页 banner 图片。

(7) 制作导航栏菜单。向 topFrame1 框架中插入一个 1 行 5 列的表格，设置表格边框为 0，并在表格中输入文本，用作网页导航菜单。

(8) 分别编辑 topFrame2、topFrame3 和 leftFrame 框架的内容。

(9) 在 mainFrame 中制作链接的子网页，子网页效果如图 6—30 所示。

(10) 链接框架。为导航栏中的“房产首页”文本设置链接，被链接的子网页将在 mainFrame 框架中显示。

(11) 保存网页，预览网页效果，效果如图 6—31 所示。

(12) 根据导航菜单栏目内容，制作其他的子网页，并用同样的方法为导航菜单创建链接。

图 6—30　花园子网页

图 6—31　“立杨花园”网页

习　题　6

一、填空题

1. 在网页文档中，创建一个包含两个框架的框架集，保存网页文档时将产生________个文件。

2. 如果使框架边框在“设计”视图中可见，在创建框架集和框架前，选择“________→可视化助理→框架边框”命令即可。

3. 框架主要由________________和________________两部分组成。

4. ________________在文档中定义了框架的结构、数量、尺寸及装入框架的页面文件。

二、选择题

1. 下面关于使用框架的弊端和作用的说法，错误的是________。

A. 增强网页的导航功能。

B. 低版本的IE浏览器如（IE3.0）中不支持框架。

C. 整个浏览空间变小，让人感觉缩手缩脚。

D. 容易在每个框架中产生滚动条，给浏览造成不便。

2. 在Dreamweaver CS4中，设置各分框架属性时，参数滚动是用来设置________的。

A. 是否进行颜色设置　　B. 是否出现滚动条

C. 是否设置边框宽度　　D. 是否使用默认边框宽度

3. 在Dreamweaver中，按住________键，再单击文档窗口中需要选择的框架，即选中框架。

A. Shift　　B. Ctrl　　C. Alt　　D. Enter

4. 定义框架集的HTML标签是________，含有标签的原代码存放在框架集文件中。

A. 〈html〉〈/html〉　　B. 〈frameset〉〈/frameset〉

C. 〈frame〉〈/frame〉　　D. 〈table〉〈/table〉

5. 如果一个框架集由名为topframe、leftffame、bottomffame的3个框架组成，那么在其“属性”面板的“目标”列表中不可能出现的是________。

A. jop　　B. _ blank　　C. index　　D. bottomframe

6. 在Dreamweaver中，想要在当前框架打开链接，“目标”设置应该为________。

A. _ blank　　B. _ parent　　C. _ self　　D. _ top

三、简答题

1. 在网页中框架的用途是什么？

2. 创建基于框架的网页大致包括哪些步骤？

3. 浮动框架的主要作用是什么？

第7章 使用AP Div元素

AP Div是网页设计非常有特色的一种页面元素，其最大的特点是可以方便地定位于网页的任意位置。使用AP Div元素进行网页布局，网页会更加整齐、美观。熟练掌握AP Div技术，是进行网页设计必备的能力。

本章主要内容

- AP Div概述。
- AP Div的创建和基本操作。
- 使用AP Div布局网页。
- AP Div与表格的相互转换。

7.1 学习任务1：AP Div元素

学习任务要求： 认识AP Div元素，掌握创建AP Div元素的方法，掌握对AP Div元素的属性设置和基本操作，理解AP Div元素的嵌套。

Dreamweaver早期的版本中，有"层"这个概念，其实"层"就是AP Div元素。AP Div网页布局技术，已经是目前网页布局的主流技术。

7.1.1 AP Div概述

AP Div是指存放用DIV标记描述的HTML内容的容器，用来控制浏览器窗口中元素的位置、层次。AP Div最主要的特性是：它是浮动在网页内容之上的，也就是说，可以在网页上任意改变其位置，实现对AP Div的准确定位。

在Dreamweaver CS4环境下，可以利用AP Div灵活方便地进行页面布局。层作为网页的容器元素，不仅可在其中放置图像，还可以放置文字、表单、插件等网页元素。把页面元素放在AP Div中，可以控制AP Div堆叠次序、显示或隐藏等性质。将AP Div元素和时间轴相结合，可以在网页中轻松创建动画效果。

提示：在 Dreamweaver 中，通常创建层叠样式表 AP Div。层叠样式表的特点是使用〈div〉和〈span〉标签定位页面内容，通过 CSS 样式表设置 AP Div 的属性。具体方法将在本章中详细介绍。

7.1.2　创建 AP Div 元素

创建 AP Div 元素有以下几种方法：

(1) 使用主菜单插入 AP Div 元素。将光标置于文档窗口中要插入 AP Div 的位置，选择“插入→布局对象→AP Div”命令，在插入点的位置插入一个 AP Div 元素。

(2) 绘制 AP Div 元素。在“插入”面板中选择“布局”标签，单击 绘制 AP Div 后，在文档窗口要插入 AP Div 的位置，按下鼠标左键拖曳出一个 AP Div 元素。

(3) 直接拖曳“绘制 AP Div”按钮 到文档窗口中插入 AP Div 元素。在“插入”面板的“布局”标签中，按下“绘制 AP Div”按钮 不放，将其拖曳到文档窗口中即可创建一个 AP Div 元素。

提示：在“插入”面板中选择“布局”标签，单击 绘制 AP Div 后，在文档窗口中，按住 Ctrl 键的同时按住鼠标左键拖曳鼠标，可以绘制多个 AP Div 元素。

在默认情况下，每当用户创建一个新的 AP Div，都会使用 DIV 标志它，并将标记 显示到网页左上角的位置。创建的 AP Div 元素如图 7—1 所示。

若要在网页左上角显示出 AP Div 标记，首先选择“查看→可视化助理→不可见元素”命令，使“不可见元素”命令呈被选择状态，然后再选择“编辑→首选参数”命令，弹出“首选参数”对话框，选择“分类”选项框中的“不可见元素”选项，选中右侧的“AP 元素的锚点”复选框，如图 7—2 所示，单击“确定”按钮完成设置。

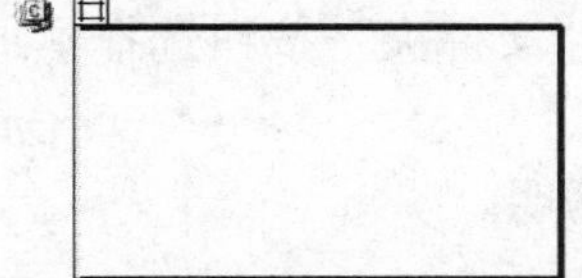

图 7—1　创建的 AP Div 元素

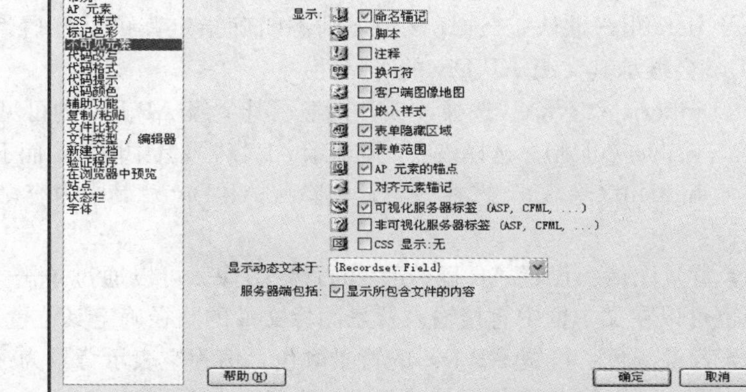

图 7—2　“首选参数”对话框

7.1.3 设置 AP Div 元素的属性

要正确地运用 AP Div 元素来设计网页，必须了解 AP Div 元素的属性和设置方法。设置 AP Div 元素的属性之前，必须选中 AP Div 元素。

选中 AP Div 元素的方法一般有以下几种：

(1) 在文档窗口中，单击要选择的 AP Div 元素左上角的 AP Div 元素标记。

(2) 在 AP Div 元素的任意位置单击，激活 AP Div 元素，再单击 AP Div 左上角的矩形框标记。

(3) 单击 AP Div 元素的边框。

(4) 在 AP Div 元素未被选中或激活情况下，按住 Shift 键的同时再单击 AP Div 元素中的任意位置。

(5) 在“AP Div 元素”面板中，直接单击 AP Div 元素的名称。

选中 AP Div 元素后，其对应的“属性”面板如图 7—3 所示。

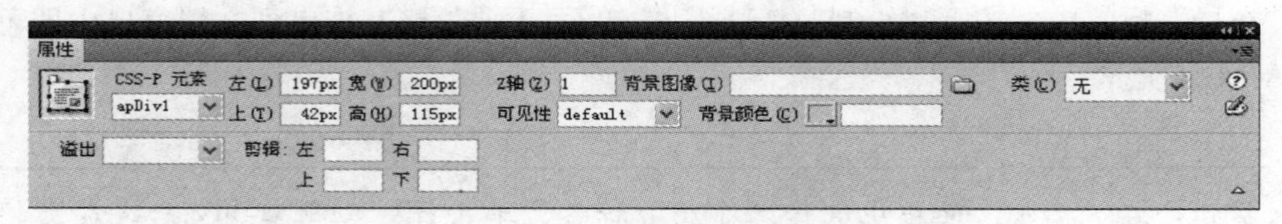

图 7—3 AP Div 元素的属性面板

AP Div“属性”面板中的各项含义如下：

● CSS-P 元素：为选中的 AP Div 元素设置名称。名称由数字或字母组成，不能用特殊字符。每个 AP Div 元素的名称是唯一的。

● 左、上：分别设置 AP Div 元素左边界和上边界相对于页面左边界和上边界的距离，默认单位为像素（px）。也可以指定为 pc（pica）、pt（点）、in（英寸）、mm（毫米）、cm（厘米）或%（百分比）。

● 宽、高：分别设置 AP Div 元素的高度和宽度，单位设置同“左”、“上”属性。

● Z 轴：设置 AP Div 元素的堆叠次序，该值越大，则表示其越在前端显示。

● 可见性：设置 AP Div 元素的显示状态。“可见性”右侧下拉列表框包括 4 个可选项：

⇨ default（默认）。选择该项，则不明确指定其可见性属性，在大多数浏览器中，该 AP Div 会继承其父级 AP Div 的可见性。

⇨ inherit（继承）。选择该项，则继承其父级 AP Div 的可见性。

⇨ visible（可见）。选择该项，则显示 AP Div 及其中内容，而不管其父级 AP Div 是否可见。

⇨ hidden（隐藏）。选择该项，则隐藏 AP Div 及其中内容，而不管其父级 AP Div 是否可见。

● 背景图像：设置 AP Div 元素的背景图像。可以通过单击“文件夹”按钮选择本地文件，也可以在文本框中直接输入背景图像文件的路径确定其位置。

● 背景颜色：设置 AP Div 的背景颜色，值为空表示背景为透明。

● 类：可以将 CSS 样式表应用于 AP Div。

● 溢出：设置 AP Div 中的内容超过其大小时的处理方法。“溢出”右侧下拉列表框中包

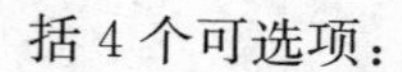

括 4 个可选项：

⇨ visible（可见）。选择该项，当 AP Div 中内容超过其大小时，AP Div 会自动向右或者向下扩展。

⇨ hidden（隐藏）。选择该项，当 AP Div 中内容超过其大小时，AP Div 的大小不变，也不会出现滚动条，超出 AP Div 内容不被显示。

⇨ scroll（滚动）。选择该项，无论 AP Div 中的内容是否超出 AP Div 的大小，AP Div 右端和下端都会显示滚动条。

⇨ auto（自动）。选择该项，当 AP Div 内容超过其大小时，AP Div 保持不变，在 AP Div 右端和下端都出现滚动条，以使其中的内容能通过拖动滚动条显示。

● 剪辑：设置 AP Div 可见区域大小。在“上”、“下”、“左”、“右”文本框中，可以指定 AP Div 可见区域上、下、左、右端相对于 AP Div 边界距离。AP Div 经过剪辑后，只有指定的矩形区域才是可见的。

7.1.4　“AP 元素”面板

通过“AP 元素”面板可以方便地管理网页文档中 AP Div 元素。在 Dreamweaver 中，选择“窗口→AP 元素”菜单命令或按 F2 键，均可打开“AP 元素”面板，如图 7—4 所示。

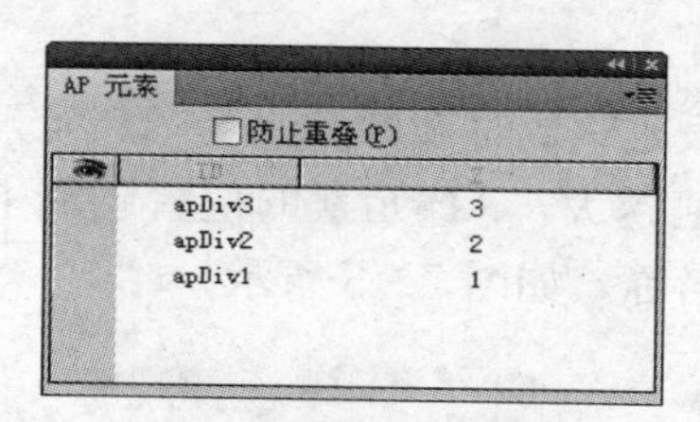

图 7—4　“AP 元素”面板

“AP 元素”面板各选项的含义如下：

● 防止重叠：若选中此复选框，可以防止 AP Div 元素之间发生重叠；若不选中此复选框，AP 元素则可以相互重叠。该复选框主要用在 AP Div 和表格相互转换时，当将 AP Div 转换为表格，为防止浏览器不兼容，选中该复选框，以防止 AP 元素相互重叠。

● 图标：如果某一个 AP 元素左侧有该图标，表示该 AP 元素可见；如果图标变成 ，则表示该 AP 元素不可见。如果没有该图标，表示该层继承其父级 AP Div 元素的可见性；如果没有父级 AP Div 元素，则父级 AP Div 元素可以看成其本身。通常情况下，这意味着是可见的。可以通过单击图标控制该 AP Div 的可见属性。

● ID：该属性用来显示和更改 AP Div 元素的名称。通过双击 ID 下面对应的 AP 元素默认名称来更改 AP 元素的名称。

● Z：该属性见“属性”面板相关设置。可以通过双击 AP Div 元素的 Z 值属性来更改其值。

7.1.5　AP Div 元素的基本操作

1. 调整 AP Div 的大小

调整 AP Div 时，既可以单独调整一个 AP Div，也可以同时调整多个 AP Div。具体步骤如下：

(1) 调整一个 AP Div 的大小。

选中一个 AP Div 后，执行下列操作之一，可调整一个 AP Div 的大小：

①应用鼠标拖曳方式。选中 AP Div，拖动四周的任何调整手柄。

②应用键盘方式。选中 AP Div，按住 Ctrl+方向键，每次调整一个像素大小。

③应用网络靠齐方式。选中 AP Div，同时按住 Ctrl+Shift+方向键，可按网格靠齐增量来调整大小。

④应用修改属性值方式。在“属性”面板中，修改“宽”和“高”选项值来调整 AP Div 的大小。

(2) 同时调整多个 AP Div 的大小。

在“文档”窗口中按住 Shift 键，依次选中两个或多个 AP Div，执行以下操作之一，可同时调整多个 AP Div 的大小：

①应用菜单命令。选择“修改→排列顺序→设成宽度（或高度）相同”命令。

②应用快捷键。按下组合键 Ctrl+Shift+7 或者 Ctrl+Shift+ 9，则以当前 AP Div 为标准，同时调整多个层的宽度或高度。

2. 更改 AP Div 的堆叠顺序

对网页进行排版时，常需要控制叠放在一起的不同网页元素的显示顺序，以实现特殊的效果。

使用 AP 元素“属性”面板或 AP 面板可以改变 AP 元素的堆叠顺序。AP 元素的显示顺序与 Z 轴值的顺序一致。Z 值越大，AP 元素的位置越靠上。在“AP 元素”控制面板中按照堆叠顺序排列 AP 元素的名称，如图 7—5 所示。

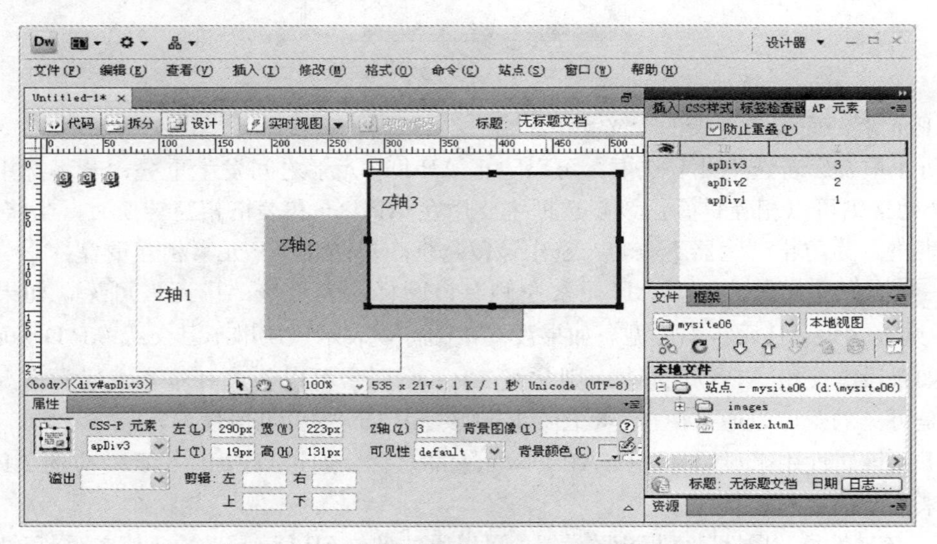

图 7—5　AP 元素的显示顺序与 Z 轴值的顺序一致

(1) 使用 AP 面板改变层的堆叠顺序。打开 AP 面板，在 AP 面板中执行下列操作之一，改变 AP 元素的堆叠顺序。

- 选中指定的 AP 元素名，将其拖动到所需的堆叠顺序处，然后释放鼠标。
- 在 Z 列中单击需要修改的 AP 元素编号。如果要上移，则输入一个比当前值更大的数值；如果要下移，则输入一个比当前值更小的数值。

（2）使用 AP 元素“属性”面板改变层的堆叠顺序。在“AP 元素”面板或文档窗口中选择一个 AP 元素，在其“属性”面板的“Z 轴”文本框中输入一个更高或更低的编号，使当前 AP 元素沿着堆叠顺序向上或向下移动。

3. 嵌套 AP Div

所谓嵌套 AP Div，是指在一个 AP Div 中创建子 AP Div。使用嵌套 AP Div 的好处是确保子 AP Div 永远定位于父级 AP Div 上方。嵌套通常用于将 AP Div 组织在一起。

（1）创建嵌套 AP 元素。使用下列方法之一，创建嵌套 AP 元素。

①应用菜单命令。将插入点放在现有 AP 元素中，选择“插入→布局对象→AP Div 命令。

②应用按钮拖曳。拖曳“插入”面板“布局”选项卡中的“绘制 AP Div”按钮，然后将其放在现有 AP 元素中。

③应用按钮绘制。选择“编辑→首选参数”命令，启用“首选参数”对话框，在“分类”选项列表中选择“AP 元素”选项，在右侧选中“在 AP Div 中创建以后嵌套”复选框，单击“确定”按钮。单击“插入”面板“布局”标签中的“绘制 AP Div”按钮，在现有 AP 元素中，按住 Ctrl 键的同时拖曳鼠标绘制一个嵌套 AP 元素。

创建的嵌套 AP 元素如图 7—6 所示。

（2）将现有 AP 元素嵌套在另一个 AP 元素中。使用“AP 元素”控制面板，将现有 AP 元素嵌套在另一个 AP 元素中的具体操作步骤如下：

①选择“窗口→AP 元素”命令，启用“AP 元素”控制面板。

②在“AP 元素”控制面板中选择一个 AP 元素，然后按住 Ctrl 键的同时拖曳鼠标，将其移动到“AP 元素”控制面板的目标 AP 元素上，当目标 AP 元素的名称突出显示时，松开鼠标左键，即可完成操作。本例将 apDiv1 拖曳到目标 apDiv2 中，效果如图 7—7 所示。

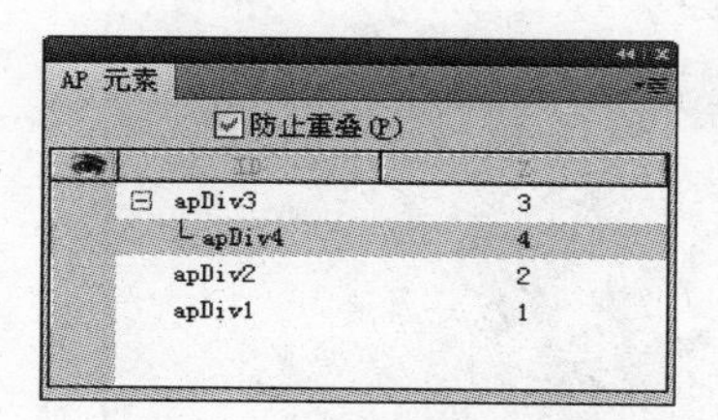

图 7—6　创建嵌套的 AP 元素

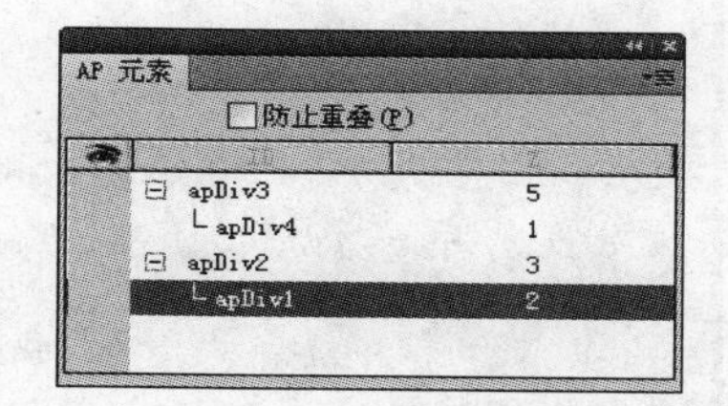

图 7—7　将 apDiv1 嵌套在 apDiv2 中

提示：如果已启用“AP 元素”控制面板中的“防止重叠”复选框，那么在移动 AP 元素时将无法使 AP 元素相互重叠。

4. 对齐 AP 元素

使用 AP 元素对齐操作，可将一个或多个 AP 元素与最后一个被选中 AP 元素的边界对齐。当对选定 AP 元素进行对齐时，未选定的子层可能会因为其父层被选定而随之移动。为了避免出现这种情况，不要用嵌套层。对齐两个或更多个 AP 元素有以下几种方法。

(1) 应用菜单命令对齐 AP 元素。

在文档窗口中，按住 Shift 键，依次选中需要对齐的多个 AP 元素，然后选择“修改→排列顺序”命令，在其子菜单中选择以下一种对齐方式。

①左对齐：以最后一个被选中 AP 元素的左侧为基准对齐。

②右对齐：以最后一个被选中 AP 元素的右侧为基准对齐。

③上对齐：以最后一个被选中 AP 元素的顶部为基准对齐。

④对齐下缘：以最后一个被选中 AP 元素的底部为基准对齐。

(2) 应用“属性”面板对齐层。

选中需要对齐的多个 AP 元素，在“属性”面板的“上”或“左”选项中输入具体数据，则以多个层的上边线或左边线相对于页面顶部或左侧的位置来对齐。

提示：在移动网页元素时，可以让其自动靠齐到网格，还可以通过指定网格设置来更改网格或控制靠齐行为。将 AP 元素靠齐到网格的具体方法：选择“查看→网格设置→显示网格”命令，启用网格显示。选择“查看→网格设置→靠齐到网格”命令，选中 AP 元素并拖动，当 AP 元素靠近网格线一定距离时，该 AP 元素将自动靠齐到最近的网格。

7.2 案例：使用 AP Div 元素布局网页

利用 AP Div 制作的图文混排网页效果如图 7—8 所示。

图 7—8 用 AP Div 元素布局网页效果图

本实例在文档中创建 4 个 AP Div 元素，并为其中的一个元素添加图像，其他 3 个元素添加文字。通过对两个嵌套的 AP Div 元素属性设置，实现文字的阴影特效。具体步骤如下：

(1) 在 Dreamweaver CS4 中新建一个空白 HTML 文档，并将其以 7-1. html 为文件名保存。

(2) 创建 AP Div 元素。在“布局”选项卡下单击“绘制 AP Div”按钮，在文档中绘制一个 AP Div，选中绘制的 AP Div，在其“属性”面板将其命名为 image，设置其“左”、“上”、“宽”、“高”分别为 50px、10px、800px、600px，“背景颜色”为＃CCFFCC。

(3) 根据步骤 (2) 插入新的 AP Div 元素，并将其命名为 bottom。设置其“上”、“宽”、“高”分别为 610px、800px、50px，“背景颜色”为＃FF9966。

(4) 对齐 AP 元素。选中插入的两个 AP 元素，选择“修改→排列顺序”命令，在其子菜单中选择“左对齐”，将两个 AP 元素左边缘对齐。

(5) 创建嵌套 AP 元素。打开“AP 元素”面板，在“防止重叠”复选框未被选中状态下，选中 image 元素，确保光标处于激活状态，选择“插入→布局对象→AP Div”命令，在 image 元素左上角插入一个嵌套 AP Div，并将其命名为 smallbox，其“宽”、“高”分别设置为 200px 和 60px。

(6) 用同样的方法，在 image 元素中创建嵌套的 AP Div 元素 bgsmallbox，设置和 smallbox 元素相同的“宽”、“高”属性，并将其调整到合适位置。在“AP 属性”面板中，将 smallbox 元素和 bgsmallbox 的 Z 轴属性分别设置为 3 和 2。此时“AP 元素”面板如图 7—9 所示。

(7) 按住 Shift 键，同时选中被嵌套的两个元素，选择“修改→排列顺序→右对齐”命令，将这两个 AP Div 元素按照先后选择的元素进行右对齐。设置后的 4 个 AP Div 元素布局如图 7—10 所示。

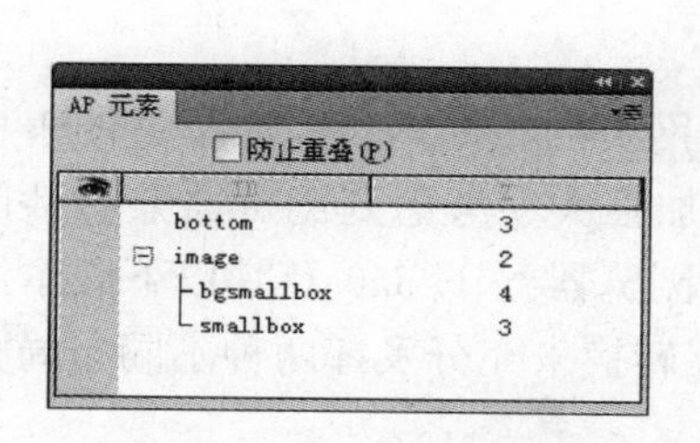

图 7—9　“AP 元素”面板

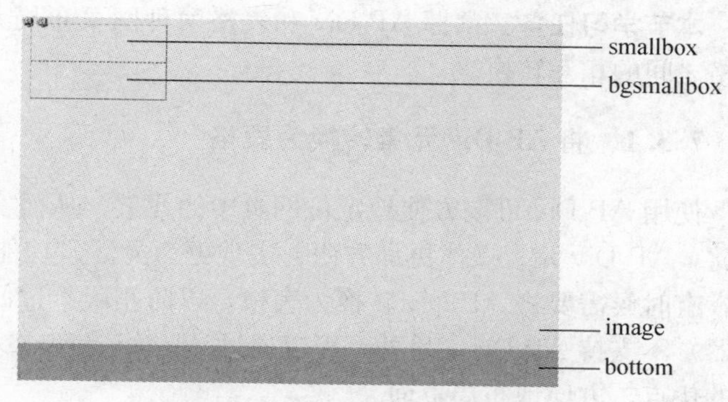

图 7—10　4 个 AP Div 元素的布局

(8) 激活 image 元素，将光标置于该元素的左上角，在该元素内部插入一幅图片。

(9) 激活 bottom 元素，在 bottom 元素中输入文本，并设置文字的“字体”属性为“宋体”，“大小”为 18px。

(10) 依次在 smallbox、bgsmallbox 中输入“我爱我家”文字，并分别设置文字的“字体”属性为“华文新魏”，“大小”为 36px，“颜色”分别为＃FFBB00 和＃000000，效果如图 7—11 所示。

图 7—11　在 AP Div 元素中添加文字和图片

（11）调整 smallbox 和 bgsmallbox 元素到适当位置，使其产生阴影效果。

（12）保存网页文档。按 F12 键打开浏览器预览效果。

提示：在文档中有多个 AP Div 元素，在操作时，为避免其相互影响，可在“AP 元素面板”中将目前没有激活的元素设置为隐藏。

7.3　学习任务 2：AP Div 元素与表格相互转换

本节学习任务：掌握 AP Div 和表格两种网页布局元素的联系与区别，掌握 AP Div 与表格之间的相互转换。

7.3.1　将 AP Div 元素转换为表格

使用 AP Div 可以方便地定位网页中的元素，从而实现网页的布局。与前面学过的表格相比，AP Div 元素操作更加方便、实现更为灵活、功能更加强大。考虑到浏览器兼容性问题，有时候需要将 AP Div 转换为表格，以防止版本过低的浏览器（IE 3.0 及其以下版本浏览器）不支持 AP Div。另外，可以通过 AP Div 和表格相互转换来充分发挥两种不同布局方式的优点，方便地布局页面。

在 Dreamweaver 中打开已有的网页文件，如图 7—12 所示。该页面由两个 AP Div 元素构成。将页面中的 AP Div 元素转化为表格的具体操作步骤如下：

（1）选择“修改→转换→将 AP Div 转换为表格”菜单命令，弹出“将 AP Div 转换为表格”对话框，如图 7—13 所示。“将 AP Div 转换为表格”对话框，各选项的含义如下：

图 7—12　用 AP Div 元素布局的网页

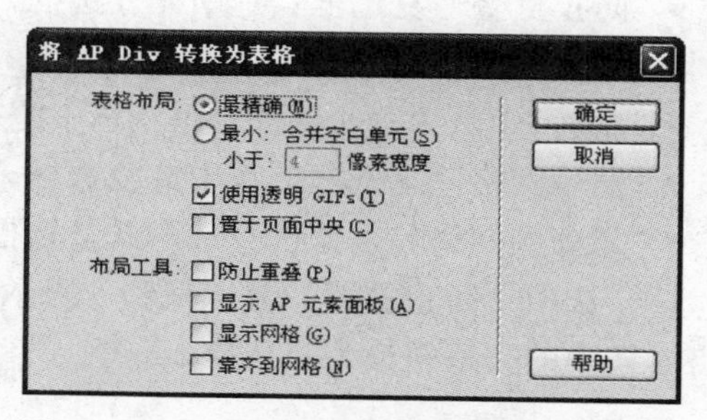

图 7—13　“将 AP Div 转换为表格”对话框

● “最精确”单选按钮：将所有 AP Div 转换为表格。若 AP Div 元素之间存在间隙，则通过插入单元格来填充这些间隙。

● “最小：合并空白单元”单选按钮：将一定距离以内的 AP Div 元素创建为相邻的单元格，即融合其间的间隙。选中该单选按钮，可在其下方的文本框中输入最小距离值。

● “使用透明 GIFs”复选框：选中此复选框，将转换后表格的最后一行中填充为透明的 GIF 图像，这样可以确保在所有的浏览器中表格显示结果一致。如果取消此选项，则表格中不再放置透明 GIF 图像，这样的表格可能在不同浏览器中显示稍有差异。

● “置于页面中央”复选框：选中此复选框，则生成的表格在页面居中位置；若取消此复选框，则生成的表格在页面中左对齐。

● “防止重叠”复选框：选中此复选框，可以防止 AP Div 重叠。

● “显示 AP 元素面板”复选框：选中此复选框，在转换完成后会显示“AP 元素”面板。

● “显示网格”复选框：选中此复选框，可以在转换后的文档中显示网格线。

● “靠齐到网格”复选框：选中此复选框，可以将转换后的文档靠齐到网格。

(2) 保持默认设置。单击“确定”按钮，将文档中的 AP Div 元素转换为表格。

提示：如果文档有嵌套的 AP Div 元素，或者 AP Div 之间发生重叠，则无法将该文档的 AP Div 布局转换为表格布局。

7.3.2　将表格转换为 AP Div 元素

网页中的表格元素，也可以转换为 AP Div 元素。具体操作步骤如下：

(1) 打开一个用表格布局的网页文件，选择“修改→转换→将表格转换为 AP Div”菜单命令，弹出“将表格转换为 AP Div”对话框，如图 7—14 所示。

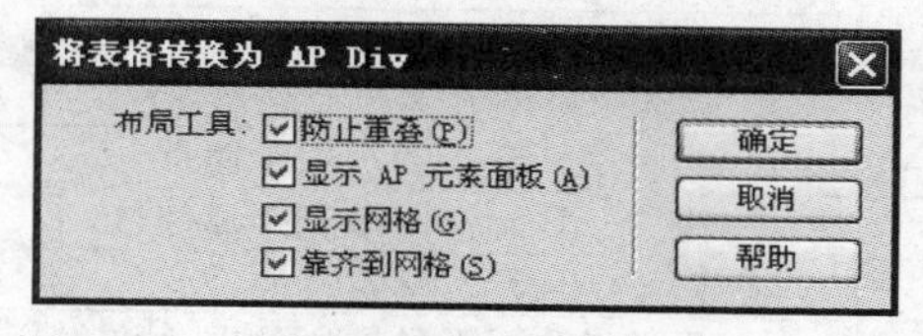

图 7—14　“将表格转换为 AP Div”对话框

“将表格转换为 AP Div”对话框各选项的含义如下：

●“防止重叠”复选框：选中此复选框，可以在操作 AP Div 元素时，防止 AP Div 元素之间相互重叠。

●“显示 AP 元素面板”复选框：选中此复选框，在转换完成后会显示“AP 元素”面板。

●“显示网格”复选框：选中此复选框，可以在转换后的文档中显示网格线。

●“靠齐到网格”复选框：选中此复选框，可以将转换后的文档与网格靠齐。

（2）选中“防止重叠”复选框和“显示 AP 元素面板”复选框，单击“确定”按钮，即可将文档中的表格转换为 AP Div 元素。

提示：在将表格转换为 AP Div 元素过程中，表格之外的内容也会被置于 AP Div 之中，但文档中空的表格不会被转换为 AP Div 元素。

7.4 学习任务 3：AP Div 标签

本节学习任务：理解 AP Div 标签及其属性，掌握 AP Div 标签的基本格式。

AP Div 元素是用来为 HTML 文档内大块（block-level）的内容提供结构和背景的元素。AP Div 的起始标签和结束标签之间的所有内容都是用来构成这个块的，其中所包含元素的特性由 AP Div 标签的属性来控制，或者通过使用 CSS 样式表来控制。

AP Div 标签的基本格式为：

```
〈div property:value property:value… 〉content〈/div〉
```

其中，property 是 AP Div 标签的属性，value 是该属性的值。AP Div 标签的属性及含义如表 7—1 所示。

表 7—1　　AP Div 标签属性及其含义

属　性	含　义
position	relative：该 AP 元素相对于其他 AP 元素位置
	absolute：该 AP 元素相对于其所在的窗口位置
left	设置 AP 元素与窗口左边距
top	设置 AP 元素与窗口上边距
width	设置 AP 元素的宽度
height	设置 AP 元素的高度
clip	auto：设置 AP 元素内方块位置为默认属性
	inherit：设置 AP 元素内方块位置为继承父级 AP 元素属性
visibility	visible：设置 AP 元素为可见
	hidden：设置 AP 元素为不可见
	inherit：设置 AP 元素为继承父级 AP 元素可见性
margin	设置 AP 元素的页边距属性
padding	设置 AP 元素的填充距离属性
border	设置 AP 元素的宽度属性
z-index	设置 AP 元素的层级位置
background-color	设置 AP 元素的背景颜色
background-image	设置 AP 元素的背景图像

7.5　学习任务 4：使用 Div 标签

学习任务要求：掌握插入 Div 标签的方法，并通过 CSS 控制 Div 进行布局。

7.5.1　CSS 与 Div 标签

Div（division）标签简单来说就是一个区块容器标签，即〈div〉与〈/div〉之间相当于一个容器，可以容纳段落、标题、表格、图片等各种 HTML 元素。因此，可以把〈div〉与〈/div〉中的内容视为一个独立的对象，用于 CSS 的控制。

使用 CSS 可以控制 Web 页面中块级别元素的格式和定位。例如，〈h1〉标签、〈p〉标签、〈span〉标签、〈ul〉标签、〈li〉标签和〈div〉标签都在网页上生成块级元素。CSS 布局最常用的块级元素是 Div 标签，〈div〉标签早在 HTML 3.0 中就已经出现，但那时并不常用，直到 CSS 的出现，才逐渐发挥出它的优势。

CSS 对块级元素执行以下操作：为它们设置边距和边框，将它们放置在 Web 页面的特定位置，为它们添加背景颜色，在它们周围设置浮动文本等。

7.5.2　插入 Div 标签

在网页中插入 Div 标签，最常用的方法是单击“插入”面板“常用”标签中的按钮，弹出“插入 Div 标签”对话框，如图 7—15 所示。

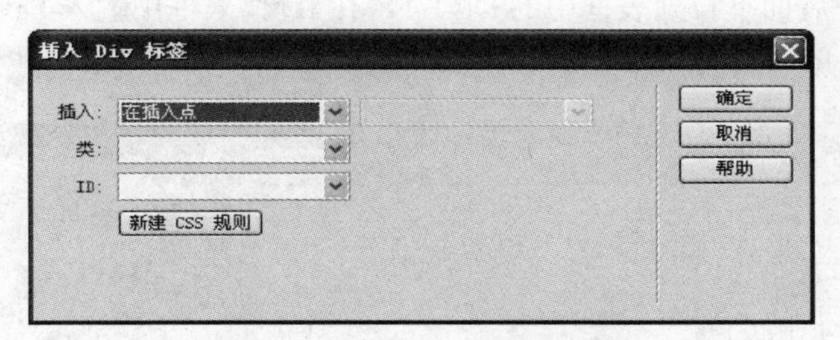

图 7—15　“插入 Div 标签”对话框

“插入 Div 标签”对话框各选项的含义：

- 插入：用于选择 Div 标签的插入位置。其中，“在插入点”选项是指在当前鼠标所在位置插入 Div 标签，此选项仅在没有选中任何内容时可用；“在开始标签之后”选项是指在一对标签的开始标签之后，此标签所引用的内容之前插入 Div 标签，新创建的 Div 标签嵌套在此标签中；“在标签之后”选项是指在一对标签的结束标签之后插入 Div 标签，新创建的 Div 标签与前面的标签是并列关系。该对话框会列出当前文档中所有已创建的 Div 标签供用户确定新创 Div 标签的插入位置。
- ID：为新插入的 Div 标签创建唯一的 ID 号。
- 类：为新插入的 Div 标签附加已有的类样式。

提示：插入的 Div 标签以虚框的形式出现在文档中，并带有占位符文本。当鼠标移到该框的边缘上时，框的外围边界会出现一个红框。选中 Div 标签时，红框将被深蓝色框代替。

插入 Div 的具体操作步骤如下：

（1）新建一个空白网页文档，并以 7-5. html 为文件名保存。选用“拆分”视图方式，以便查看操作对应的代码变化。

（2）单击“插入”面板“常用”标签中的“插入 Div 标签”按钮，弹出“插入 Div 标签”对话框，在“插入”下拉列表中选择“在插入点”，在 ID 输入框中输入 Div1。

（3）单击“新建 CSS 规则”按钮，弹出“新建 CSS 规则”对话框，选择器类型自动设为 ID，选择器名称自动设为＃Div1，选择规则定义为“（仅限该文档）”。

（4）单击“确定”按钮，打开“＃Div1 的 CSS 规则定义”对话框，此时暂不设置 CSS 规则，连续单击“确定”按钮完成 Div1 的创建。

（5）用同样的方法创建 Div1-1 和 Div1-2。不同的是：创建 Div1-1 时，在“插入 Div 标签”对话框中，在“插入”下拉列表中选择“在开始标签之后”，在其后面的下拉列表框中选择 Div1，在 ID 输入框中输入 Div1-1，单击“确定”按钮。

（6）创建 Div1-2 时，在“插入 Div 标签”对话框中，在“插入”下拉列表中选择“在标签之后”，并选中后面下拉列表框中的 Div1-1，在 ID 输入框中输入 Div1-2，为了清晰地显示此处删掉了 Div1 的占位符文本。代码和显示效果如图 7—16 所示。

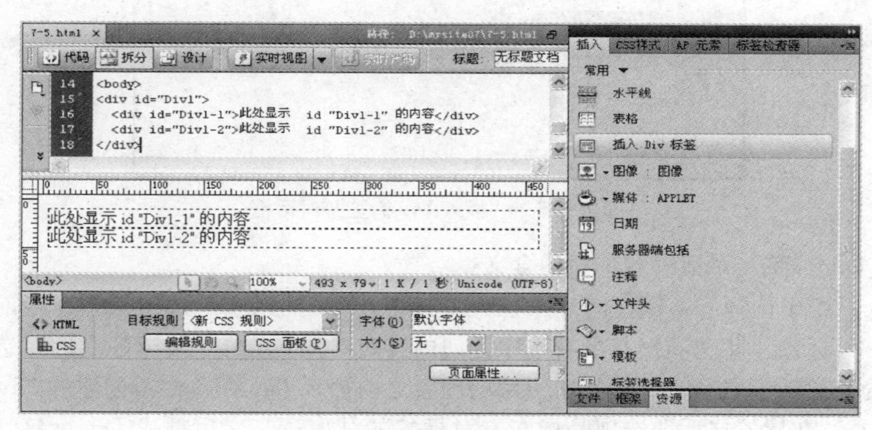

图 7—16　Div 代码和显示效果

7.5.3　设置 Div 属性

Div 属性的定义需要在“CSS 规则”对话框中进行。下面介绍几种与布局相关的属性。

1. 设置 Div 的浮动属性

Float 属性在 CSS 页面布局中非常重要，Float 可设置为 left、right 和默认值 none。当设置了元素向左或向右浮动时，元素会向其父元素的左侧或右侧靠紧。

对上面创建的3个Div进行设置，具体操作步骤如下：

（1）打开“CSS样式”面板，单击“全部”标签，找到选择器#Div1，双击#Div1，弹出“#Div1的CSS规则定义”对话框，选择“方框”分类，设置Width（宽）为300px，Height（高）为240px，Float（浮动）暂时使用默认值（none），如图7—17所示。单击“确定”按钮完成设置。

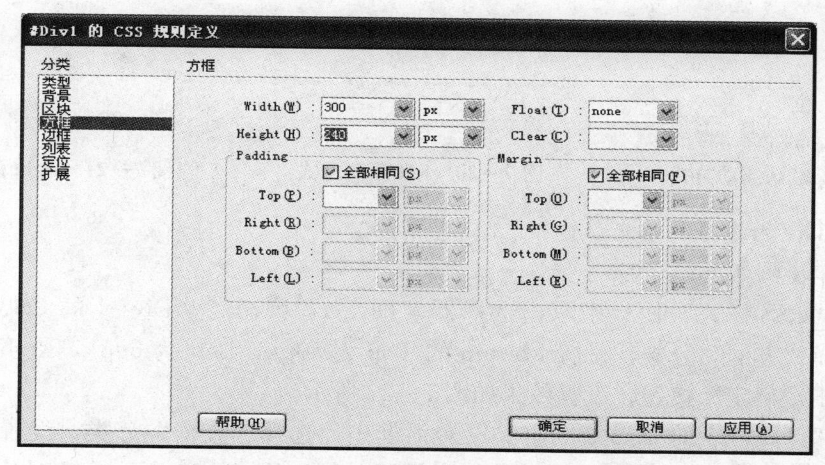

图7—17　“#Div1的CSS规则定义”对话框

（2）选中Div1-1标签，右击鼠标，在打开的快捷菜单中选择“CSS样式→新建”命令，打开“新建CSS规则”对话框，从中进行设置，设置情况如图7—18所示。

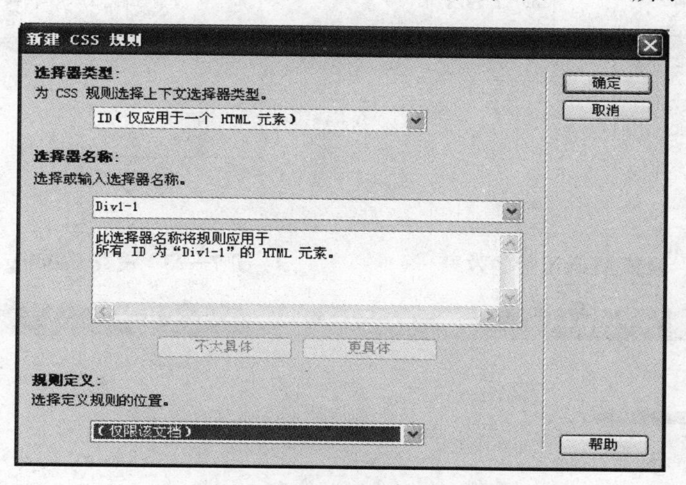

图7—18　“新建CSS规则”对话框

（3）单击“确定”按钮，选择器#Div1-1出现在“CSS样式”面板中。

（4）用同样的方法为Div1-2标签创建选择器#Div1-2。

（5）在“CSS样式”面板中，找到选择器#Div1-1并双击，弹出“#Div1-1的CSS规则定义”对话框，选择“方框”分类，并设置Width为100px、Height为100px、Float使用默认值，单击“确定”按钮完成设置。

（6）用同样的方法，对Div1-2进行设置：Width为100px、Height为100px、Float使

用默认值，单击“确定”按钮完成设置，效果如图 7—19 所示。

(7) 分别修改 Div1-1 和 Div1-2 的 Float 值为 left，显示效果如图 7—20 所示。

(8) 修改 Div1-2 的 Float 值为 right，显示效果如图 7—21 所示。

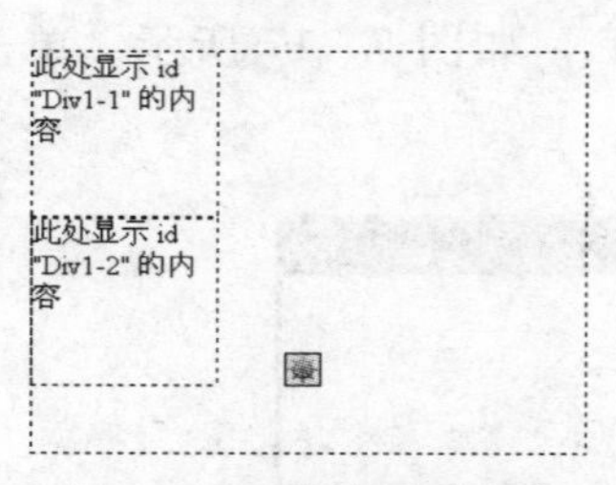

图 7—19　默认浮动方式

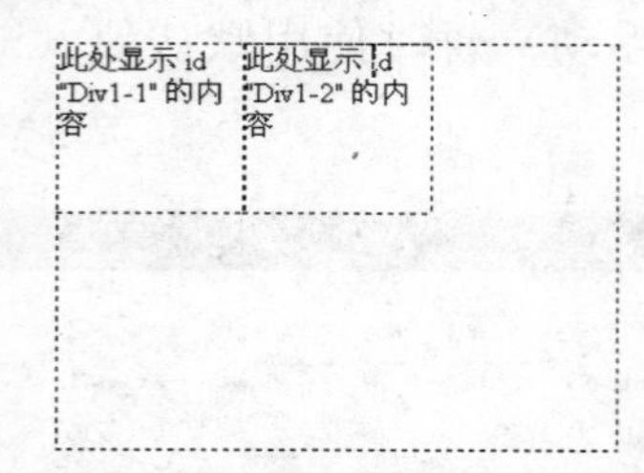

图 7—20　left 浮动方式

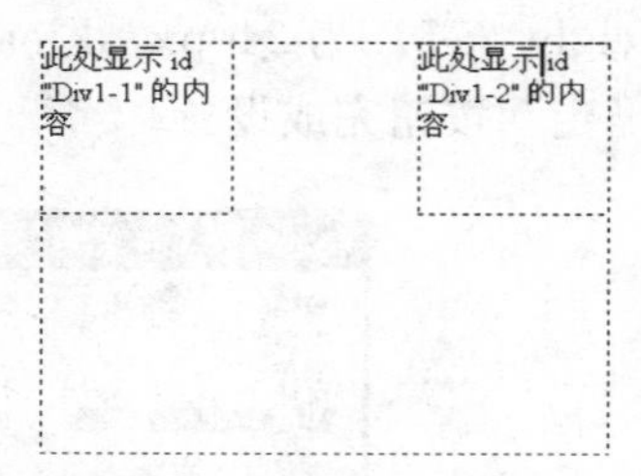

图 7—21　right 浮动方式

2. 设置 Div 的边界、填充和边框

具体操作步骤如下：

(1) 在“CSS 样式”面板中双击选择器 #Div1-1，弹出“#Div1-1 的 CSS 规则定义”对话框，选择“方框”分类，设置 Margin 的 Top 为 50px，Left 为 50px，Right 和 Bottom 为 auto，单击“确定”按钮，设置效果如图 7—22 所示。

(2) 在“#Div1-1 的 CSS 规则定义”对话框中，选择“方框”分类，设置 Padding 四周的填充值均为 12px，单击“确定”按钮，设置效果如图 7—23 所示。此时的“#Div1-1 的 CSS 规则定义”对话框如图 7—24 所示。

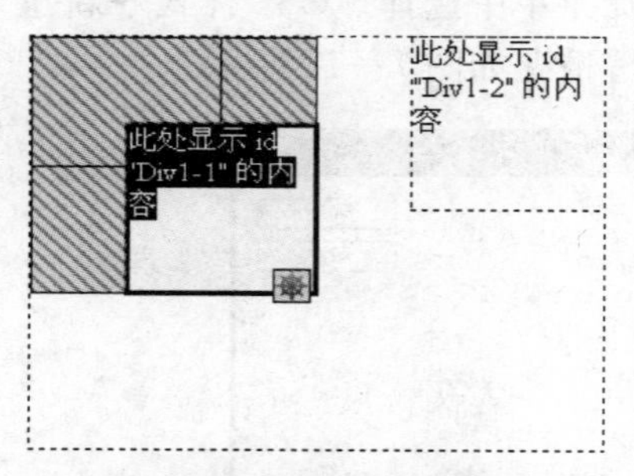

图 7—22　设置 Margin 后的效果

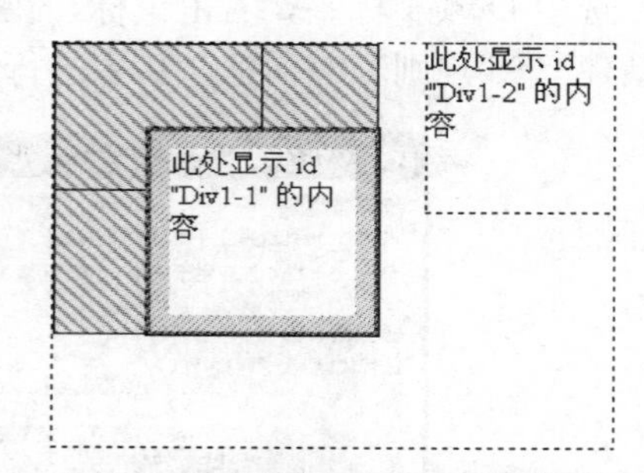

图 7—23　设置 Padding 后的效果

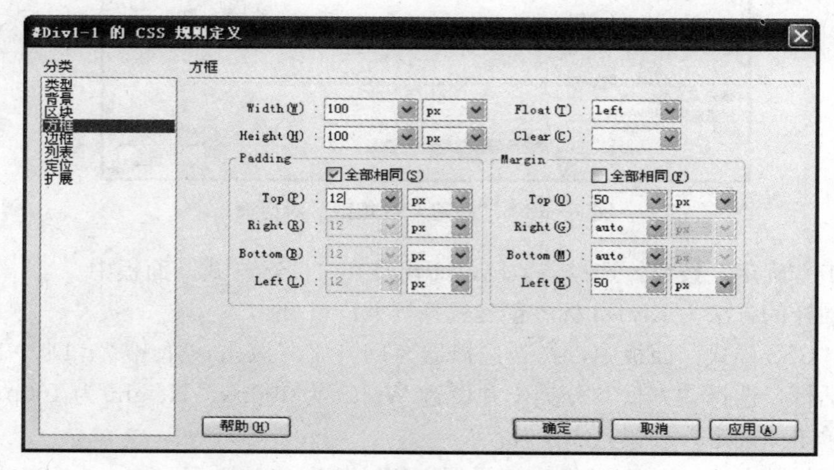

图 7—24　Div1-1 的“方框”设置（1）

（3）在“#Div1-1 的 CSS 规则定义”对话框中，选择“边框”分类，设置 Style（边框类型）均为 dashed，4 条边的 Width（边宽）均为 10px，4 条边的 Color（边框颜色）均为 #0FF，如图 7—25 所示。

（4）单击“确定”按钮完成设置，显示效果如图 7—26 所示。

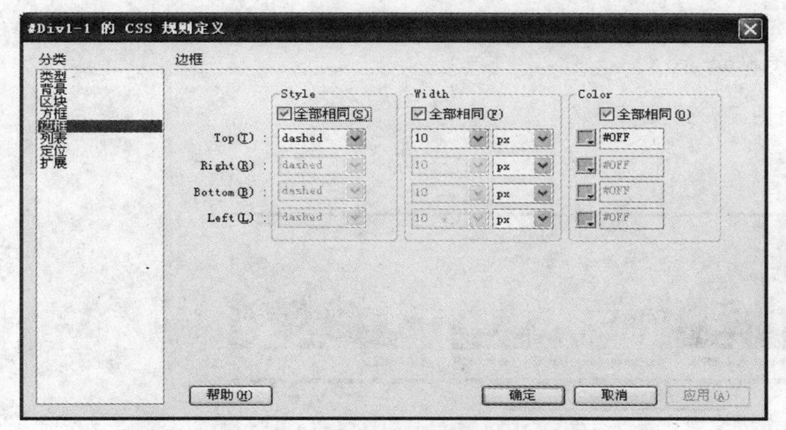

图 7—25　Div1-1 的“方框”设置（2）

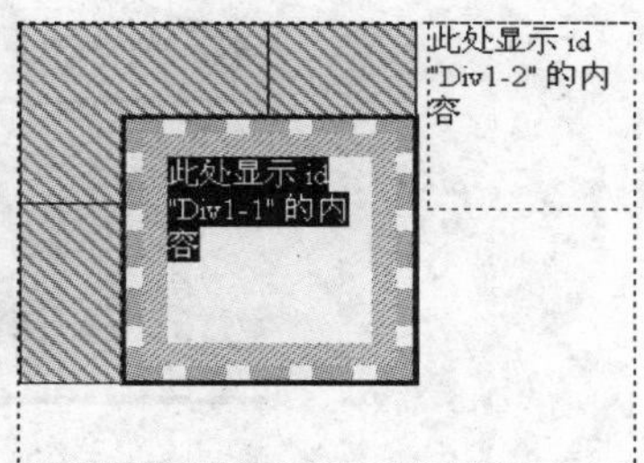

图 7—26　设置边框后的效果

提示：盒子模型是 CSS 布局页面时一个非常重要的概念，可以将所有页面中的元素都看成是一个盒子，它们占据了一定的页面空间。一个盒子由 content（内容）、border（边框）、padding（填充也叫间隙）、margin（边界也叫边距）4 个部分组成，一个盒子的实际宽度和高度是由 content + border + padding + margin 组成的。

实训 7　使用 Div+CSS 制作企业网站主页

1. 实训要求

（1）练习插入 Div 标签的方法。

（2）练习通过 CSS 定位 Div 标签进行网页布局的方法。

（3）练习通过 CSS 设置文本、列表的方法。

2. 实训指导

本网页整体结构是用 11 个 Div 标签布局而成，各 Div 的位置关系及插入的内容见下面的代码。

```
<div id = "logo"></div> / * logo. jpg * /
<div id = "banner"></div> / * banner. jpg * /
<div id = "nav"></div> / * 导航栏列表 * /
<div id = "main">
  <div id = "left">
    <div id = "left-title"></div>/ * lmdh. jpg * /
    <div id = "left-con"></div> / * 公司简介二级菜单列表 * /
  </div>
```

```
  <div id="right">
    <div id="right-title"></div>/*gsjj.jpg*/
    <div id="right-con"> /* 公司简介文本 */
    </div>
  </div>
</div>
<div id="footer"></div>/*footer.jpg*/
```

企业网站主页参考效果如图 7—27 所示。

图 7—27　企业网站主页参考效果

制作过程参考如下：

(1) 制作网页前的准备工作。创建网点及存放图片等素材的 images 文件夹。新建外部样式表 firm.css，新建 index.html 空白网页，单击“CSS 样式”面板中的附加样式表按钮，将该 CSS 文件链接到当前网页。

(2) 插入 Logo Div 标签。单击“插入”工具栏“常用”选项卡中“插入 Div 标签”按钮，弹出“插入 Div 标签”对话框，在“插入”下拉列表中选择“在插入点”，在 ID 输入框中输入 logo，单击“新建 CSS 规则”按钮，弹出“新建 CSS 规则”对话框，选择器类型自动设为 ID，选择器名称自动设为＃logo，选择规则定义为 firm.css。单击“确定”按钮后，将打开“CSS 规则定义”对话框，选择“方框”分类，设置 Width 为 780px，Height 为 67px，Float 使用默认值，单击“确定”按钮完成设置。

类似操作，执行 10 次，插入 10 个 Div 标签，每次设置的参数为：

“在标签之后”，logo，ID：banner；Width 780px，Height 160px，Float：默认。

“在标签之后”，banner，ID：nav；Width 780px，Height 42px，Float：默认。

“在标签之后”，nav，ID：main；Width 780px，Height 420px，Float：默认。

“在开始标签之后”，main，ID：left；Width 400px，Height 220px，Float：left。

“在标签之后”，left，ID：right；Width 550px，Height 400px，Float：right。

“在开始标签之后”，left，ID：left-title；Width 220px，Height 35px，Float：默认。

“在标签之后”，left-title，ID：left-con；Width 220px，Height auto，Float：默认。

“在开始标签之后”，right，ID：right-title；Width 550px，Height 35px，Float：默认。

“在标签之后”，right-title，ID：right-con；Width auto，Height auto，Float：默认。

“在标签之后”，main，ID：footer；Width 780px，Height 51px，Float：默认。

至此，网页整体布局已经完成。

(3) 设置背景属性。在“CSS 样式”面板中，找到#logo 双击，弹出“CSS 规则定义”对话框，在“背景”类型中，Background-image（背景图像）设为 logo _ bj. jpg，Background-repeat（背景图像重复方式）设为 repeat-x，单击“确定”按钮完成设置。

用类似操作设置其他 Div 标签的背景属性。

#nav：Background-image 设为 nav _ bj. jpg”，Background-repeat 设为 repeat-x。

#left：Background-color（背景颜色）设为#EFEFEF。

#footer：Background-image 设为 footer _ bj. jpg，Background-repeat 设为 repeat-x。

(4) 在 Div 区块中插入内容。选中文档中的 logo Div 区块，删除占位符文本，插入 logo. jpg 图像。

用类似操作，删除其他 Div 区块中的占位符文本，在相应 Div 区块中插入前面列出的文本、列表或图像等内容。

(5) 将栏目导航区域的项目列表符号改为自定义图像。选中文档中的“公司简介二级菜单列表”全部段落，或在位于“文档”窗口左下角的标签选择器中单击标签〈ul〉；在 CSS 属性面板的目标规则下拉列表框中选择“新 CSS 规则”，单击“编辑规则”按钮，弹出“新建 CSS 规则”对话框；选择器类型自动设为“复合类型”，选择器名称自动设为#left-con ul，规则定义自动设为 firm. css，单击“确定”按钮后，将打开“CSS 规则定义”对话框。在“列表”类型中，List-style-type 设为 none，List-style-image 设为自定义图像 list _ icon. gif，连续单击“确定”按钮完成设置。

(6) 去掉导航栏项目列表符号。操作步骤与步骤（5）相同。选中文档中的“导航栏列表”全部段落，或在位于“文档”窗口左下角的标签选择器中单击标签〈ul〉；在 CSS 属性面板的目标规则下拉列表框中选择“新 CSS 规则”，单击“编辑规则”按钮，弹出“新建 CSS 规则”对话框；选择器类型自动设为“复合类型”，选择器名称自动设为#nav ul，规则定义自动设为 firm. css，单击“确定”按钮后，将打开“CSS 规则定义”对话框；在“列表”类型中将 List-style-type 设为 none，连续单击“确定”按钮完成设置。

(7) 将导航栏项目列表改为横行显示。用鼠标选中文档中的“导航栏列表”的任一段落，或在位于“文档”窗口左下角的标签选择器中单击标签〈li〉；在 CSS 属性面板的目标规则下拉列表框中选择“新 CSS 规则”，单击“编辑规则”按钮，弹出“新建 CSS 规则”对话框。选择器类型自动设为“复合类型”，选择器名称自动设为#nav ul li，规则定义自动设为 firm. css，单击“确定”按钮后，将打开“CSS 规则定义”对话框。在“方框”类型中将 Float 设为 left；为使各列表项前后保持相同间距，设置 padding-left 为 20px，padding-right 为 20px，连续单击“确定”按钮完成设置。

(8) 为导航栏项目列表加上背景，制造出自定义项目列表符号的效果。在 CSS 样式面板中，找到#nav ul li 双击，弹出 CSS 规则定义对话框，在“背景”类型中将 Background-image 设为 nav _ icon. jpg，Background-Repeat 设为 no-repeat，Background-position（X）设为 left，和 Background-position（Y）设为 center，单击“确定”按钮完成设置。

〈ul〉标签在 CSS 布局中的应用较为广泛，通过步骤（5）～（8）的操作，读者会对〈ul〉标签在 CSS 布局中的用法有一个全新的认识。

(9) 创建文本的CSS类规则。在CSS样式面板中，单击“新建CSS规则”按钮，弹出“新建CSS规则”对话框；选择器类型设为“类”，选择器名称设为t1，规则定义设为firm.css，单击“确定”按钮后，将打开“CSS规则定义”对话框；在“类型”分类中将Font-size设为14px，Line-height设为22px，Color设为#3F6081，Font-weight设为bold，连续单击“确定”按钮完成设置。

用类似操作，创建.t2类，将Font-size设为12px，Line-height设为22px，Color设为#333，Font-weight设为normal。

(10) 应用文本CSS类规则。在企业简介内容区（#right-con）输入文本，选中“历史沿革”，在HTML属性面板“类”下拉列表中选择.t1类样式，或在CSS属性面板中从“目标规则”下拉列表中选择.t1类样式。

用类似操作，在企业简介内容区选中“本公司始建于1958年”文本，在HTML属性面板“类”下拉列表中选择.t2类样式，或在CSS属性面板中从“目标规则”下拉列表中选择.t2类样式。

(11) 创建超链接CSS规则。在CSS样式面板中，单击“新建CSS规则”按钮，弹出“新建CSS规则”对话框；选择器类型设为“复合内容”，选择器名称设为a：link，规则定义设为firm.css，单击“确定”按钮后，将打开“CSS规则定义”对话框。在“类型”分类中，将Color设为#666，Text-decoration设为none，连续单击“确定”按钮完成设置。

用类似操作，创建a：visited，将Text-decoration设为none；创建a：hover，Color设为#F60，Text-decoration设为none。

(12) 创建超链接。依次为导航栏和栏目导航列表的各个列表项创建指向index.html的超链接，为保证显示的一致性设置各个列表项文本的字体大小为12px。

(13) 完善网页——微调文本外观。让页脚的文本水平/垂直居中显示，设置#footer的text-align为center，line-height为30px，vertical-align为middle。为企业简介文本四周增加填充以保持一定间隔，#right-con的padding设为10px。

(14) 完善网页——设置网页的背景。在CSS样式面板中，单击“新建CSS规则”按钮，弹出“新建CSS规则”对话框；选择器类型设为“标签”，选择器名称设为body，规则定义设为firm.css，单击“确定”按钮后，将打开“CSS规则定义”对话框；在“类型”分类中将Background-image设为bj.gif，Background-repeat设为repeat-x，单击“确定”按钮完成设置。

(15) 完善网页——将网页居中显示并设置背景色。在代码视图中添加一对〈div id="bj"〉〈/div〉标签，把构成网页的11个Div标签嵌套在里面。创建CSS规则 #bj{width：780px；background-color：#FFF；margin-right：auto；margin-left：auto;}。

习 题 7

一、填空题

1. 所谓AP Div，是指存放用________________标签描述的HTML内容的容器，用来控制浏览器窗口中对象的位置、层次。

2. 在创建AP Div元素时，按住________________键可以绘制多个AP Div元素。

3. 若设置 AP 元素为不可见，其“可见性”属性为 ________________。
4. 可以通过按住________________键同时选中若干个 AP 元素。
5. 选择 AP Div 元素，按住________________键，可以按像素调整 AP Div 元素的大小。
6. 设置 AP 元素的堆叠次序，应该使用________________属性。

二、选择题

1. 以下哪种单位在 Dreamweaver 中不是合法的________________。
   A. px　　B. dot　　C. pt　　D. in
2. AP Div 和表格相互转换应该注意事项________________。
   A. IE 浏览器版本在 3.0 以上，则需要将 AP Div 转换为表格
   B. 表格转换为 AP Div 时，应将 AP Div 元素设置为“防止重叠”
   C. 如果文档有嵌套的 AP Div 元素，则无法将 AP Div 布局转换为表格布局
   D. 如果 AP Div 之间发生重叠，仍然可以将 AP Div 布局转换为表格布局
3. 若设置 AP Div 元素为“可见”，则其属性值为________________。
   A. scroll　　B. visible　　C. auto　　D. hidden

三、简答题

1. 什么是 AP Div？简述在网页设计中广泛使用 AP Div 的原因。
2. 简述创建嵌套 AP Div 的方法，如何更改 AP Div 的堆叠顺序？

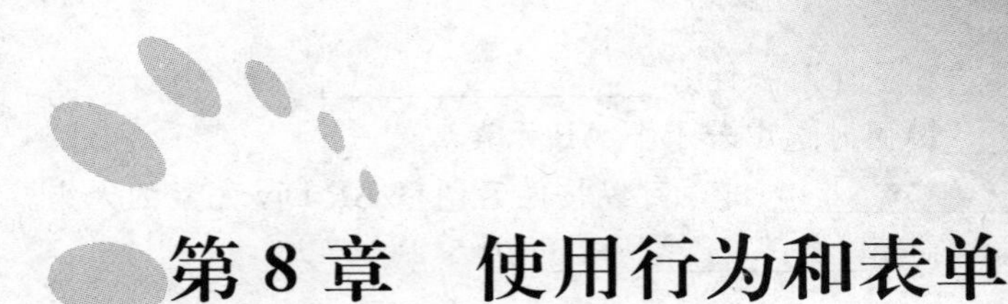

第 8 章　使用行为和表单

行为是 Dreamweaver 为丰富网页的交互效果而专门设计的一种功能，行为的本质就是集成的 JavaScript 脚本代码。表单是实现用户与网站互动的桥梁，使用表单可以使网页浏览者和 Internet 服务器之间实现交互。

本章学习要点

- 行为的基本知识和基本操作。
- 应用 Dreamweaver 中的内置行为。
- 使用行为创建网页特效。
- 创建表单和表单对象。
- 应用表单和表单对象。
- 在网页中使用 Spry 布局对象。

8.1　学习任务 1：认识行为

学习任务要求：了解行为的基本知识，掌握行为面板的使用及行为的基本操作。

8.1.1　行为的基本知识

事实上，行为是由预先编写好的 JavaScript 代码构成，它运行在客户端浏览器中。通过行为，网页制作不需要编写 JavaScript 代码，就可以实现复杂的网页特效。

JavaScript 代码是一种典型的网页脚本程序。网页中常见的脚本程序主要有两种：一种是微软推出的 VBScript；另一种是 JavaScript，相对而言，JavaScript 脚本程序应用更为广泛一些。行为就是在 JavaScript 的基础上衍生出来的 Dreamweaver 功能。

行为是由事件和动作相结合而构成的，事件是触发动作的原因，而动作是事件的直接后果，两者缺一不可，它们组合起来就构成了一个行为。

事件可以被附加到各种页面元素上，也可以被附加到 HTML 标签中。一个事件总是针对页面元素或标签而言的。例如，将鼠标指针移到图片上或放在图片之外、左击鼠标是与鼠标有关的 3 个最常见的事件（onMouseOver、onMouseOut、onClick）。不同浏览器支持的事件类型和数量是不一样的，通常高版本的浏览器支持更多的事件。

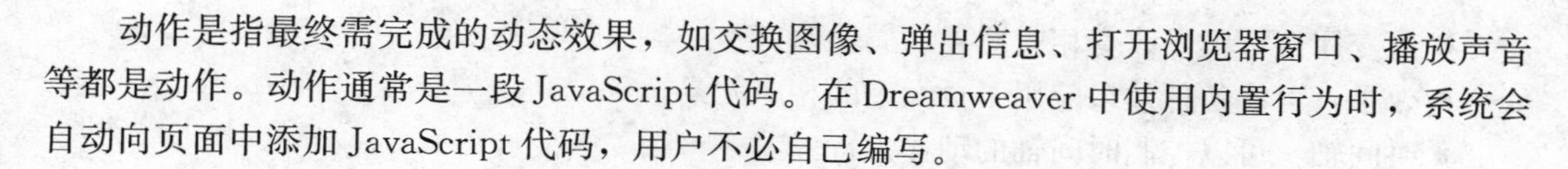

动作是指最终需完成的动态效果，如交换图像、弹出信息、打开浏览器窗口、播放声音等都是动作。动作通常是一段 JavaScript 代码。在 Dreamweaver 中使用内置行为时，系统会自动向页面中添加 JavaScript 代码，用户不必自己编写。

8.1.2　行为面板与行为菜单

在 Dreamweaver 中，对行为的添加和管理主要通过“行为”面板来完成。在菜单栏中选择“窗口→行为”命令或按 Shift+F4 组合键，展开“行为”面板，如图 8—1 所示。

在“行为”面板中，右侧显示动作，左侧显示行为对应的事件类型。面板中各选项作用如下：

- 显示设置事件 ≡≡：显示添加到当前文档的事件。
- 显示所有事件 ≡≡：显示所有事件。
- 添加行为 +.：单击该按钮，从弹出的菜单中选择需要添加的行为类别。
- 删除事件 −：从行为列表中删除选中的行为。
- 增加事件值 ▲：将当前选定的行为向前移动。
- 降低事件值 ▼：将当前选定的行为向后移动。

Dreamweaver 内置了一些标准行为以满足用户需求，它们主要是针对 Internet Explorer4.0 或更高版本浏览器。在“行为”面板中，单击“添加行为”按钮 +.，可以展开行为菜单，如图 8—2 所示，菜单项对应了 Dreamweaver 内置的各种行为。

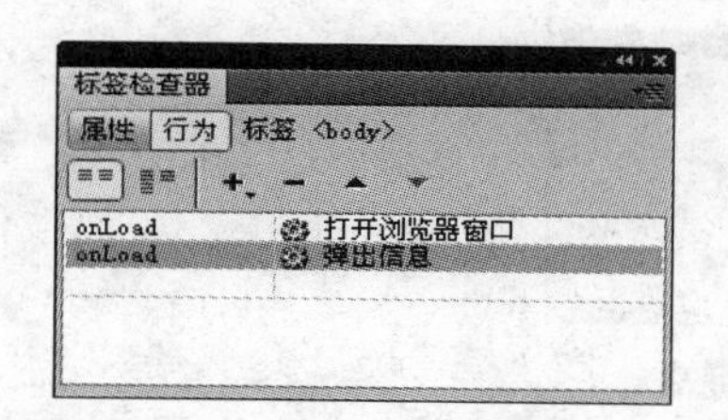

图 8—1　“行为”面板

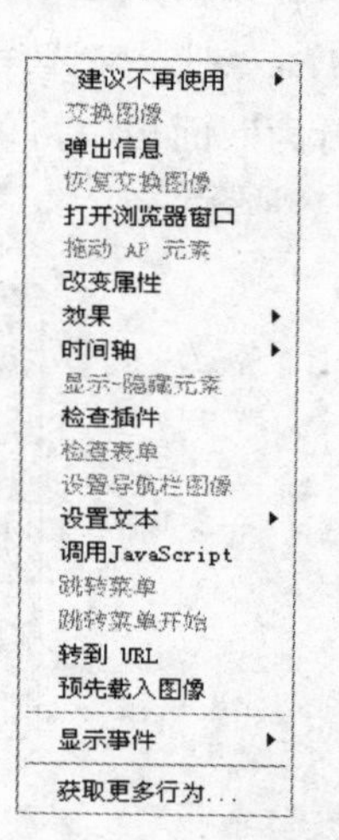

图 8—2　“行为”菜单

各菜单项的功能如下：

- 交换图像：当发生所设置的事件后，用其他图像替代当前图像。
- 弹出信息：当发生所设置的事件后，弹出一个消息框。
- 恢复交换图像：恢复设置“交换图像”行为又因为某种原因失去效果的图像。
- 打开浏览器窗口：打开一个新的浏览器窗口。
- 拖动 AP 元素：可以让浏览者拖动 AP 元素。

● 改变属性：可以改变相应对象的属性值。

● 效果：可将各种效果应用于页面上的相应元素。

● 时间轴：可以控制时间轴的动作。

● 显示-隐藏元素：可以显示、隐藏或恢复一个或多个页面元素的可见性。

● 检查插件：检查是否装有运行网页的插件。

● 检查表单：检查用户填写的表单内容是否符合预先设置的规范。

● 设置导航栏图像：制作图像导航条。

● 设置文本：可以在不同位置显示相应内容。

● 调用 JavaScript：当事件发生时，调用指定的 JavaScript 函数。

● 跳转菜单：制作一次可建立若干个链接的跳转菜单。

● 跳转菜单开始：在跳转菜单中选定要移动的站点后，只有单击"开始"按钮才可移动到链接的站点上。

● 转到 URL：选定事件发生后，可以跳转到指定站点或网页文档上。

● 预先载入图像：在下载图像之前预先载入一幅图像。

8.1.3 行为的基本操作

行为的基本操作包括添加行为、删除行为和编辑行为等。

1. 添加行为

在编辑行为之前，先要为页面中的对象添加行为。可以将行为添加到整个文档、链接、图像、表单对象或者任何其他的 HTML 元素中。单击"行为"面板中的"添加行为"按钮 +，在弹出的行为列表中选择一种行为，将打开对应的设置对话框，然后进行详细的设置并确认。在"行为"面板中，单击添加的行为事件设置列，可为该行为选择一个合适的事件类型，如图 8—3 所示。

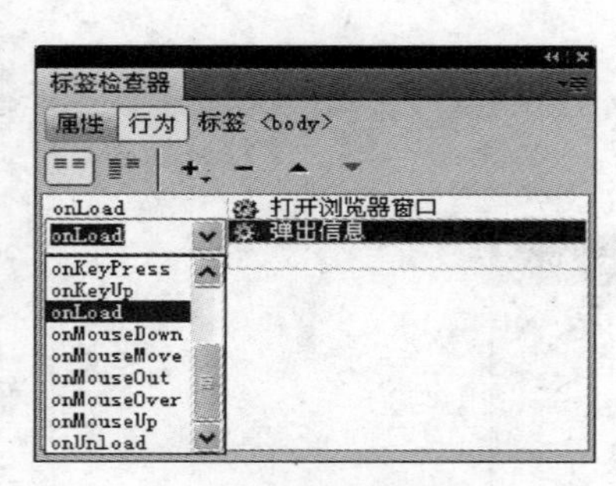

图 8—3 行为事件列表

2. 删除行为

选中文档窗口中的目标对象，"行为"面板中将罗列出该对象上被定义的所有行为，选中需要删除的行为，单击"删除事件"按钮 –，即可将其删除。

3. 编辑行为

若要编辑行为所对应的动作，可在"行为"面板的行为列表中，直接双击某个行为所对应的动作名称；或者将鼠标指向某个动作名称，右击鼠标，在打开的快捷菜单中选择"编辑行为"命令，均可打开对应的设置对话框，从中重新设置动作的参数，然后单击"确定"

按钮。

如果需要设置某个行为对应的事件，就直接单击行为名称，在展开的事件列表中直接选择需要的事件即可。

8.2　案例 1：添加弹出提示信息的行为

学习目标：实现关于查看图像原图的提示。掌握为预览图像添加“弹出信息”行为的方法。

知识要点：添加行为；设置行为对应的事件等。

案例效果：当鼠标指向网页中的图像时，弹出提示信息对话框，根据提示信息进行操作，即可浏览图像的原图，效果如图 8—4 所示。

我的主页

欢迎来到我的主页，请多提宝贵意见!

图 8—4　添加的弹出提示信息效果

具体操作步骤如下：

(1) 在 Dreamweaver 中打开第 1 章介绍的网页文件，如图 8—5 所示。

(2) 选中文档中的图像，在“行为”面板中单击“添加行为”按钮 +，在弹出的菜单中选择“弹出信息”命令。

(3) 在打开的“弹出信息”对话框中输入信息内容，如图 8—6 所示，单击“确定”按钮。

我的主页

欢迎来到我的主页，请多提宝贵意见!

图 8—5　打开的网页

图 8—6　“弹出信息”对话框

（4）在“行为”面板中的行为列表中单击该行为的事件列，选择 onMouseOver 选项。

（5）选中图像下方的文本，在“行为”面板中单击“添加行为”按钮，选择“转到 URL”命令。

（6）在打开的“转到 URL”对话框中，设置要转到的目标 URL 地址，这里选择图像的原图，然后单击“确定”按钮。

（7）在行为列表中找到刚添加的行为，单击该行为的事件列，在下拉列表中选择 onClick 选项。

（8）保存网页文档，按 F12 键在浏览器中预览网页效果。

8.3 案例 2：制作网页加载时弹出的公告页

学习目标：在 Dreamweaver CS4 中，利用“行为”面板制作网页加载时弹出公告页。

知识要点：添加行为；设置事件等。

案例效果：当加载网页时，会弹出公告页，效果如图 8—7 所示。

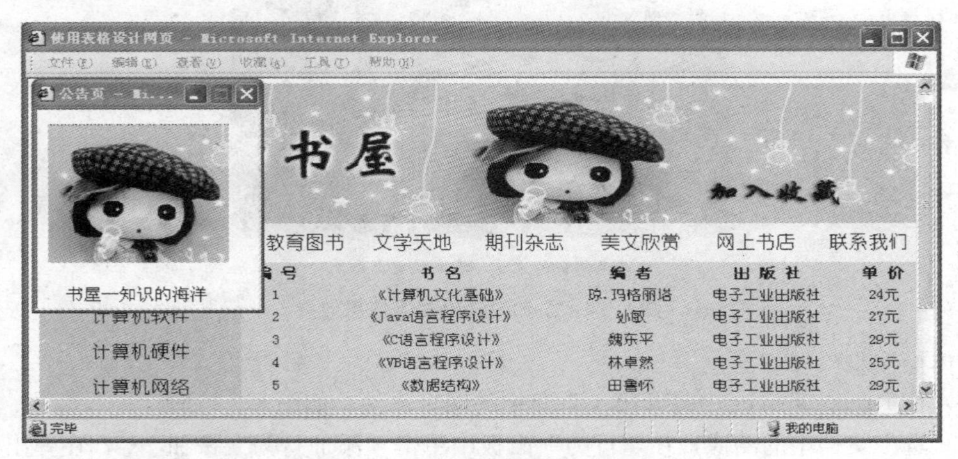

图 8—7　在网页加载时弹出公告页

具体操作步骤如下：

（1）在 Dreamweaver 中打开前面介绍过的网页文件，如图 8—8 所示。

我的书屋　加入收藏

首 页 | 专业图书 | 教育图书 | 文学天地 | 期刊杂志 | 美文欣赏 | 网上书店 | 联系我们

	编号	书名	编者	出版社	单价
计算机类图书					
计算机软件	1	《计算机文化基础》	玛格丽塔	电子工业出版社	24元
	2	《Java语言程序设计》	孙敏	电子工业出版社	27元
计算机硬件	3	《C语言程序设计》	魏东平	电子工业出版社	29元
	4	《VB语言程序设计》	林卓然	电子工业出版社	25元
计算机网络	5	《数据结构》	田鲁怀	电子工业出版社	29元
	6	《C++程序设计》	梁兴柱	电子工业出版社	29元
计算机通信	7	《ASP.NET 2.0(C#)大学实用教程》	刘丹妮	电子工业出版社	32元

版权所有 Copyright 2005-2010

图 8—8　打开的网页文件

(2) 选择“窗口→行为”命令，打开“行为”面板，单击面板中的按钮 **+**，在弹出的菜单中选择“打开浏览器窗口”命令，弹出“打开浏览器窗口”对话框，如图 8—9 所示。

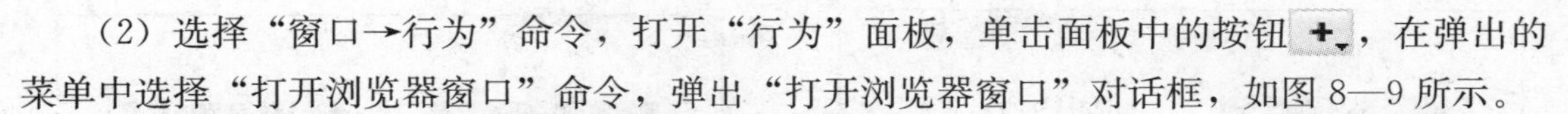

在“打开浏览器窗口”对话框中，各选项含义如下：

- 要显示的 URL：可以输入或通过单击“浏览”按钮选择打开的网页文件。
- 窗口宽度：设置打开浏览器窗口的宽度，通常以像素（px）为单位。
- 窗口高度：设置打开浏览器窗口的高度。
- 属性：设置相应栏目是否在打开的浏览器窗口中显示。
- 窗口名称：新窗口的名称。如果用户通过 JavaScript 使用链接指向新窗口或控制新窗口，则应对新窗口命名。所命名不能包含空格或特殊字符。

(3) 单击“要显示的 URL”文本框右侧的“浏览”按钮，选择已存在的网页文件 pop. html，设置“窗口宽度”和“窗口高度”分别为 200px，其他选项保持默认。

(4) 单击“确定”按钮，在“行为”面板中添加了行为，并设置左侧“事件”为 onLoad，即在加载网页时，触发该行为。设置后的“行为”面板如图 8—10 所示。

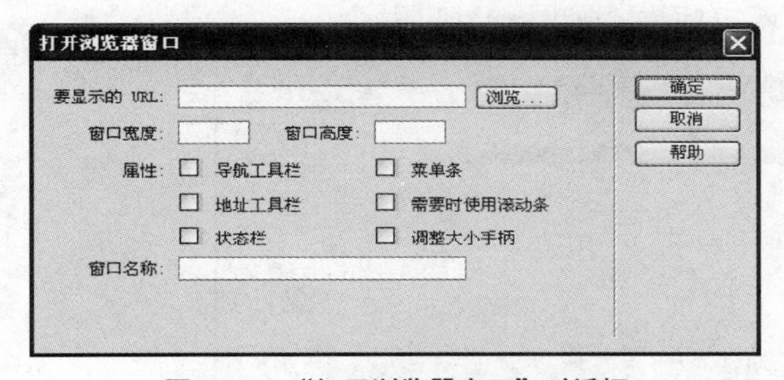

图 8—9　“打开浏览器窗口”对话框

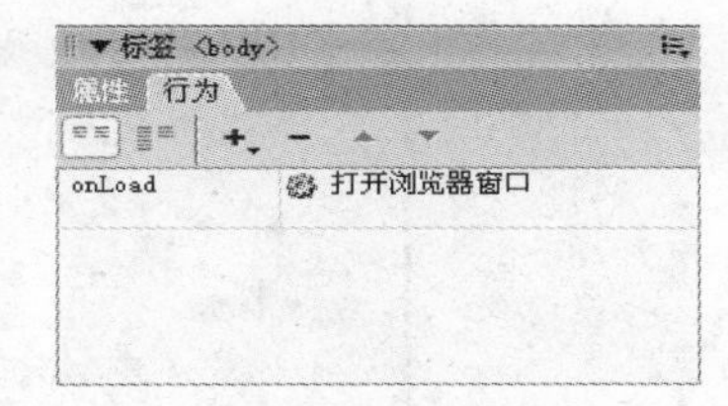

图 8—10　设置的事件

(5) 保存网页文档，按 F12 键在浏览器中预览网页效果。

> 提示：在“打开浏览器窗口”对话框中，还可以设置公告页是否显示菜单栏、是否显示工具栏等参数，从而能制作符合用户需要的窗口效果。

8.4　案例 3：使用行为设置图像特效“交换图像”

学习目标： 掌握为网页图片添加“交换图像”行为的方法。

知识要点： 添加“交换图像”行为；设置行为参数等。

案例效果： 当鼠标移到设置了“交换图像”行为的图像时，用另一幅图像替代原图像，当鼠标离开时恢复原图像。变换图像前后的效果分别如图 8—11 和图 8—12 所示。

> 提示：应该换入一个与原图像具有相同高度和宽度大小的图像，否则换入的图像显示时会被压缩或扩展。

交换图像
当鼠标移动到设置了
“交换图像”行为的图
像上时，将用另一幅
图像替代原来的图像；
当鼠标离开图片时，
恢复显示原来的图像。

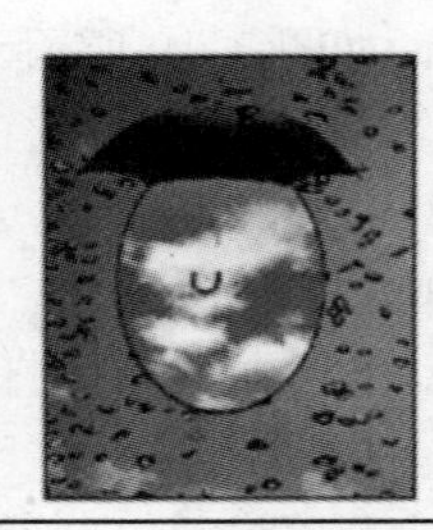

图 8—11　变换图像前

交换图像
当鼠标移动到设置了
“交换图像”行为的图
像上时，将用另一幅
图像替代原来的图像；
当鼠标离开图片时，
恢复显示原来的图像。

图 8—12　变换图像后

具体操作步骤如下：

(1) 在 Dreamweaver 中打开已有的网页，如图 8—11 所示。

(2) 在“设计”窗口选择要设置交换行为的图像。选择“窗口→行为”命令，在 Dreamweaver 右侧栏打开“行为”面板，单击面板中的“添加行为”按钮 +，在弹出的菜单中选择“交换图像”，弹出“交换图像”对话框，如图 8—13 所示。

交换图像
图像:
图像 “Image1”
确定
取消
帮助
设定原始档为:
浏览...
预先载入图像
鼠标滑开时恢复图像

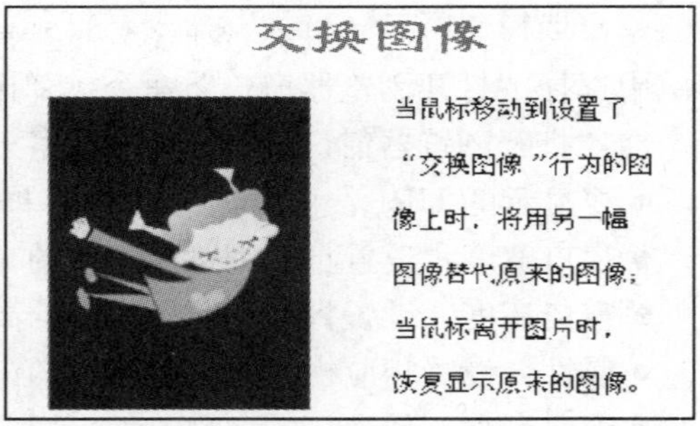

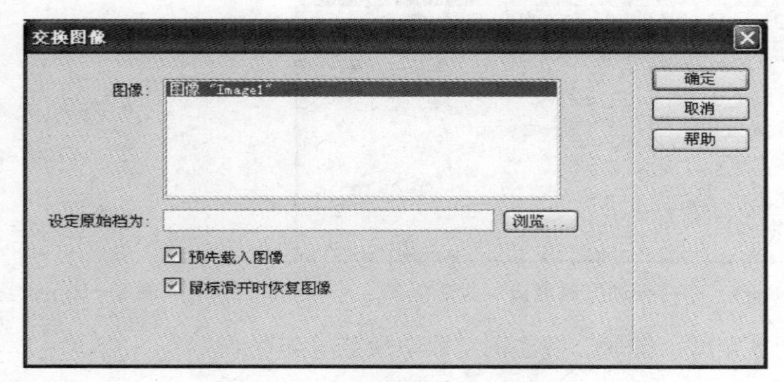

图 8—13　“交换图像”对话框

(3) 选中图像列表中要设置交换图像的原始图像，单击“浏览”按钮选择已经准备好的新图像文件。选中“预先载入图像”复选框，这样可以预先缓存图像，以防止因为交换图像下载缓慢而导致的延迟。

(4) 选中“鼠标滑开时恢复图像”复选框，可以使鼠标移到图像外边时恢复初始图像。

(5) 单击“确定”按钮完成制作。保存网页文档，按 F12 键预览交换图像效果。

> 提示：“恢复交换图像”行为是用来将最后一组交换的图像恢复为原图像。如果在附加“交换图像”时选中了“鼠标滑开时恢复图像”选项，将不需要手动设置“恢复交换图像”行为。

8.5　案例 4：通过行为设置文本

“设置文本”行为包括 4 种类型，即设置状态栏文本、设置容器文本、设置文本域文本和设置框架文本。

“设置状态栏文本”行为，可在浏览器窗口左下角处的状态栏中显示文本消息。例如，可以使用此行为在状态栏中说明链接的目标，而不是显示默认的 URL。由于浏览者常常会忽略或注意不到状态栏中的消息，可以使用弹出消息或 AP Div 元素显示。

“设置容器的文本”行为，可将页面上的现有容器（可以包含文本或其他元素的任何网页元素）的内容和格式替换为指定的内容。

“设置文本域文本”行为，可用指定的内容替换表单文本域的内容。

“设置框架文本”行为，可用来动态设置框架的文本，用指定的内容替换框架的内容和格式，该内容可以包含任何有效的 HTML 代码。使用此行为可在框架中动态显示信息。

下面重点介绍设置状态栏文本和设置容器的文本。

8.5.1　设置状态栏文本

学习目标：为网页添加状态栏文本。

知识要点：“状态栏文本”行为的使用。

案例效果：浏览网页时，在网页的状态栏中显示设置的文本信息，如图 8—14 所示。

图 8—14　为网页添加“设置状态栏文本”行为效果

具体操作步骤如下：

(1) 在 Dreamweaver 中，打开图 8—8 所示的网页文件。

(2) 选中整个文档，或在“代码”视图中选中〈body〉标签，选择“窗口→行为”命令打开“行为”面板，单击面板中的按钮 +，在弹出的菜单中选择“设置文本→设置状态栏文本”命令，打开“设置状态栏文本”对话框，在文本框中输入“欢迎来到我的书屋!”，如图 8—15 所示，单击“确定”按钮。

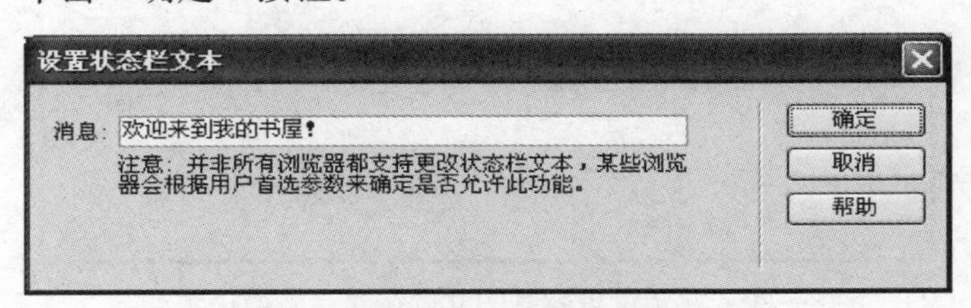

图 8—15　输入在状态栏中要显示的字符

（3）保存文档，按 F12 键在浏览器中预览设置效果。

8.5.2 设置容器的文本

学习目标：使用“设置容器的文本”行为，用指定内容替换网页上 AP Div 的内容。

知识要点：AP 元素的基本操作；“设置容器的文本”行为的使用。

案例效果：当鼠标经过 AP Div 元素时，该元素显示预先设置好的文本内容；鼠标离开 AP Div 元素时，显示原来的图像，效果如图 8—16 和图 8—17 所示。

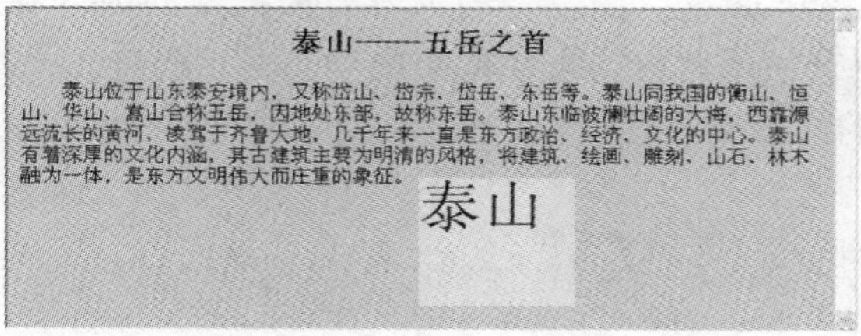

图 8—16 鼠标经过 AP Div 元素时的页面（1）

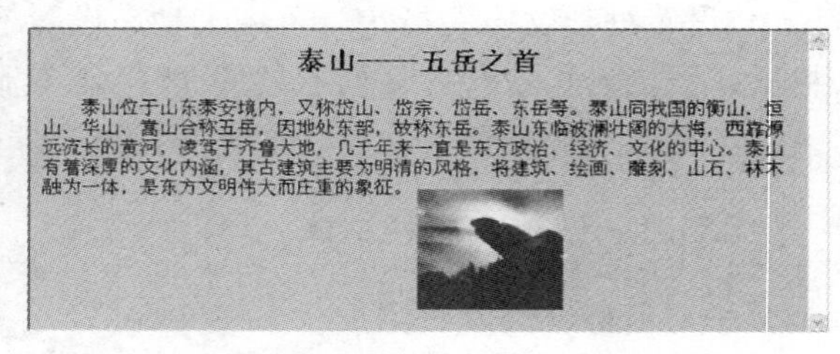

图 8—17 鼠标经过 AP Div 元素后的页面（2）

具体操作步骤如下：

（1）在 Dreamweaver 中打开已有的网页文件，如图 8—18 所示。

（2）单击“窗口→插入”命令，打开“插入”面板，在该面板的“布局”标签中选择“绘制 AP Div”，在“设计”窗口绘制一个 AP Div 元素，并将其调整到适当的位置。

（3）选中 AP Div 元素，在“属性”面板中设置其“宽”和“高”分别为 120px、110px，“背景颜色”为＃CCFFBB，并在 AP Div 元素中插入一幅图片，如图 8—19 所示。

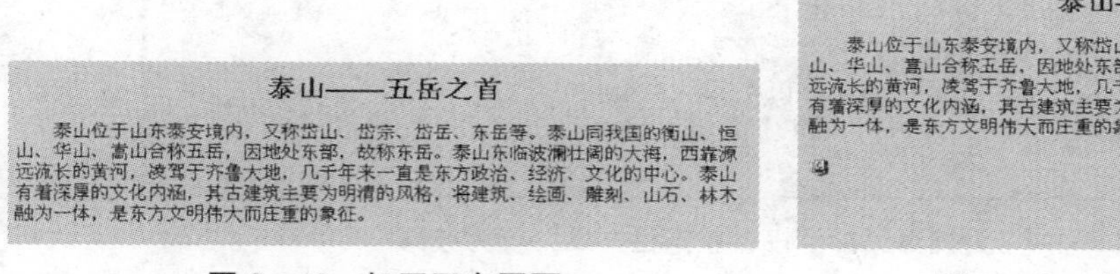

图 8—18 打开已有网页

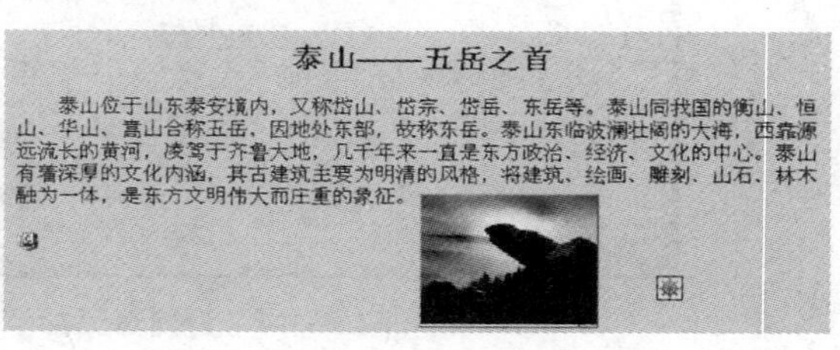

图 8—19 在 AP Div 中插入图片

（4）选中 AP Div 元素 apDiv1，打开“行为”面板，单击面板中的“添加行为”按钮 +，在弹出的菜单中选择“设置文本→设置容器的文本”命令，打开“设置容器的文本”对话框。

（5）在“容器”后面的列表中选择 Div apDiv1，在“新建 HTML”文本框中输入〈font size=15〉泰山〈/font〉，如图 8—20 所示。设置完毕后，单击“确定”按钮。

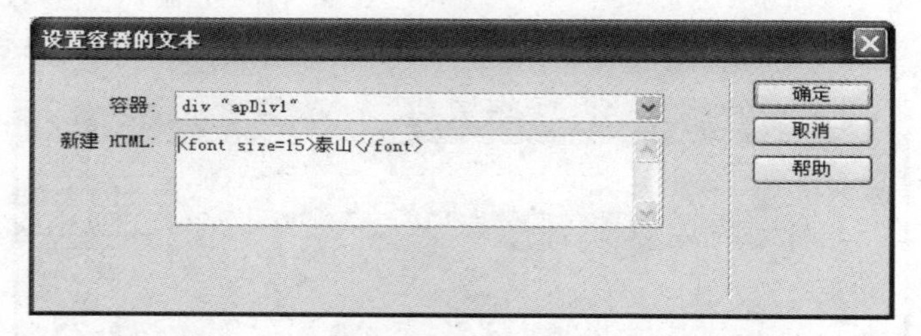

图 8—20 在“设置容器的文本”对话框中设置参数

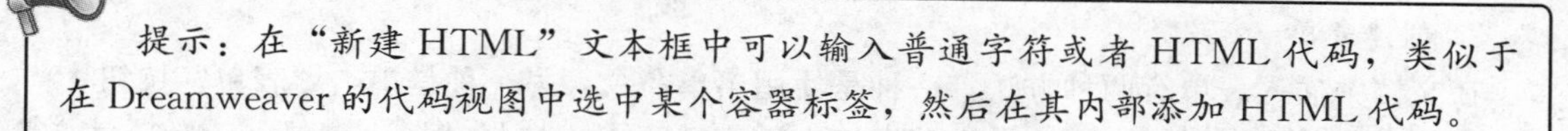

提示：在“新建 HTML”文本框中可以输入普通字符或者 HTML 代码，类似于在 Dreamweaver 的代码视图中选中某个容器标签，然后在其内部添加 HTML 代码。

(6) 在“行为”面板中，设置添加的“设置容器的文本”的事件为 onMouseOver，当鼠标滑过后触发该事件。

(7) 继续选中 apDiv1，单击“行为”面板中的“添加行为”按钮，在弹出的菜单中选择“设置文本→设置容器的文本命令”，再次打开“设置容器的文本”对话框。

(8) 在“新建 HTML”文本框中输入〈img src="taishan.jpg"〉，如图 8—21 所示，单击“确定”按钮。

(9) 设置该行为的事件为 onMouseOut，表示当鼠标移开时，恢复原图像。为 apDiv1 元素设置行为和事件后的“行为”面板如图 8—22 所示。

(10) 保存文档，按 F12 键在浏览器中预览设置效果。

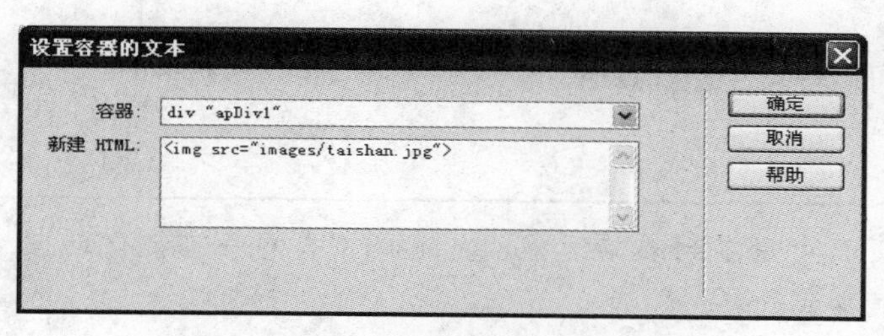

图 8—21　设置行为参数

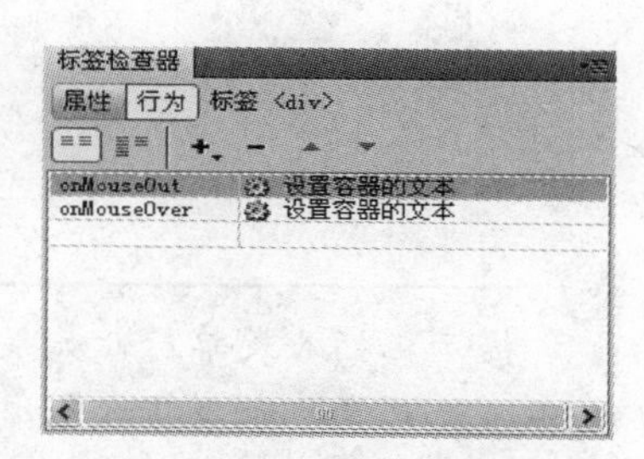

图 8—22　“行为”面板

8.6　学习任务 2：表单和表单对象

学习任务要求：认识表单和表单对象，掌握创建表单、向表单中插入对象的方法，掌握表单及表单对象的属性设置等。

表单使网站管理者可以与 Web 站点的访问者进行交互，也是收集客户信息和进行网络调查的主要途径。利用表单可以将客户的信息进行合理地分类整理，然后提交给服务器，做出科学、合理的决策。

8.6.1　表单

1. 认识表单

表单是网站管理者与浏览者沟通的纽带，也是一个网站成功的秘诀，更是网站生存的命脉。有了表单，网站不仅仅是“信息提供者”，也是“信息收集者”。表单通常用来做用户登录、留言簿、网上报名、产品订单、网上调查及搜索界面等。

表单有两个重要组成部分：一是描述表单的 HTML 源代码；二是用于处理用户在表单域中输入信息的服务器端应用程序客户端脚本，如 ASP 等。

使用 Dreamweaver CS4 可以创建表单，可以在表单中添加表单对象，还可以通过使用“行为”来验证用户输入信息的正确性。例如，可以检查用户输入的电子邮件地址是否包含

“@”符号，或者某个必须填写的文本域是否包含值等。

2. 创建表单

在文档中插入表单有两种方法：一种是使用菜单命令，另一种是单击“表单”按钮。

①使用菜单命令插入表单：在文档窗口中选定插入点，选择“插入记录→表单→表单”菜单命令插入表单。

②单击“表单”按钮插入表单：在文档窗口中选定插入点，单击“插入”工具栏“表单”选项卡中的“表单”按钮，或直接将“表单”按钮拖曳到文档中，均可插入表单。

插入的表单会在文档中以红色的矩形虚线框显示，如图 8—23 所示。可在表单虚线框中插入诸如文本域、按钮、列表框、单选框和复选框等表单对象。

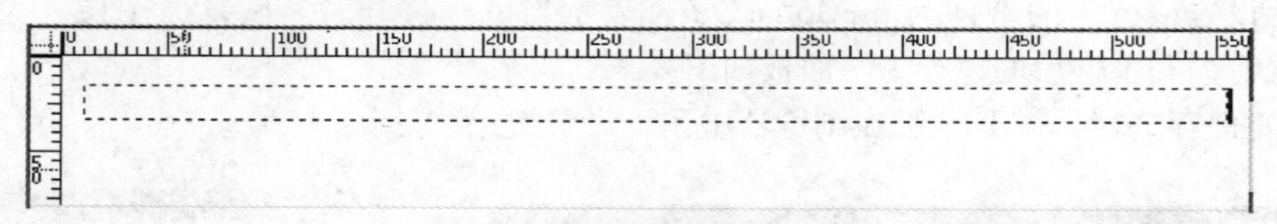

图 8—23　创建的表单

> 提示：插入表单后，如果在页面中看不到表单边框，可选择“查看→可视化助理→不可见元素”命令将红色虚线框显示出来。

需要注意的是：页面中的红色虚线框表示创建的表单，这个框的作用仅方便编辑表单对象，在浏览器中不会显示。另外，可以在一个页面中包含多个表单，但是，不能将一个表单插入到另一个表单中（即标签不能交叠）。

3. 设置表单属性

在文档窗口中选中插入的表单，表单“属性”面板如图 8—24 所示。

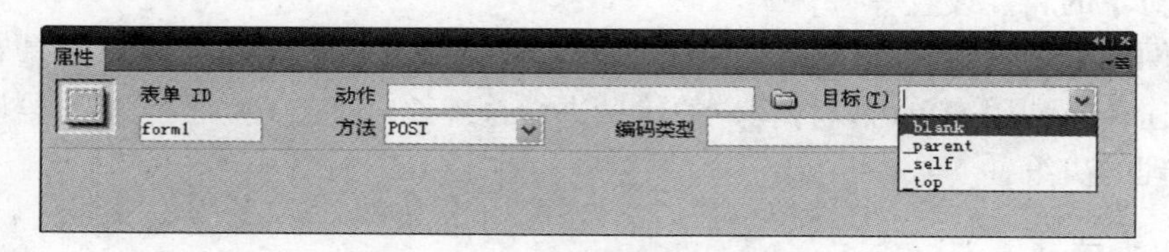

图 8—24　“表单”属性面板

表单“属性”面板中的各选项含义如下：

● 表单 ID：表示〈from〉标签的 name 参数，用于标志表单的名称，每个表单的名称都不能相同。命名表单后，用户就可以使用 JavaScript 或 VB Script 等脚本语言引用或控制该表单。

● 动作：表示〈from〉标签的 action 参数，用于设置处理该表单数据的动态网页路径。用户可以在此选项中直接输入动态网页的完整路径，也可以单击选项右侧的“浏览文件”按钮，选择处理该表单数据的动态网页。

● 方法：表示〈from〉标签的 method 参数，用于设置将表单数据传输到服务器的方法，其列表中包含“默认”、POST 和 GET3 项。

⇨ 默认：使用浏览器默认的方法，通常默认值为 GET 方法。

⇨ GET：将值附加到请求该页面的 URL 中，并将其传输到服务器。由于 GET 方法有字符个数的限制，所以适合于向服务器提交少量的数据。

⇨ POST：在 HTTP 请求中嵌入表单数据，并将其传输到服务器，所以，该方法适合于向服务器提交大量数据的情况。

● 编码类型：表示〈from〉标签的 enctype 参数，用于设置对提交给服务器处理的数据使用的编码类型。编码类型默认设置为 application/x-www-form-urlencode，通常与 POST 方法一起使用。如果要创建文件上传域，则指定为 multipart/form-data MIME 类型。

● 目标：表示〈from〉标签的 target 参数，用于设置一个窗口，在该窗口中显示处理表单后返回的数据。其列表中包含的目标值有：

⇨ _ blank：在未命名的新浏览器窗口中打开要链接到的网页。

⇨ _ parent：在显示当前文档窗口的父窗口中打开要链接到的网页。

⇨ _ self：默认选项，表示在当前窗口中打开要链接到的网页。

⇨ _ top：表示在整个浏览器窗口中打开链接网页并删除所有框架。一般使用多级框架时才选用此选项。

8.6.2　表单对象

表单是一个容器对象，用来存放表单对象，并负责将表单对象的值提交给服务器端的某个程序处理，因此在添加文本域、按钮等表单对象之前，要先插入表单。

1. 向表单中插入对象

向表单中插入表单对象的方法有如下几种：

（1）将光标置于表单边界内（即红色虚线框内）的插入点，从“插入→表单”级联式菜单中选择需要的对象。

（2）将光标置于表单边界内的插入点，在“插入”面板“表单”标签中选择并单击表单对象按钮。

（3）在“插入”面板“表单”标签中，选中需要的表单对象按钮，左击鼠标将其直接拖曳到表单边界内的插入点位置。

2. 认识表单对象

表单对象包含文本字段、隐藏域、文本区域、复选框、单选框、列表/菜单、跳转菜单、图像域、文件域、按钮等。本小节只要求用户认识表单对象，有关表单对象的属性设置将在后面案例小节中详细介绍。

● 文本字段和文本区域：接受任何类型的字母、数字、文本输入内容。文本可以单行或多行显示，也可以以密码域的方式显示，以密码域的方式显示时，输入文本将被替换为星号或项目符号，以避免浏览者看到这些文本。插入的文本域如图 8—25 所示。

● 隐藏域：存储用户输入的信息，如姓名、电子邮件地址或偏爱的查看方式，并在该用户下次访问此站点时使用这些数据。隐藏域在网页中不显示，只是将一些必要的信息存储并提交给服务器。插入隐藏域后，Dreamweaver 会在表单内创建隐藏域标签。

● 复选框：允许在一组选项中选择多个选项。用户可以选择任意多个适用的选项。图 8—26 显示选中了 3 个复选框。

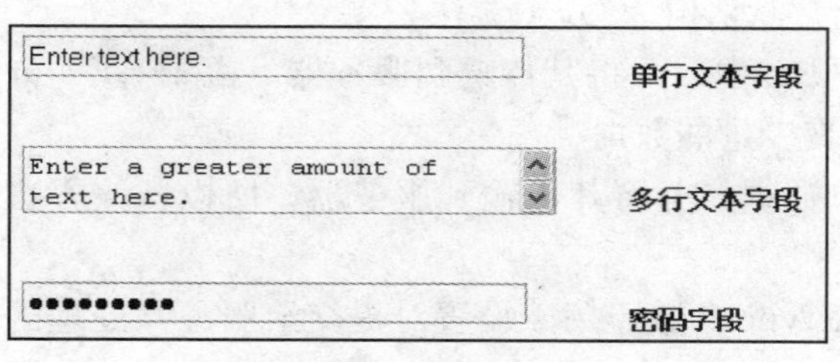

图 8—25　文本字段

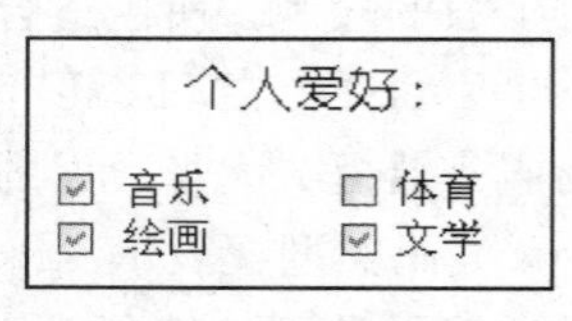

图 8—26　复选框

● 单选框：在一组选项中一次只能选择一项。也就是说，在一个单选按钮组（由两个或多个共享同一名称的按钮组成）中选择一个按钮，就会取消选择该组中的所有其他按钮。单选按钮组选择情况如图 8—27 所示。

● 列表/菜单："列表"选项在一个滚动列表中显示选项值，用户可以从该滚动列表中选择一个或多个选项。"菜单"选项在一个下拉菜单中显示出所有选项值，用户只能从中选择单个选项。列表/菜单选项的应用效果如图 8—28 所示。

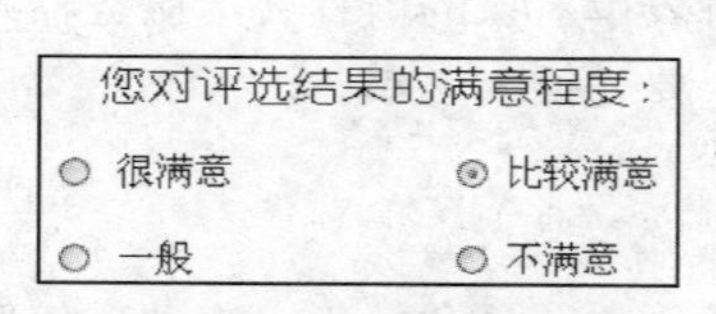

图 8—27　单选按钮

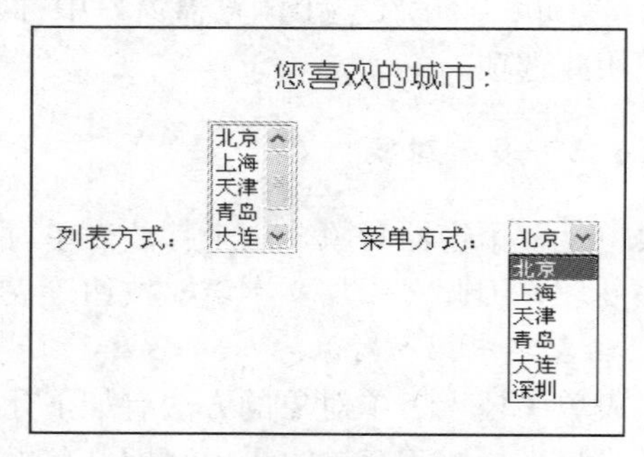

图 8—28　列表/菜单选项

● 跳转菜单：可导航的列表或弹出菜单，使用它们可以插入一个菜单，其中的每个选项都链接到指定的网页文件。图 8—29 显示出插入的跳转菜单，从列表菜单中选择一项后（这里选择了"百度"），单击"前往"按钮，即可打开相关联的网页，如图 8—30 所示。

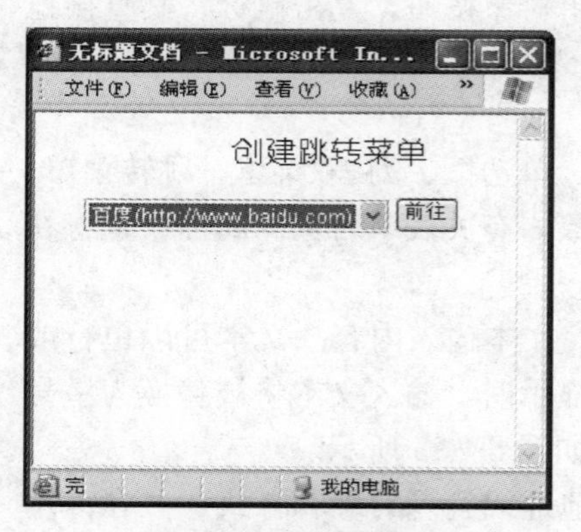

图 8—29　跳转菜单

图 8—30　链接到的网页

● 图像域：可以在表单中插入一幅图像，使其生成图形化的按钮，来代替普通按钮。通常使用"图像"按钮来提交数据。

● 文件域：可以实现在网页中上传文件的功能。文件域的外观与其他文本域类似，只是文件域还包含一个“浏览”按钮，如图 8—31 所示。用户浏览时可以手动输入要上传的文件路径，也可以单击“浏览”按钮，在打开的“选择文件”对话框中选择需要上传的文件。

● 按钮：用于控制表单的操作。一般情况下，表单中设有 3 种按钮：“提交”按钮、“重置”按钮和普通的按钮。其中，“提交”按钮是将表单数据提交到表单指定的处理程序中进行处理；“重置”按钮将表单内容还原到初始状态。插入的按钮如图 8—32 所示。

图 8—31　文件域　　　　**图 8—32　按钮**

8.7　案例 5：制作“用户注册”页面

学习目标：掌握插入表单、表单对象（文本域、单选框、复选框、列表/菜单以及按钮）的方法及其属性设置。

知识要点：插入表单；插入文本域及属性设置；插入单选框及属性设置；插入复选框及属性设置；插入列表/菜单及属性设置；插入按钮等。

案例效果：在“用户注册”页面中输入个人信息，单击“提交”按钮完成注册。如果输入的信息有误，单击“重置”按钮重新输入。效果如图 8—33 所示。

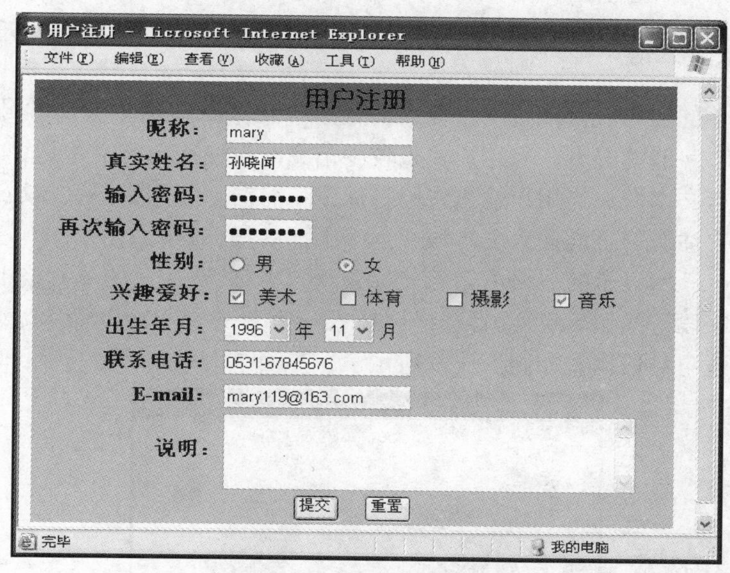

图 8—33　“用户注册”页面

8.7.1　“用户注册”界面设计

具体操作步骤如下：

（1）在 Dreamweaver CS4 中新建一个网页文件，将网页标题设置为“用户注册”。

（2）选择“插入→表单→表单”命令在文档中插入一个表单。

（3）将光标置于创建的表单内，插入一个 12 行 2 列的表格，并设置表格的宽度为 530 像素、间距为 0 像素、边框为 0 像素。

（4）选中第一行的两个单元格，单击“修改→表格→合并单元格”命令，将它们合并为一个单元格。用同样的方法将最后一行的单元格合并为一个单元格，如图 8—34 所示。

（5）将光标置于第一行的单元格中，输入“用户注册”，在单元格“属性”面板中设置文本居中对齐。

（6）根据图 8—35 提供的界面内容，分别在表格第 1 列的其他单元格中输入“昵称”、“真实姓名”、“密码”等文本。选中输入的文本，并将它们设置为“粗体”、“右对齐”方式。

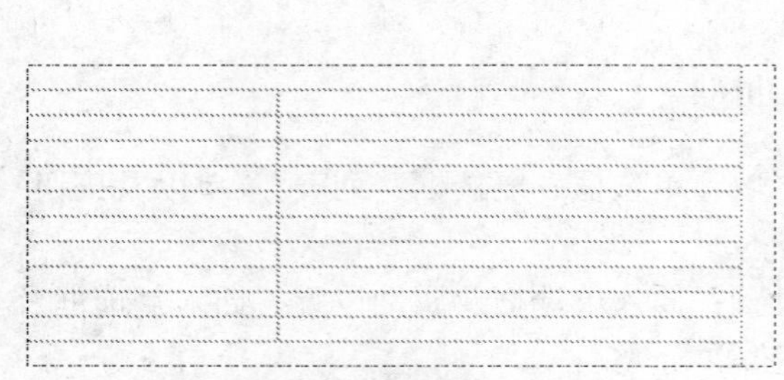

图 8—34　插入的表格

图 8—35　输入文本

（7）选中表格中所有的单元格，在单元格“属性”面板中设置单元格的高为 30。

8.7.2　插入文本域

通常使用表单的文本域来接收用户输入的信息，文本域包括单行文本域、多行文本域、密码文本域 3 种。一般情况下，当用户输入较少信息时，使用单行文本域；当用户输入较多信息时，使用多行文本域；当用户输入密码等保密信息时，使用密码文本域。

下面为“用户注册”页面插入文本域，继续上面的操作：

（1）在图 8—35 所显示的表格中，将光标置于“昵称：”后面的单元格中，单击“表单”标签中的“文本字段”按钮，或者选择“插入→表单→文本域”命令，均将打开“输入标签辅助功能属性”对话框，如图 8—36 所示。

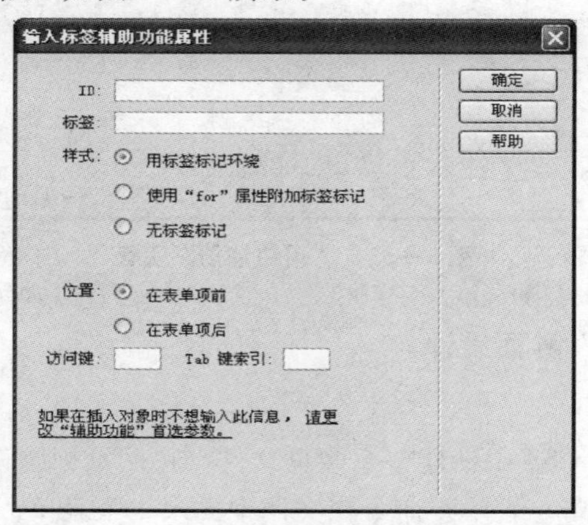

图 8—36　“输入标签辅助功能属性”对话框

(2) 单击“确定”按钮，在光标处插入了一个单行的文本域。

(3) 选中插入的文本域，其对应的“属性”面板如图 8—37 所示。

图 8—37 文本域“属性”面板

文本域“属性”面板中各选项含义如下：

● 文本域：用于标志该文本域的名称。每个文本域的名称都不能相同，它相当于表单中的一个变量名，服务器通过这个变量名来处理用户在该文本域中输入的值。

● 字符宽度：设置文本域中最多可显示的字符数。当设置该选项后，若是多行文本域，标签中增加 cols 属性，否则标签增加 size 属性。如果用户的输入超过字符宽度，则超出的字条将不被表单指定的处理程序接收。

● 最多字符数：设置单行、密码文本域中最多可输入的字符数。当设置该项后，标签增加 maxlength 属性。如果用户的输入超过最大字符数，则表单发出警告声。

● 类型：设置文本域的类型，可在单行、多行或密码 3 个类型中任选一个。“单行”类型将产生一个〈input〉标签，它的 type 属性为 text，表示此文本域为单行文本域。“多行”类型将产生一个〈textarea〉标签，表示此文本域为多行文本域。“密码”类型将产生一个〈input〉标签，它的 type 属性为 password，表示此文本域为密码文本域，即在此文本域中接收的数据均以“*”显示，以保护数据不被其他人看到。

● 初始值：设置文本域的初始值，即在首次载入表单时文本域中显示的值。

● 类：将 CSS 规则应用于文本域对象。

(4) 本例设置文本域的“字符宽度”为 14，“类型”为“单行”。

(5) 用同样的方法，分别在“真实姓名：”、“输入密码：”、“再次输入密码：”、“联系电话：”、“E-mail：”后面的单元格中插入单行文本域。

(6) 分别选中“输入密码：”、“再次输入密码：”后面的文本域，在其“属性”面板中设置“字符宽度”为 8，“最多字符数”为 8，“类型”为密码。

(7) 将光标置于“说明：”后面的单元格中，单击“表单”标签中的“文本区域”按钮，在光标处插入一个文本区域。

(8) 选中插入的文本区域，其对应的“属性”面板和图 8—37 不同的是“行数”。“行数”用于设置文本域的高度，设置后标签会增加 rows 属性。本例设置“行数”为 4，“类型”为多行，如图 8—38 所示。选项的值可由用户根据需要自行确定，这里不做统一要求。

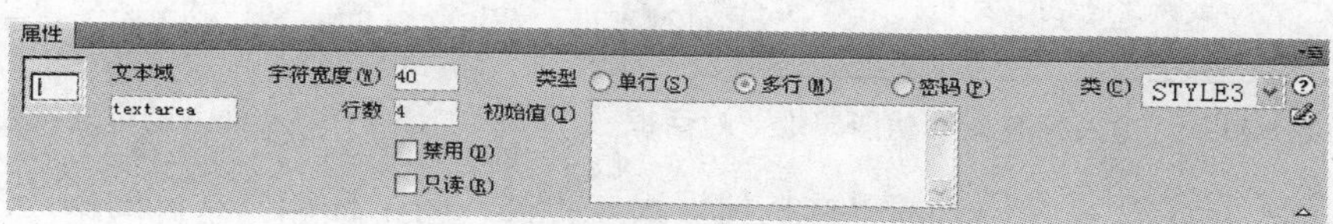

图 8—38 文本区域“属性”面板

(9) 创建文本域后的“用户注册”页面效果如图 8—39 所示。

用户注册	
昵称:	
真实姓名:	
输入密码:	
再次输入密码:	
性别:	
兴趣爱好:	
出生年月:	
联系电话:	
E-mail:	
说明:	

图 8—39　插入的文本域

8.7.3　插入单选按钮

单选按钮通常用于互相排斥的选项，并且只能选择一组中的某个按钮，因为选择其中的一个选项就会自动取消对另一个选项的选择。在表单中插入单选按钮时，应先将光标放在表单轮廓内需要插入单选按钮的位置，然后插入单选按钮。

下面为“用户注册”页面添加单选按钮，继续上面的操作：

(1) 将光标置于“性别:”后面的单元格中，单击“表单”标签中的“单选按钮”按钮，或者选择“插入→表单→单选按钮”命令，将打开“输入标签辅助功能属性”对话框，如图 8—40所示。

(2) 在“标签”后面的文本框中输入“男”，“位置”选择“在表单项后”，单击“确定”按钮，将在光标处创建一个带有“男”标识文字的单选按钮，如图 8—41 所示。

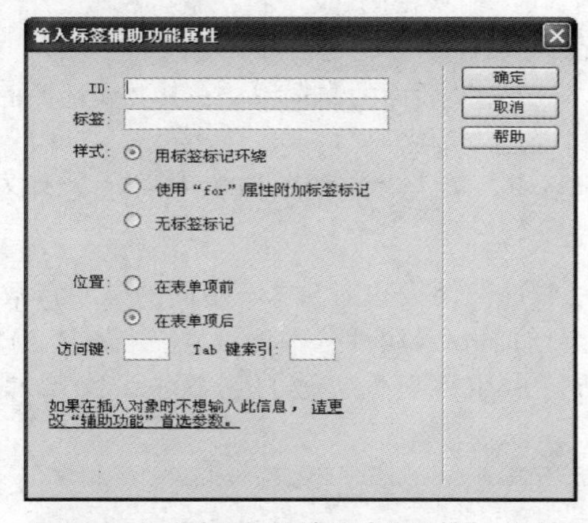

图 8—40　“输入标签辅助功能属性”对话框

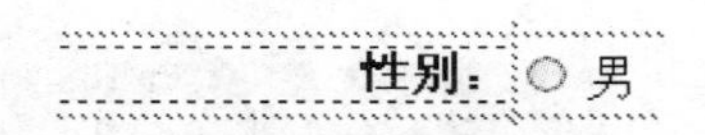

图 8—41　插入的单选按钮

(3) 用同样的方法，在插入的单选按钮后面，再插入一个标识“女”的单选按钮。

(4) 选中插入的单选按钮，其对应的“属性”面板如图 8—42 所示。

单选按钮“属性”面板中各选项含义如下：

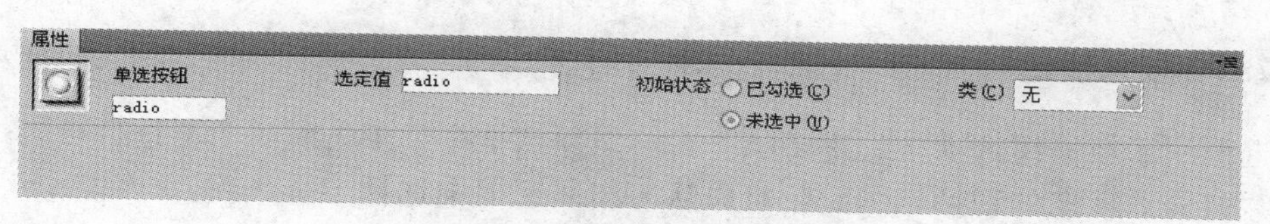

图 8—42 单选按钮“属性”面板

● 单选按钮：用于输入该单选按钮的名称。

● 选定值：设置此单选按钮代表的值，一般为字符型数据，即当选定该单选按钮时，表单指定的处理程序获得的值。

● 初始状态：设置该单选按钮的初始状态。即当浏览器中载入表单时，该单选按钮是否处于被选中状态。一组单选按钮中只能有一个按钮的初始状态被选中。

● 类：将 CSS 规则应用于单选按钮。

(5) 分别设置两个单选按钮的“单选按钮”为 radio，“初始状态”为“未选中”。到此为止，单选按钮创建完毕。

提示：在同一组中的两个或多个单选按钮的名称必须相同。

(6) 按 Ctrl+S 组合键保存网页文件。按 F12 键，在打开的网页中测试单选按钮效果。

提示：可以在表单中插入单选按钮组。具体方法是：选择“插入→表单→单选按钮组”命令，打开“单选按钮组”对话框，如图 8—43 所示。单击“单选按钮”右侧的按钮[+]或按钮[−]，来添加或删除单选按钮。单击“标签”下侧的“单选”按钮，可以修改单选按钮的标识内容。插入的带有标识内容的单选按钮组如图 8—44 所示。

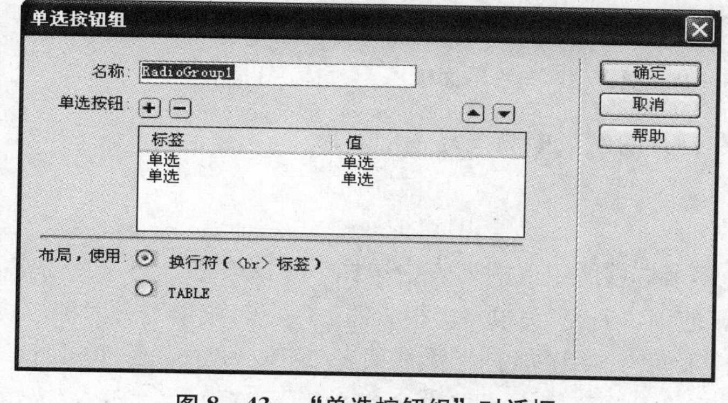

图 8—43 “单选按钮组”对话框

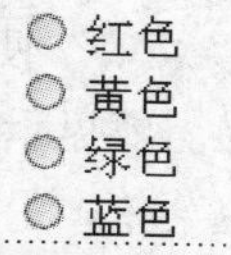

○ 红色
○ 黄色
○ 绿色
○ 蓝色

图 8—44 单选按钮组

8.7.4 插入复选框

复选框用于在一组选项中选择多项。在一组复选框中，单击同一个复选框可以进行“关闭”或“打开”状态的切换，因此，可以从一组复选框中选择多个选项。

下面为“用户注册”页面添加复选框，继续上面的操作：

(1) 将光标置于“兴趣爱好：”后面的单元格中，单击“表单”标签中的“复选框”按钮，或者选择“插入→表单→复选框”命令，打开“输入标签辅助功能属性”对话框，在“标签”后面的文本框中输入“美术”，单击“确定”按钮，将在光标处创建一个带有“美术”标识文字的复选框。

(2) 用同样的方法，再创建3个复选框，并分别为它们添加标识文字，如图8—45所示。

(3) 选中创建的复选框按钮，其对应的“属性”面板如图8—46所示。复选框“属性”面板与前面介绍的单选按钮“属性”面板基本相同，这里不再一一介绍。需要注意的是：与单选框名称不同的是各个复选框的名称不应该相同。

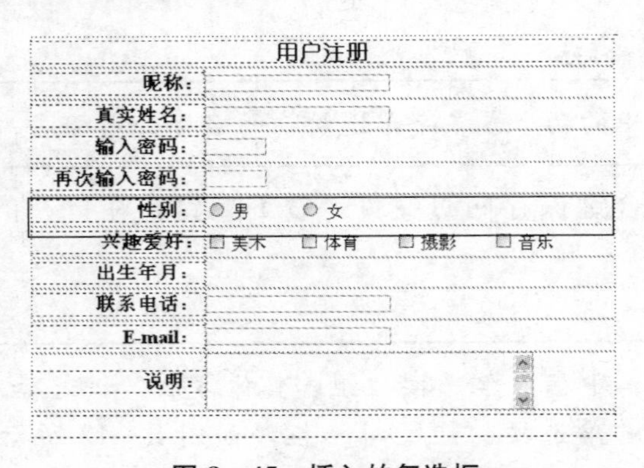

图 8—45 插入的复选框

图 8—46 复选框“属性”面板

(4) 保存网页文件。按F12键在打开的网页中测试复选框效果。

8.7.5 插入列表/菜单

“列表/菜单”使访问者可以从由多个选项所组成的列表中选择一项或多项。对于页面空间有限、但又需要显示多个菜单选项时，使用“列表/菜单”会很方便。“列表/菜单”有两种形式：一种是下拉菜单，另一种是滚动列表。下面为“用户注册”添加列表/菜单。具体操作步骤如下：

(1) 将光标置于“出生年月：”后面的单元格中，单击“表单”标签中的“列表/菜单”按钮▤，或者选择“插入→表单→列表/菜单”命令，打开“输入标签辅助功能属性”对话框，在“标签”后面的文本框中输入“年”，“位置”选择“在表单项后”，单击“确定”按钮，将在光标处创建一个带有“年”标识文字的“列表/菜单”对象。

（2）用同样的方法，在创建的“列表/菜单”对象后面，再创建一个带有“月”标识文字的“列表/菜单”对象，如图 8—47 所示。

（3）选中图 8—47 左侧的“列表/菜单”对象，列表/菜单“属性”面板如图 8—48 所示。

用户注册	
昵称：	
真实姓名：	
输入密码：	
再次输入密码：	
性别：	○ 男　○ 女
兴趣爱好：	☐ 美术　☐ 体育　☐ 摄影　☐ 音乐
出生年月：	年　月
联系电话：	
E-mail：	
说明：	

图 8—47　插入的“列表/菜单”对象

图 8—48　列表/菜单“属性”面板

列表/菜单“属性”面板中各选项含义如下：

● 列表/菜单：用于输入滚动列表的名称。

● 类型：设置菜单的类型。选择“菜单”选项，将添加下拉菜单；选择“列表”选项，将添加滚动列表。

● 高度：设置滚动列表的高度，即列表中一次最多可以显示的项目数。

● 选定范围：设置用户是否可以从列表中选择多个项目。

● 初始化时选定：设置可滚动列表中默认选择的菜单项。

●“列表值”按钮：单击该按钮，将弹出一个“列表值”对话框，如图 8—49 所示。在该对话框中，单击加号按钮[+]或减号按钮[−]，可在下拉列表中添加或删除列表项。

在本例中，为左侧的“列表/菜单”对象设置列表值如图 8—50 所示。

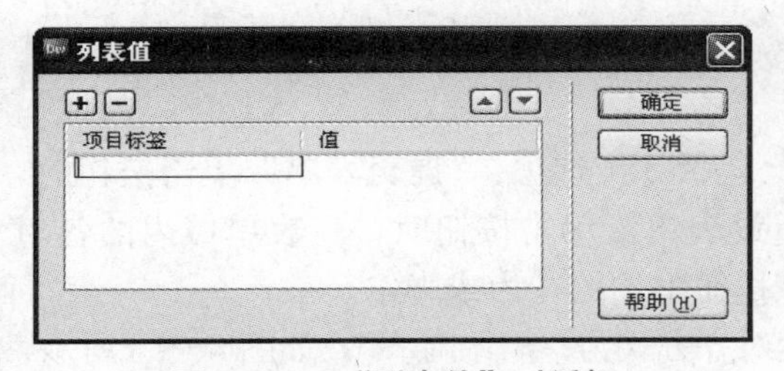

图 8—49　“列表值”对话框

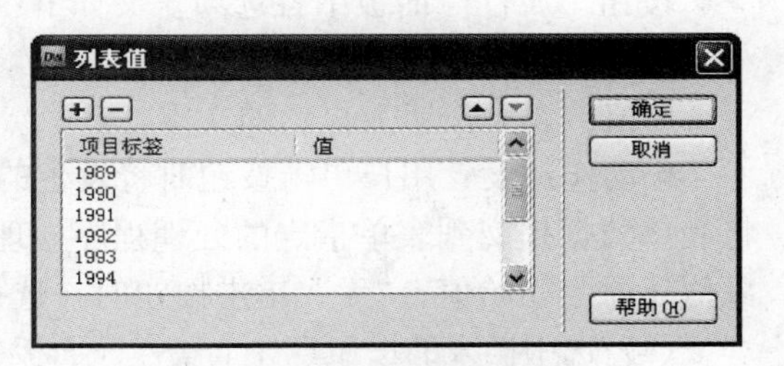

图 8—50　设置列表值

(4) 选中插入的“列表/菜单”对象，在其“属性”面板中设置“列表”的“高度”为 1。用同样的方法，为右侧的“列表/菜单”对象设置列表值为 1。效果如图 8—51 所示。

用户注册	
昵称：	
真实姓名：	
输入密码：	
再次输入密码：	
性别：	○ 男 ○ 女
兴趣爱好：	□ 美术 □ 体育 □ 摄影 □ 音乐
出生年月：	1989 年 10 月
联系电话：	
E-mail：	
说明：	

图 8—51 设置“列表/菜单”对象的属性值

8.7.6 插入按钮

按钮的作用是控制表单的操作，表单中一般设有提交按钮、重置按钮和普通按钮 3 种。

下面为“用户注册”页面添加按钮，具体操作步骤如下：

(1) 将光标置于表格的最后一行内，单击“插入→表单→按钮”命令，或者单击“表单”标签中的“按钮”按钮，均可打开“输入标签辅助功能属性”对话框，直接单击对话框中的“确定”按钮，即可在光标处插入一个“提交”按钮。

(2) 用同样的方法，在“提交”按钮的后面再插入一个新的按钮。

(3) 选中插入的第 2 个按钮，其对应的“属性”面板如图 8—52 所示。从中设置“动作”为“重设表单”，此时“值”后面显示“重置”。

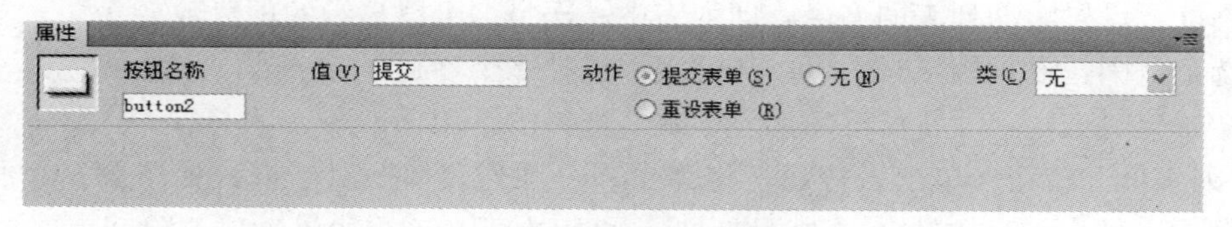

图 8—52 按钮“属性”面板

按钮“属性”面板中各选项含义如下：

- 按钮名称：用于输入该按钮的名称，每个按钮的名称不能相同。
- 值：设置按钮上显示的文本。
- 动作：设置用户单击按钮时将发生的操作。包括 3 个选项：“提交表单”单击按钮时，将表单数据提交到表单指定的处理程序处理；“重设表单”单击按钮时，将表单域内的各对象值还原为初始值；“无”单击按钮时，选择为该按钮附加的行为或脚本。

(4) 选中插入的按钮，在“属性”面板中设置对齐方式为“居中对齐”，如图 8—53 所示。

(5) 到此为止，“用户注册”页面制作完成。用户可根据自己的喜好进一步美化表单。

（6）按下 Ctrl＋S 组合键保存文件。按下 F12 键预览“用户注册”页面效果。

用户注册	
昵称：	
真实姓名：	
输入密码：	
再次输入密码：	
性别：	○ 男　○ 女
兴趣爱好：	□ 美术　□ 体育　□ 摄影　□ 音乐
出生年月：	1989 年 10 月
联系电话：	
E-mail：	
说明：	
提交　重置	

图 8—53　插入并设置属性后的按钮

8.8　案例 6：插入 Spry 表单元素

Spry 表单元素是由 Adobe 公司开发的轻量级 AJAX 框架，所谓 AJAX（Asynchronous JavaScript＋XML）是一种异步传输技术，它能够在不刷新当前页面的情况下实现数据的请求和响应，是目前流行的一种网页制作技术。

学习目标：熟悉 Spry 控件的功能，掌握 Spry 控件元素的插入和编辑。

知识要点：Spry 菜单栏；Spry 选项卡式面板；Spry 折叠式控件；Spry 可折叠面板控件等。

案例效果：案例效果如图 8—54 所示。

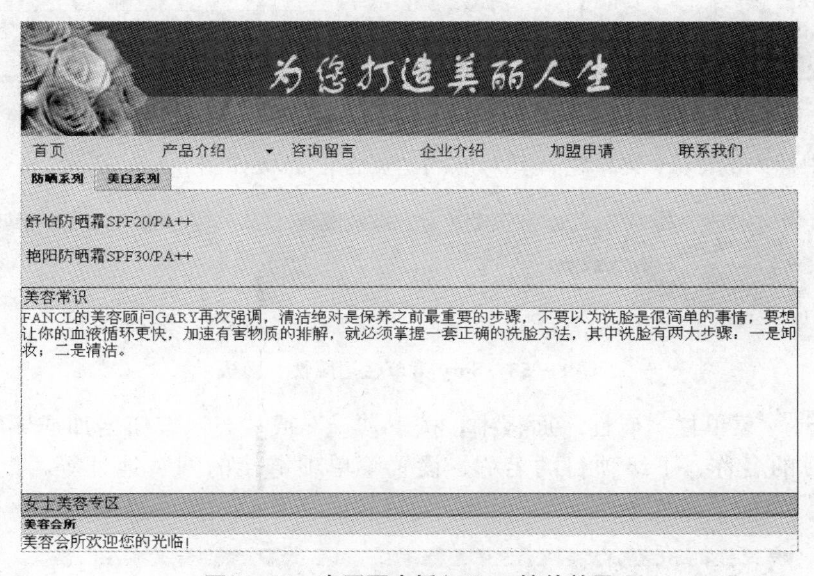

图 8—54　在网页中插入 Spry 控件效果

8.8.1　插入 Spry 菜单栏

Spry 菜单栏控件是一组可导航的菜单按钮，使用该控制可以创建横向或纵向的网页下拉或弹出菜单，使用 Spry 菜单栏可在紧凑的空间中显示大量可导航信息。

插入 Spry 菜单栏的具体操作步骤如下：

(1) 新建一个 HTML 文档，并对其进行保存。

(2) 在“设计”窗口中插入一个 5 行 1 列的表格，在表格的第 1 行插入准备好的图片。如图 8—55 所示。

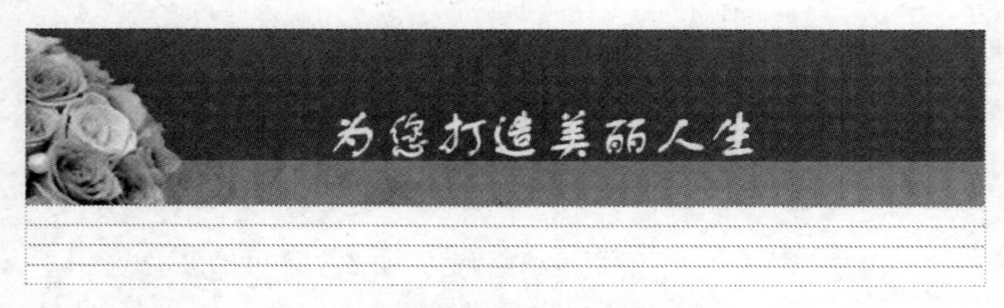

图 8—55　插入图片

(3) 将光标置于表格的第 2 行，选择“插入→布局对象→Spry 菜单栏”命令，或单击“布局”标签中的“Spry 菜单栏”按钮，均能打开“Spry 菜单栏”对话框，如图 8—56 所示。

(4) 选中“水平”单选项，单击“确定”按钮，在光标处添加一个横向水平放置的 Spry 菜单栏，如图 8—57 所示。

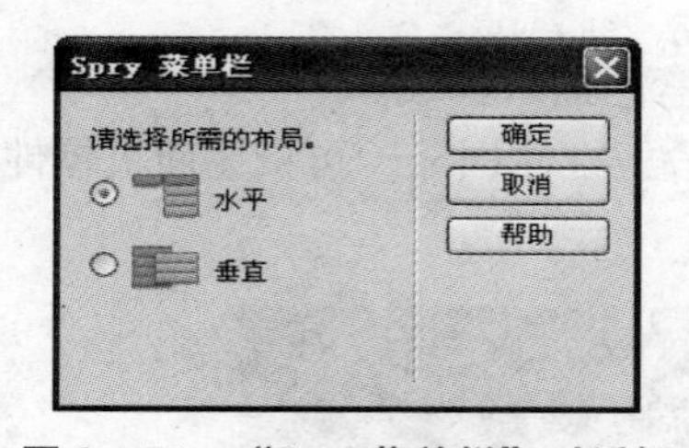

图 8—56　“Spry 菜单栏”对话框

图 8—57　插入的 Spry 菜单栏

(5) 选中插入的 Spry 菜单栏，其对应的“属性”面板如图 8—58 所示。

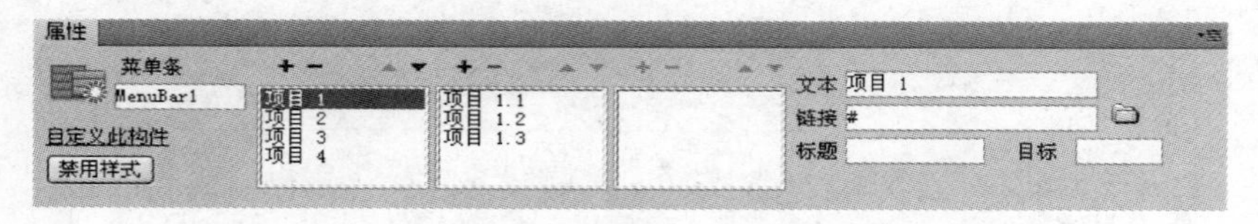

图 8—58　Spry 菜单栏“属性”面板

(6) 在 Spry 菜单栏“属性”面板中，按下“+”或“−”按钮增加或删除菜单项目。设置每个项目的名称、下级项目的名称、设置菜单项链接的网页地址等，设置情况如图 8—59所示。

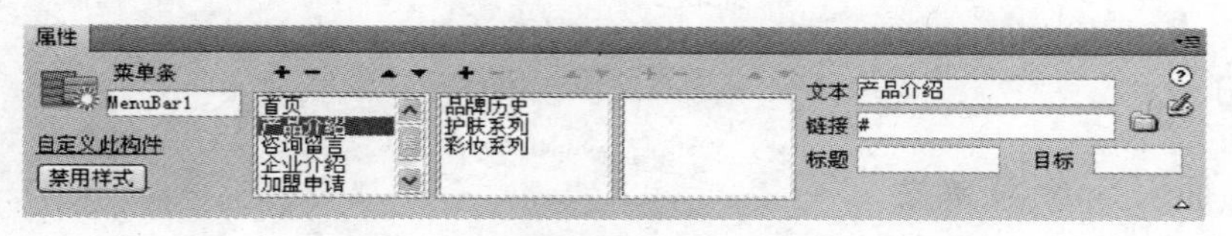

图 8—59　设置的 Spry 菜单属性

(7) 保存文档时弹出“复制相关文件”对话框，单击“确定”按钮，Dreamweaver 自动在网页文件保存的目录中创建一个 SpryAssets 文件夹，并将生成的文件保存到该文件夹中。

(8) 按 F12 键预览网页效果，如图 8—60 所示。

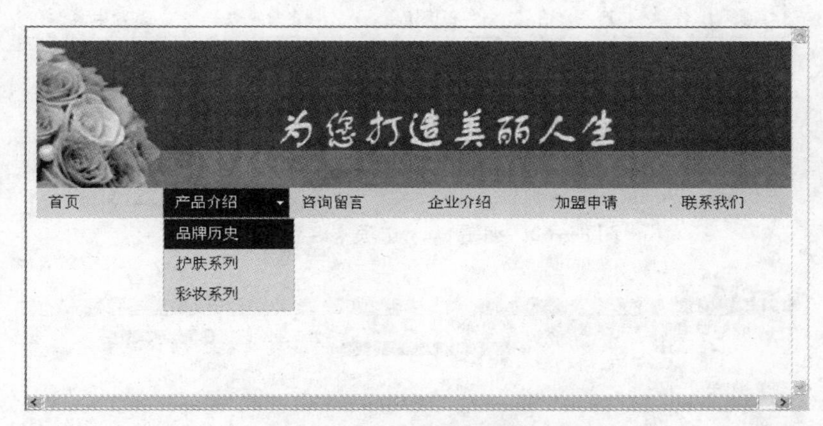

图 8—60　Spry 菜单栏预览效果

8.8.2　插入 Spry 选项卡式面板

在 Dreamweaver CS4 中，可以借助 Spry 控件在网页中插入选项卡式面板。插入 Spry 选项卡式面板的具体操作步骤如下：

(1) 将光标置于表格的第 3 行，选择“插入→布局对象→Spry 选项卡式面板”命令，或者单击“布局”标签中的“Spry 选项卡式面板”按钮，插入一个“Spry 选项卡式面板”控件，如图 8—61 所示。

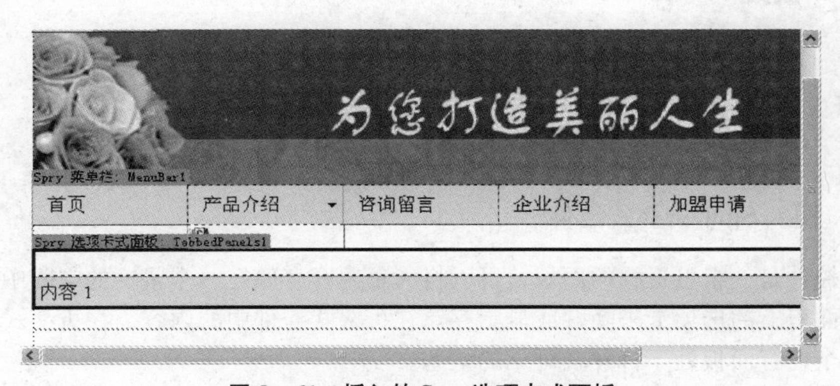

图 8—61　插入的 Spry 选项卡式面板

(2) 选中插入的“Spry 选项卡式面板”控件，在其“属性”面板中，单击面板中的“+”或“—”按钮增加或删除 Spry 选项卡式面板。

(3) 在文档编辑窗口，将光标定位在第一个选项卡 Tab1 上，输入选项卡的标题名称，并且输入相对应的选项卡内容。

(4) 用同样的方法分别更改另外的选项卡名称，并添加相应的内容，如图 8—62 所示。

(5) 选中 Spry 选项卡式面板，在其“属性”面板的“默认面板”下拉列表中选择某个面板为默认打开的面板，如图 8—63 所示。

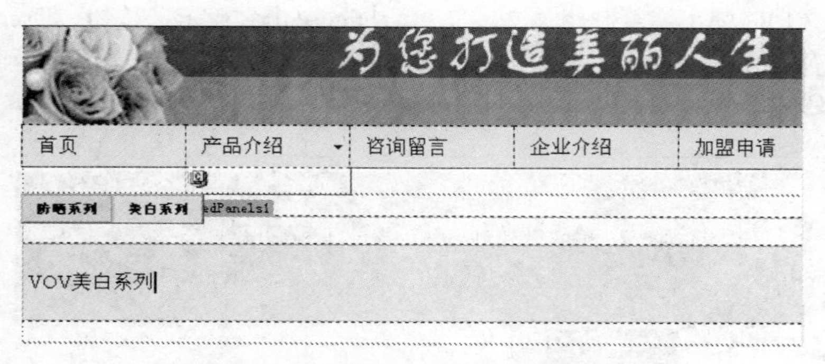

图 8—62　编辑 Spry 选项卡名称和内容

图 8—63　Spry 选项卡式面板“属性”面板

（6）保存文档，按 F12 键预览网页效果，如图 8—64 所示。

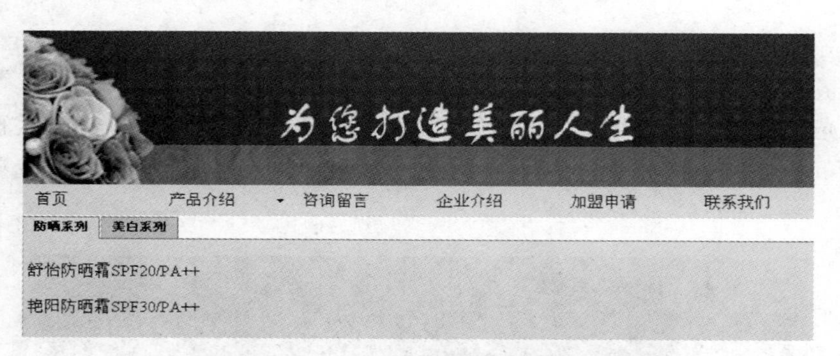

图 8—64　Spry 选项卡式面板预览效果

8.8.3　插入 Spry 折叠式控件

折叠式控件是一组可折叠的面板，可以将大量内容存储在一个紧凑的空间中。访问者可通过单击该面板上的选项卡来隐藏或显示存储在折叠式控件中的内容。在折叠式控件中，每次只能有一个内容面板处于打开且可见的状态。

插入 Spry 折叠式控件的具体操作步骤如下：

（1）将光标置于表格的第 4 行，选择“插入→布局对象→Spry 折叠式”命令，或单击“布局”标签中的“Spry 折叠式”按钮，均可插入一个“Spry 折叠式”控件，如图 8—65 所示。

（2）选中 Spry 折叠式控件，在其“属性”面板中，单击“＋”或“－”按钮增加或删除 Spry 折叠式面板。

（3）在文档编辑区，将光标指向每一个折叠条右侧，出现一个眼睛图标，单击该图标，展开第一个折叠条，从中进行内容的编辑。

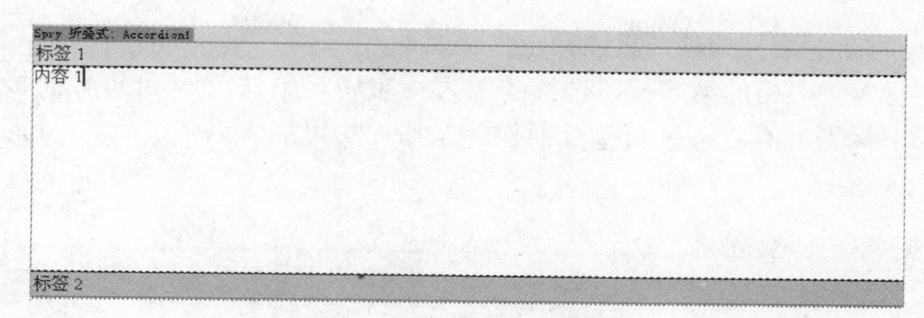

图 8—65　插入“Spry 折叠式”控件

（4）更改第一个折叠条的“标签 1”名称，并在“内容 1”区输入文本，效果如图8—66所示。

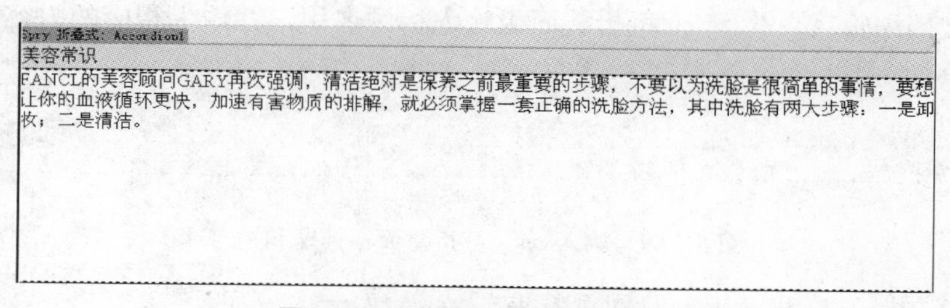

图 8—66　编辑 Spry 折叠式控件

（5）用同样的方法更改另外的折叠条名称，并添加相应的内容。

（6）保存文档，按 F12 键预览网页效果，如图 8—67 所示。

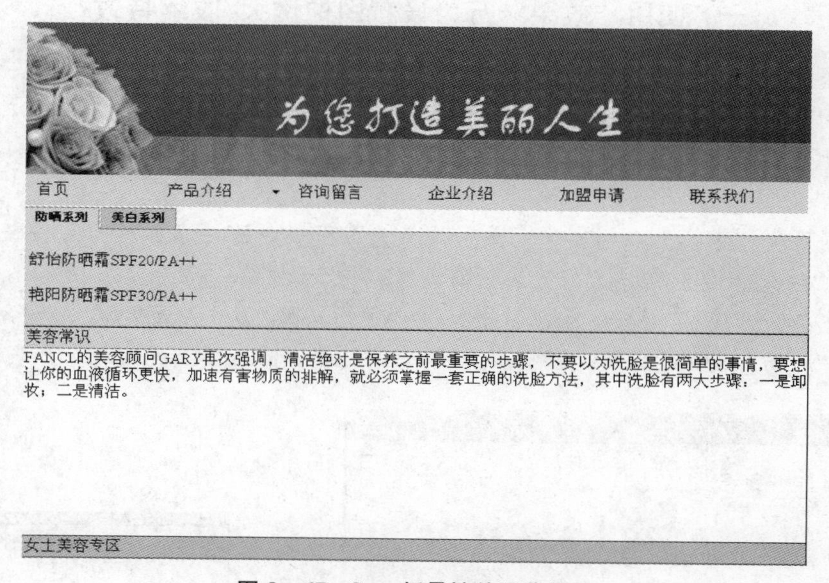

图 8—67　Spry 折叠控件预览效果

8.8.4　插入 Spry 可折叠面板控件

可折叠面板控件是一个面板，能将内容存储到紧凑的空间中，用户单击控制的选项卡即可隐藏或显示存储在可折叠面板中的内容。

插入 Spry 可折叠面板控件的具体操作步骤如下：

(1) 将光标置于表格的第 5 行，选择“插入→布局对象→Spry 可折叠面板”命令，或者单击“布局”标签中的“Spry 可折叠面板”按钮，均可插入一个“Spry 可折叠面板”控件，如图 8—68 所示。

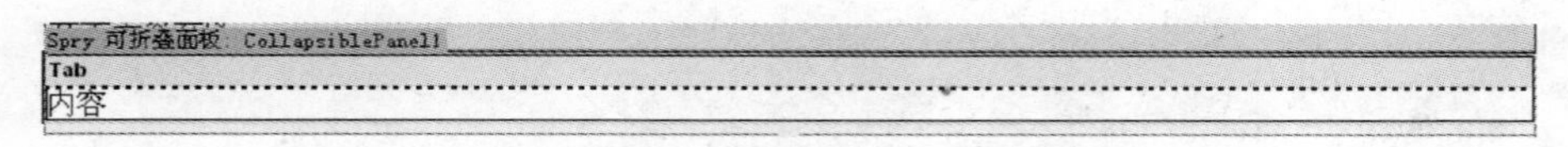

图 8—68　插入“Spry 可折叠面板”控件

(2) 选中“Spry 可折叠面板”控件，在其“属性”面板中，设置 Spry 可折叠面板“显示”和“默认状态”为“打开”和“已关闭”，并勾选“启用动画”。

(3) 在文档编辑区，为 Spry 可折叠面板输入标题名称，并输入相应的内容，如图8—69所示。

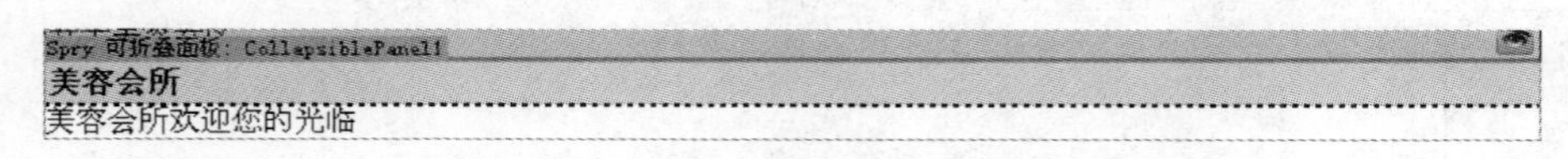

图 8—69　输入 Spry 可折叠面板标题和内容

(4) 保存文档，按 F12 键预览网页效果。

实　训　8

(一) 使用“效果”行为设置图像增大/收缩特效

1. 实训要求

(1) 练习“行为”面板使用和行为的基本操作。

(2) 掌握使用“效果”行为设置图像增大/收缩特效的方法。

2. 实训指导

(1) 在网页文档中插入一幅图像，单击“行为”面板中的“添加行为”按钮，在弹出的菜单中选择“效果→增大/收缩”，为该图像设置“增大/收缩”行为。

(2) 双击“增大/收缩”行为，打开“增大/收缩”对话框，从中设置参数，如图 8—70 所示。

(3) 在“行为”面板中，为“增大/收缩”行为设置 onMouseOver 事件，如图 8—71 所示。

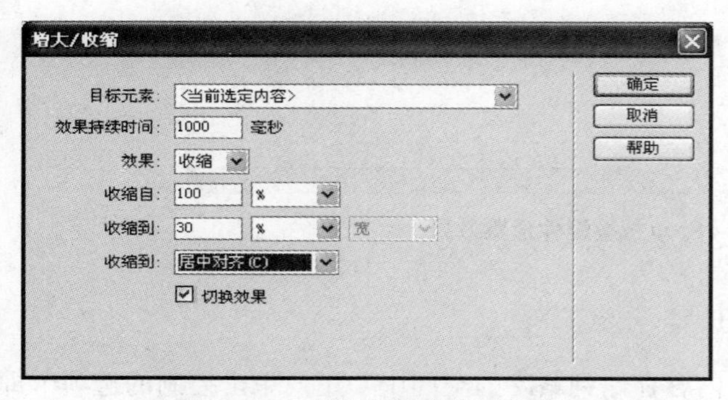

图 8—70　“增大/收缩”对话框

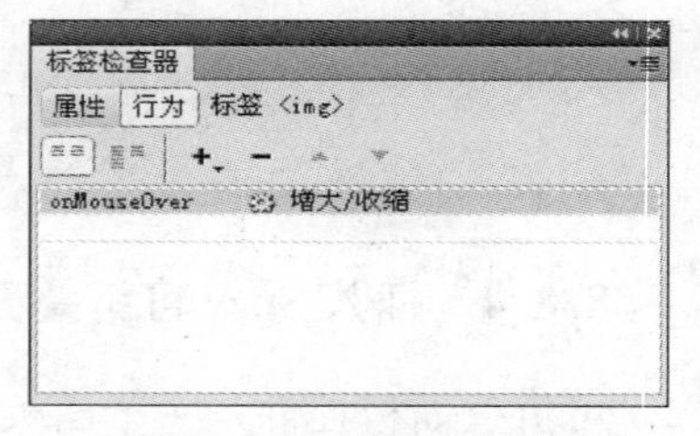

图 8—71　添加的行为

收缩前的图像和收缩后的图像变化情况分别如图 8—72 和图 8—73 所示。

图 8—72　鼠标经过前的图像

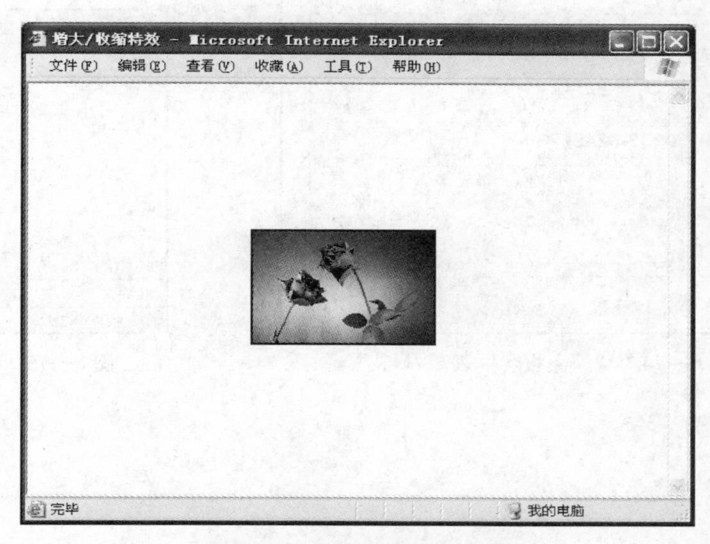

图 8—73　鼠标经过后的图像

（二）制作“网上报名”表单

1. 实训要求

（1）练习表单的插入及属性设置。

（2）练习表单对象的插入及属性设置。

（3）掌握常见的网上报名表单的设计与制作技能。

2. 实训指导

先规划好“网上报名”表单的界面布局及应该添加的表单对象，然后按照前面所学的知识，插入表单和表单对象，最后对表单界面进行适当的美化。

网页效果：“网上报名”表单参考效果如图 8—74 所示。填写好信息后，单击“提交”

按钮完成网上报名操作。在填写信息内容时，如果需要取消或重新填写，可单击“取消”按钮。

（三）制作 QQ 聊天室

1. 实训要求

（1）练习 Spry 折叠控件的插入和编辑。

（2）练习 Spry 折叠控件的属性设置。

（3）练习 Spry 其他控件的插入和编辑。

2. 实训指导

大部分用户使用过 QQ 聊天软件，当选择“QQ 好友”、“QQ 群”或“最近联系人”时，单击该名称就可上下自由滑开所选择的内容，而整个窗口不会发生变化。实训效果如图 8—75 所示。

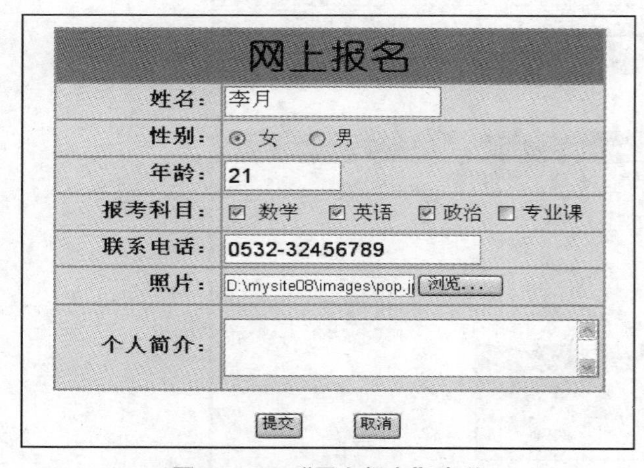

图 8—74 “网上报名”表单

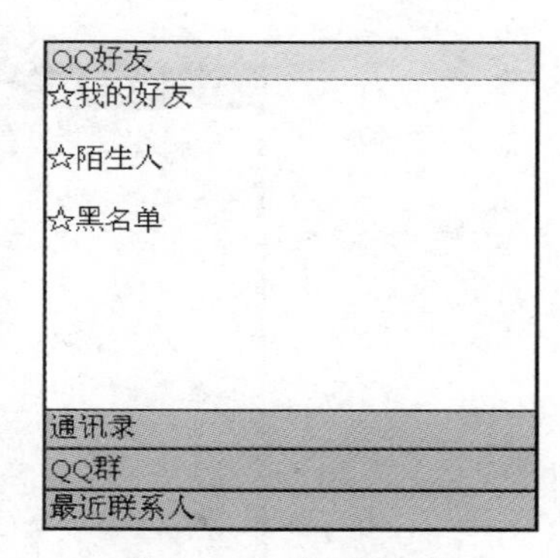

图 8—75 QQ 聊天室

习 题 8

一、填空题

1. JavaScript 代码是一种典型的网页脚本程序。网页中常见的脚本程序主要有两种：一种是微软推出的________________，另一种是________________。

2. 用户与网页交互时产生的操作，称为________________。

3. 在 Dreamweaver 中对行为的添加和控制主要通过________________实现。

4. 行为是由________________和________________相结合而构成的。

5. 设置表单属性时，“表单名称”文本框是用来________________。

6. 表单使________________可以与________________进行交互，是收集客户信息和进行网络调查的主要途径。

7. 插入表单后，如果在页面中看不到表单边框，可选择“查看→可视化助理→________________”命令将红色虚线框显示出来。

8. 在表单对象中，________________通常用于互相排斥的选项，________________用

于在一组选项中选择多项。

9. 文本字段的类型选择“密码”，浏览时显示为________。

10. Spry控制有________、________、________、________。

二、选择题

1. 当鼠标移动到某对象范围的上方时触发此事件的动作是________。
A. OnMouseOut B. OnClick C. OnMouseOver D. OnChange

2. JavaScript脚本语言不可以放在文档什么标签内________。
A. head B. body C. div D. font

3. 在Dreamweaver中，按下________组合键，可以展开“行为”面板。
A. Ctrl＋F4 B. F12 C. ALT＋F2 D. F6

4. ________动作可以在当前窗口或指定框架打开一个新的网页。
A. 打开浏览器窗口 B. 跳转菜单
C. 转到URL D. 检查浏览器

5. 下列哪一项不是构成行为的要素________。
A. 对象 B. 动作 C. 事件 D. 属性

6. 下列关于表单的说法不正确的一项是________。
A. 表单通常用来做用户登录、留言簿、产品订单、网上调查及搜索界面等
B. 表单中包含了各种表单对象，如文本域、复选框、按钮等
C. 表单就是表单对象
D. 表单有两个重要组成部分：一是描述表单的HTML源代码；二是用于处理用户在表单域中输入信息的服务器端应用程序客户端脚本

7. 下列按钮中，用来插入“列表/菜单”的按钮是________。
A. B. C. D.

8. 在Dreamweaver中，要创建表单对象，可执行________菜单中的“表单”命令。
A. 插入记录 B. 编辑 C. 查看 D. 修改

9. 文本字段是可以输入文本内容的表单对象，不包括________。
A. 单行文本字段 B. 多行文本字段
C. 密码字段 D. 标签字段

三、简答题

1. 什么是行为？
2. 什么是JavaScript？在HTML中如何引用JavaScript？
3. 单选框与复选框的主要区别是什么？
4. 文本字段与文本域的主要区别是什么？
5. Spry控件的主要功能有哪些？

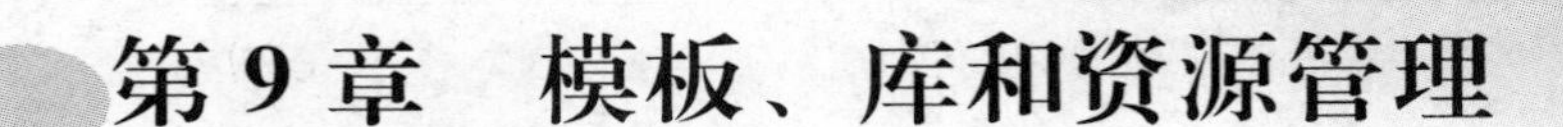

第 9 章　模板、库和资源管理

在架设一个网站时，为保证页面风格统一，很多页面都会使用相同的图片、文字或布局。为了避免大量的重复劳动，可以使用 Dreamweaver 提供的模板和库功能，将具有相同布局结构的页面制作成模板，将相同的元素制作为库项目，以便随时调用和更新。另外，使用“资源”面板来管理和组织各种站点资源，既快捷又方便。

本章学习要点

- 创建模板。
- 应用模板。
- 应用库。
- 应用“资源”面板。

9.1　案例：创建基于模板的网页

学习目标： 了解模板的功能，掌握创建模板、编辑模板、管理模板和应用模板的方法。
知识要点： 创建模板；定义可编辑区域；创建基于模板的网页；管理模板等。
案例效果： 基于模板的两个网页效果分别如图 9—1 和图 9—2 所示。

我的书屋

加入收藏

首 页　专业图书　教育图书　文学天地　期刊杂志　美文欣赏　网上书店　联系我们

文学图书
文学理论
中国文学
世界文学
传记

编号	书名	编者	出版社	单价
1	《文学欣赏》	李忠新	江西高校出版社	30元
2	《文艺学基础理论新探》	赵德利	陕西人民出版社	19元
3	《叩问仿真年代》	金元浦	山东友谊出版社	19元
4	《当代文学批评学》	凌晨光	山东大学出版社	16元
5	《文艺鉴赏概论 》	魏饴	高等教育出版社	35元
6	《一个人的文化百年》	刘士林	湖北人民出版社	25元
7	《文学与人生》	胡山林	羊城晚报出版社	18元

版权所有 Copyright 2005-2010

图 9—1　创建基于模板的网页之一

图 9—2　创建基于模板的网页之二

9.1.1　模板简介

在制作一个站点时，往往需要建立外观及部分内容相同的大量网页，使站点具有统一的风格。如果逐一创建、修改，不但效率不高，而且整个站点很难做到有统一的外观及结构，借助 Dreamweaver 中的模板功能就可以轻松地解决这个问题。

模板的作用就如同现实生活中生产产品的样本模子，通过模子可以生产大批量相同规格的产品。网页模板的主要功能是把网页布局和内容分离，在布局设计好之后将其保存为模板，相同布局的页面可以通过模板创建，然后对基于该模板的页面进行内容的具体编辑，从而形成风格一致而内容不同的页面。通过模板创建的网页与该模板保持连接状态（除非用户对其分离），修改模板即可更新基于该模板的所有网页文档。

模板由可编辑区域和不可编辑区域两部分组成。不可编辑区域包含所有页面的共同元素，即构成页面的基本框架，称为锁定区域。锁定区域主要用来锁定体现网站风格部分，包括网页背景、导航菜单、网站标志等内容，锁定区域的内容只能在模板中编辑。可编辑区域就是该区域的相应内容在基于模板创建的页面中是可以编辑的，常用来定义网页的具体内容，是区别网页之间最明显的标志。

提示：在默认情况下，新创建模板的所有区域都处于被锁定状态，因此，要使模板创建的页面能进行修改，必须将模板中的某些区域设置为可编辑区域。

9.1.2　创建模板

创建模板有两种方式：可以直接创建空白模板，也可以把现有的 HTML 文档存储为模板，再通过适当的修改使之符合要求。

由于制作基于模板的网页需要在站点中操作，所以在创建模板之前先创建站点。Dreamweaver 将模板文件保存在站点的本地根文件夹中的 Templates 文件夹中，模板文件的扩展名 .dwt。如果该 Templates 文件夹在站点中尚不存在，Dreamweaver 将在保存新建模板时自动创建一个 Templates 子文件夹。

1. 创建空模板

创建空模板有以下 3 种方法。

方法一：通过“资源”面板创建空模板。在打开的 Dreamweaver 文档窗口中，选择“窗口→资源”命令打开“资源”面板，单击面板左侧的“模板”类别，右侧则显示模板列表，如图 9—3 所示。单击面板最下方的“新建模板”按钮，创建空模板。此时，新的模板添加到“资源”面板的“模板”列表中，然后为新建的模板命名，如图 9—4 所示。

方法二：在“资源”面板的“模板”列表中右击鼠标，在弹出的快捷菜单中选择“新建模板”命令，如图 9—5 所示。

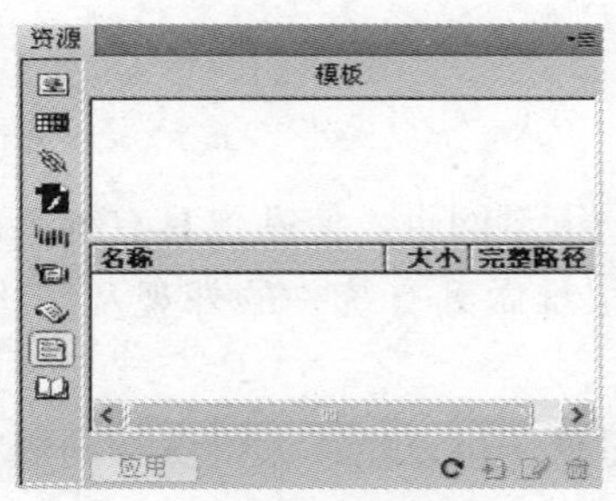

图 9—3 “资源”面板

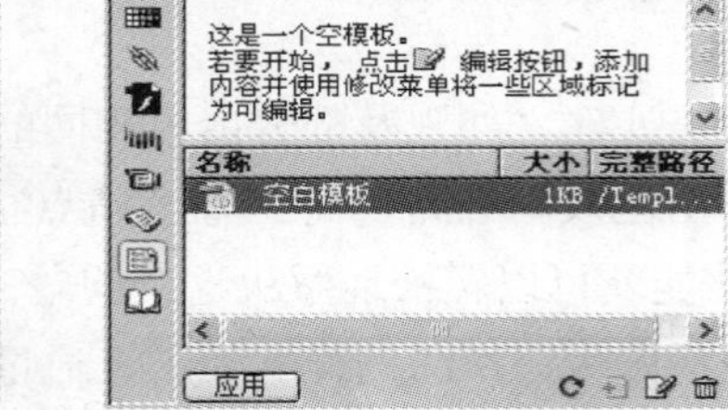

图 9—4 新创建的空白模板

图 9—5 “新建模板”菜单

方法三：使用菜单命令创建空模板。选择“文件→新建”命令，弹出“新建文档”对话框，如图 9—6 所示，在“类别”栏中选择“空模板”，在“模板类型”栏中选择需要的模板类型，如选择“HTML 模板”，在“布局”栏中选择模板的页面布局，在窗口最右端会显示模板的预览效果，单击“创建”按钮。布局好版面内容后，选择“文件→保存”命令，在打开的“另存模板”对话框中，指定用于保存模板的站点、模板名，单击“保存”按钮即可创建一个空模板文件。

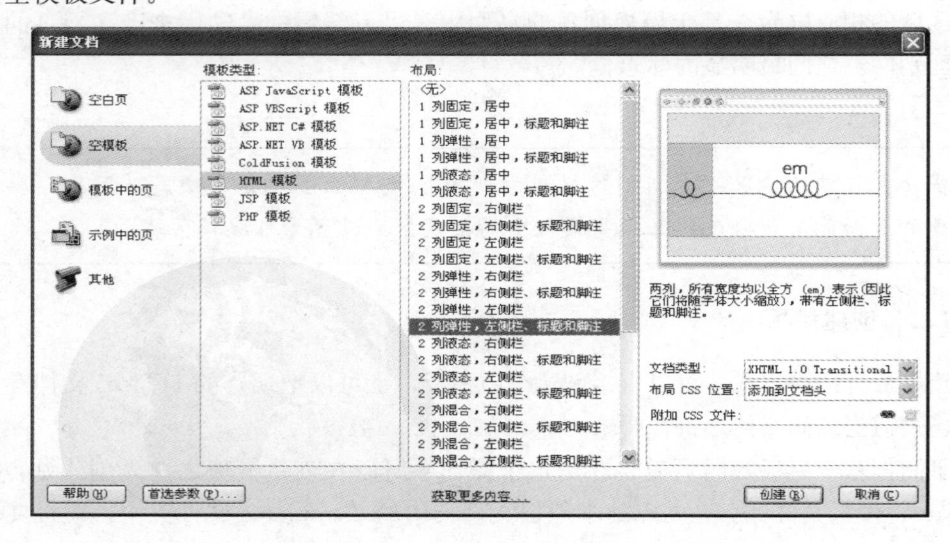

图 9—6 “新建文档”对话框

提示：对新建模板，最好立即将模板文件保存，以确保模板网页在制作时对于插入图像、制作链接等涉及文件路径方面的操作正确。

2. 将现有文档转化为模板

具体操作步骤如下：

(1) 首先在 Dreamweaver 中打开已有的网页文档，本例打开的是第 5 章中介绍过的“我的书屋”，如图 9—7 所示的网页。

(2) 选择“文件→另存为模板”命令，或者单击“插入”面板“常用”标签中的“模板”下拉列表按钮，在弹出的列表中单击“创建模板”按钮，打开“另存模板”对话框，在该对话框中的“站点”下拉列表中选择站点名称，在“另存为”文本框中输入模板名称 bookroom，单击“保存”按钮保存模板。新建的模板就会出现在“资源”面板中，如图 9—8所示。

图 9—7　打开的网页文件

图 9—8　新建的模板文件

提示：不要将保存的模板移动到 Templates 文件夹之外，或者将任何非模板文件放在 Templates 文件夹中，也不要将 Templates 文件夹移动到本地根文件夹之外，否则会出现错误。

9.1.3　定义模板的可编辑区域

创建模板后，网站设计者需要根据用户的需求对模板的内容进行编辑，指定哪些内容是可以编辑的，哪些内容是不可以编辑的。在默认情况下，新创建的模板所有区域都处于被锁定状态。因此，要使用模板，必须将模板中的某些区域设置为可编辑区域。

具体操作步骤如下：

(1) 在“资源”面板的“模板”列表中选择已有的 bookroom 模板，单击控制面板右下方的“编辑”按钮或双击模板名后，就可以在文档窗口中编辑该模板了。

(2) 在文档窗口中选择要设置为可编辑区域的文本或内容，选择以下方法之一打开“新建可编辑区域”对话框，如图 9—9 所示。

①选择“插入→模板对象→可编辑区域”菜单命令。

②单击“插入”面板“常用”标签中的“模板”下拉列表按钮，在弹出的列表中选

择“可编辑区域”按钮。

③在文档窗口中右击鼠标，在弹出的菜单中选择“模板→新建可编辑区域”命令。

(3) 在“新建可编辑区域”对话框的“名称”后面为可编辑区域命名，这里使用的名称是 EditRegion1，单击“确定”按钮创建可编辑区域。创建的可编辑区域在模板中用高亮显示的矩形框围绕，在矩形框左上角的标签中显示出该区域的名称，如图 9—10 所示。

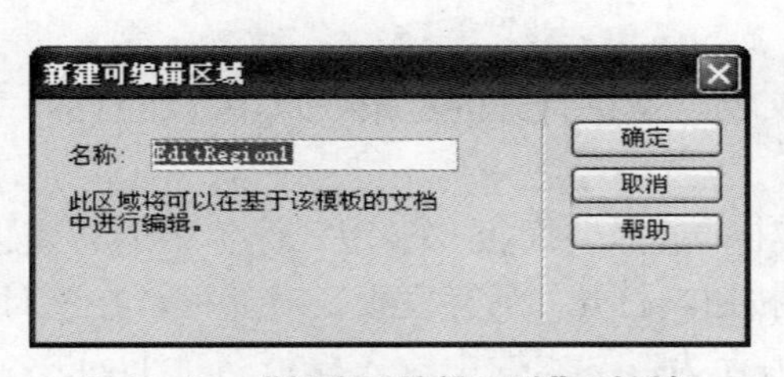

图 9—9 “新建可编辑区域”对话框

首 页 | 专业图书 | 教育图书 | 文学天地 | 期刊杂志 | 美文欣赏

EditRegion1

计算机类图书
计算机软件
计算机硬件
计算机网络
计算机通信

编 号	书 名	编 者
1	《计算机文化基础》	琼.玛格丽塔
2	《Java语言程序设计》	孙敏
3	《C语言程序设计》	魏东平
4	《VB语言程序设计》	林卓然
5	《数据结构》	田鲁怀
6	《C++程序设计》	梁兴柱
7	《ASP.NET 2.0(C#)大学实用教程》	刘丹妮

版权所有 Copyright 2005-2010

图 9—10 定义的可编辑区域

(4) 用同样的方法，在模板中为右侧的区域定义可编辑区域，如图 9—11 所示。

首 页 | 专业图书 | 教育图书 | 文学天地 | 期刊杂志 | 美文欣赏 | 网上书店 | 联系我们

EditRegion1

计算机类图书
计算机软件
计算机硬件
计算机网络
计算机通信

EditRegion2

编 号	书 名	编 者	出 版 社	单 价
1	《计算机文化基础》	琼.玛格丽塔	电子工业出版社	24元
2	《Java语言程序设计》	孙敏	电子工业出版社	27元
3	《C语言程序设计》	魏东平	电子工业出版社	29元
4	《VB语言程序设计》	林卓然	电子工业出版社	25元
5	《数据结构》	田鲁怀	电子工业出版社	29元
6	《C++程序设计》	梁兴柱	电子工业出版社	29元
7	《ASP.NET 2.0(C#)大学实用教程》	刘丹妮	电子工业出版社	32元

版权所有 Copyright 2005-2010

图 9—11 定义的 2 个可编辑区域

需要注意的是，同一网页中，每个可编辑区域必须使用不同的名称，名称不能使用双引号、单引号、小于号、大于号、& 等特殊字符。可以将整个表格或单独的表格单元格标志为可编辑的，但不能将多个表格单元格标志为单个可编辑区域。如果要使用 AP Div，其本身与 AP Div 中的内容是不同的元素，将 AP Div 定义为可编辑区域时，只能改变该 AP Div 的位置，而不能修改 AP Div 中的内容，只有将 AP Div 中的内容定义为可编辑区域时，才可以修改 AP Div 中的内容。

如果重新锁定已经定义的某个可编辑区域，单击可编辑区域左上角的标签将其选中，选择“修改→模板→删除模板标记”命令可取消可编辑区域。

9.1.4 创建基于模板的文档

创建模板后，接下来就是基于模板创建新的网页文档。以模板为基础创建新的网页文档有两种方法：一种是使用“新建”命令创建基于模板的新文档；另一种是应用“资源”控制面板中的模板来创建基于模板的网页。

1. 使用新建命令创建基于模板的新文档

具体操作步骤如下：

(1) 选择“文件→新建”命令，打开“新建文档”对话框，单击“模板中的页”标签，在“站点”选项框中选择本网站的站点，从右侧的选项栏中选择模板文件，如图 9—12 所示。单击“创建”按钮创建基于模板的新文档。

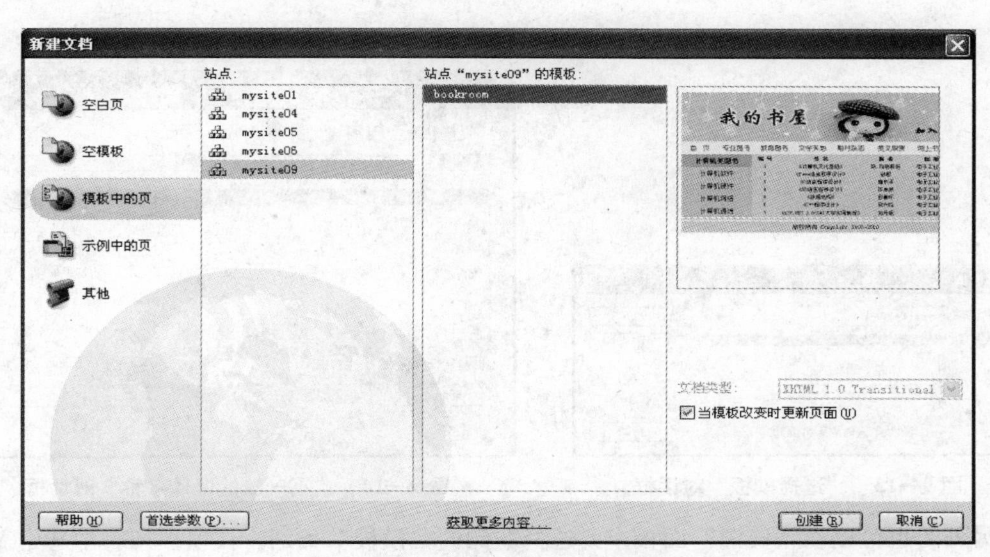

图 9—12　“新建文档”对话框

(2) 在基于模板的新网页文档中，分别选中各个可编辑区域，然后向各个可编辑区域内添加新的网页内容。

(3) 添加完毕，单击“文件→保存”命令，保存创建的网页文档，按 F12 键预览网页效果，基于模板的网页效果如图 9—1 所示。

2. 应用“资源”控制面板中的模板创建基于模板的网页

具体操作步骤如下：

(1) 新建一个 HTML 文档。在“资源”面板中，单击左侧的“模板”类别，从模板列表中选择相应的模板，然后单击控制面板下面的“应用”按钮，即在文档中应用了选择的模板。

(2) 向各个可编辑区域内添加新的网页内容。添加完毕，单击“文件→保存”命令，保存新创建的文档。

(3) 按 F12 键预览网页效果。基于模板的网页效果如图 9—2 所示。

9.1.5　在现有文档上应用模板

在 Dreamweaver CS4 中，可以在现有文档上应用已创建好的模板。具体方法：打开现有的普通 HTML 文档，单击“修改→模板→应用模板到页”命令菜单，弹出“选择模板”对话框，选中创建的模板，单击“选定”按钮，如图 9—13 所示。此时，模板应用到现有文档中，替换了文档中原有的内容。

需要注意的是，如果现有文档是从某个模板中派生出来的，Dreamweaver CS4 会对两个模板的可编辑区域进行比较，然后在应用新模板之后，将原文档中的内容放入到匹配的可编辑区域中。如果现有文档是一个尚未应用过模板的文档，将没有可编辑区域与模板进行比较，于是会出现不匹配情况，此时将打开“不一致的区域名称”对话框，如图

9—14 所示。这时可以选择删除或保留不匹配的内容，决定是否将文档应用于新模板。可以选择未解析的内容，然后在“将内容移到新区域”下拉列表框中选择要应用到的区域内容。

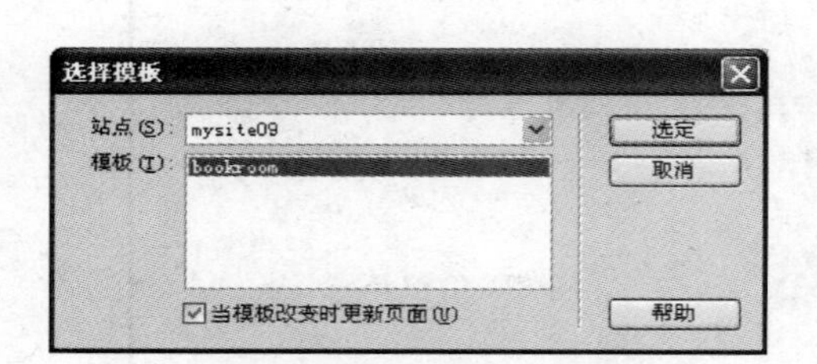

图 9—13 “选择模板”对话框

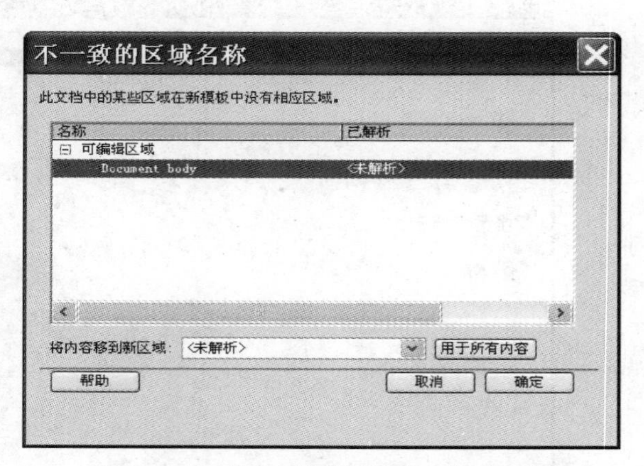

图 9—14 “不一致的区域名称”对话框

另外，也可以在“资源”面板中，选择左侧的“模板”类别，在模板列表中选中需要应用的模板，单击面板下方的“应用”按钮，即可在现有文档上应用模板。

9.1.6 编辑模板

1. 重命名模板文件

重命名模板文件的具体方法：选择“窗口→资源”命令，打开“资源”面板，单击左侧的“模板”类别按钮，面板右侧显示本站点的模板列表。在模板列表中，选中需要重命名的模板，右击鼠标，在弹出的快捷菜单中选择“重命名”命令，然后为模板输入一个新名称。按下 Enter 键重命名生效，此时弹出“更新文件”对话框，如图 9—15 所示。如果更新网站中所有基于此模板的网页，单击“更新”按钮，否则选择“不更新”按钮。

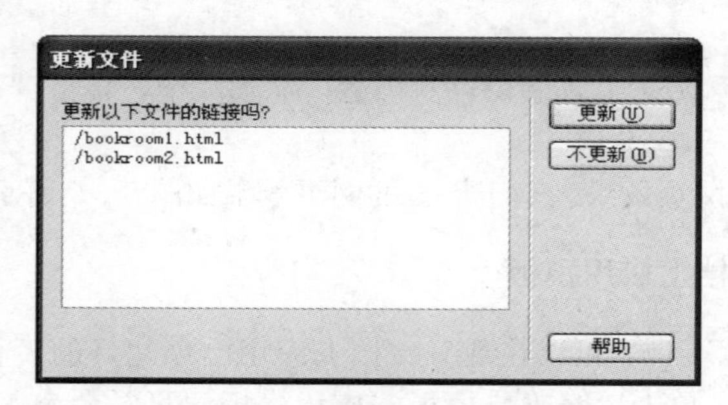

图 9—15 “更新文件”对话框

2. 修改模板文件

修改模板文件的具体方法：打开“资源”面板，单击面板左侧的“模板”类别，在面板右侧的模板列表中，双击要修改的模板文件将其打开，根据需要修改模板内容。

因为模板和应用了模板的文档之间保持着链接的关系，所以，将修改后的模板进行保存时，Dreamweaver 会提示是否更新所有应用了该模板的页面，这就是 Dreamweaver 网站批量更新功能。

3. 删除模板文件

删除模板文件的具体方法：单击“资源”面板左侧的“模板”类别按钮，在面板右侧本站点的模板列表中选中要删除的模板，单击面板下方的“删除”按钮，并确认要删除该模板，此时该模板文件从站点中删除。

9.1.7　从模板中分离文档

可以将文档从模板中分离，分离后的网页和模板就没有关系了，文档的不可编辑区域将变得可以编辑，这给修改网页内容带来了很大方便，同时模板文件内容结构改动时，当前网页文件就不能被重新变动。具体方法：打开应用了模板的文件，然后选择“修改→模板→从模板中分离”菜单命令，即可将网页从模板中分离出来，最后保存文档。

9.1.8　更新基于模板的页面

当已经利用模板创建了多个网页时，若想更改模板中的某些网页元素，可以直接在模板中更改，更改保存时，会弹出“更新模板文件”对话框，如图 9—16 所示，只需单击“更新”按钮即可。

如果在保存模板时没有更新基于该模板的文档，也可以在之后手动更新基于模板的文档。具体方法：打开该文档，选择“修改→模板→更新当前页”命令。

如果要更新整个站点或所有使用指定模板的文档，可以选择“修改→模板→更新页面”命令，出现“更新页面”对话框，如图 9—17 所示，单击“开始”按钮即可。

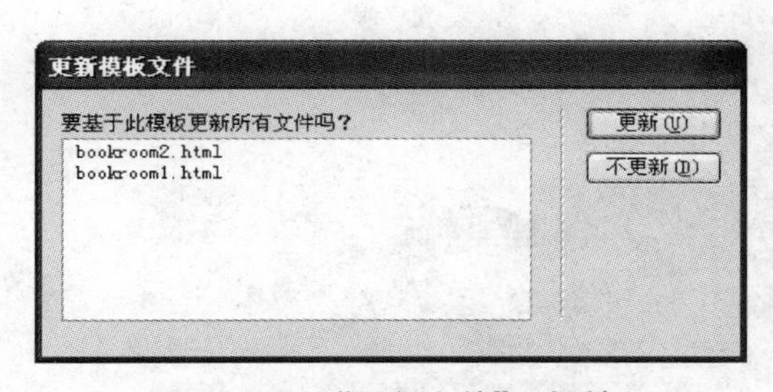

图 9—16　“更新文件”对话框

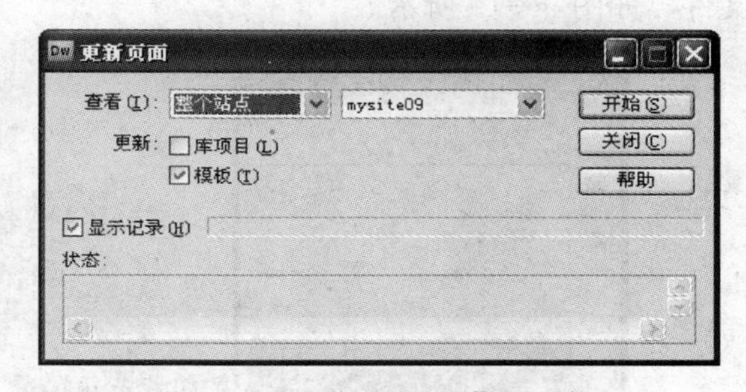

图 9—17　“更新页面”对话框

“更新页面”对话框各项含义如下：

- 查看：设置是用模板的最新版本更新整个站点，还是更新应用特定模板的所有网页。
- 更新：设置更新的类别，此时选中“模板”复选框。
- 显示记录：设置是否查看 Dreamweaver CS4 更新文件的记录。如果选中“显示记录”复选框，则 Dreamweaver CS4 将提供关于所更新的文件信息，包括是否成功更新的信息。
- “开始”按钮：Dreamweaver CS4 按照指示更新文件。
- “关闭”按钮：关闭“更新页面”对话框。

9.2 学习任务 1：使用库项目

学习任务要求：理解库项目的作用，掌握库项目的创建和应用。

9.2.1 库概述

库是一种特殊的 Dreamweaver 文件，把网站中需要重复使用或经常更新的页面元素（如文本、图像、表格、表单、插件、版权声明、站点导航条等）存入库中，存入库中的元素被称为库项目。需要时可以把库项目拖动到页面中。当更改某个库项目的内容时，可以随时更新所有使用该项目的页面。库项目比模板更加灵活，库项目只是页面中的一小部分，可以放置在页面的任何位置，而不是固定的同一个位置。

Dreamweaver 在本地站点根文件夹的 Library 文件夹中，将每个库项目都保存为一个独立的扩展名为 . lib 的文件。Dreamweaver 需要在网页中建立来自每一个库项目的相对链接，以便确保原始库项目的存储位置。

选择“窗口→资源”命令，打开“资源”面板，选择左侧的“库”类别，如图 9—18 所示，面板右侧显示本站点的库列表。在“库”面板中，可以方便地进行库项目的创建、删除、改名、更新站点等操作。

9.2.2 创建库项目

创建库项目的具体操作步骤如下：

（1）在 Dreamweaver 中打开已有的模板文件，这里打开 9. 1 节中创建的 roombook 模板文件，如图 9—19 所示。

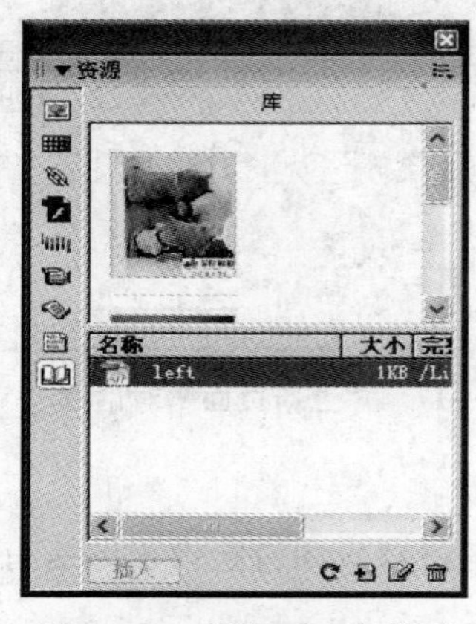

图 9—18 选择“库”类别

图 9—19 打开的模板文件

（2）选择文档中需要保存为库项目的内容，这里选择了网页的 Logo。

（3）在“资源”面板中单击“库”类别底部的“新建库项目”按钮 。

（4）为该库项目输入一个名称，如 Logo，然后按下 Enter 键即可，如图 9—20 所示。

提示：Dreamweaver 保存的只是对被链接项目的引用，原始文件必须保留在指定的位置，这样才能保证库项目的正确引用。

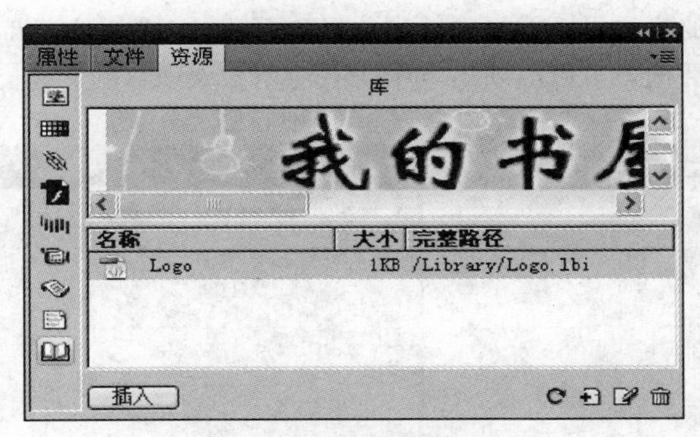

图 9—20　新建的库项目

9.2.3　管理和编辑库项目

1. 应用库项目

应用库项目的具体方法：打开要应用库项目的网页文件，将鼠标定位在需要插入库项目的位置，在“资源”面板单击左侧的“库”类别，在右侧列表中选择需要插入的库项目，单击“插入”按钮即可，添加完毕，单击“文件→保存”命令，按 F12 键预览网页效果。

在文档中选定添加的库项目，其“属性”面板如图 9—21 所示。

图 9—21　库项目“属性”面板

库项目“属性”面板各选项含义如下：

- Src：显示库项目源文件的文件名和路径。
- 打开：单击该按钮，打开库项目的源文件进行编辑，这与在“资源”面板中选择项目并单击“编辑”按钮的功能是相同的。
- “从源文件中分离”按钮：单击该按钮，可断开所选库项目和其源文件之间的链接。分离项目后，可以在文档中对其进行编辑，但它不再是库项目，而且不能在更改原始库项目时更新。
- “重新创建”按钮：单击此按钮，可用当前选定的内容改写原始库项目，在丢失或意外删除原始库项目时重新创建库项目。

2. 更新库项目

修改库项目时，Dreamweaver 会更新使用该项目的所有文档。具体方法：在“资源”面板“库”列表中选中要编辑的库项目，单击“编辑”按钮，或者直接双击该库项目，打开库项目源文件，可以对库项目进行编辑。编辑完成后选择“文件→保存”菜单命令，在弹出的“更新库项目”对话框中单击“更新”按钮，将更新本地站点中使用该库项目的文档。

打开要更新使用库项目的文档，在“资源”面板中选择库项目，右击鼠标，弹出如图9—22 所示的快捷菜单。若选择“更改当前页”菜单项，只更新当前页的库项目，站点中的其他页面用到该修改的库项目不能更新；当选择“更新站点”菜单项时，弹出如图 9—23 所示的“更新页面”对话框，可以更新站点中所有使用该库项目的文档。

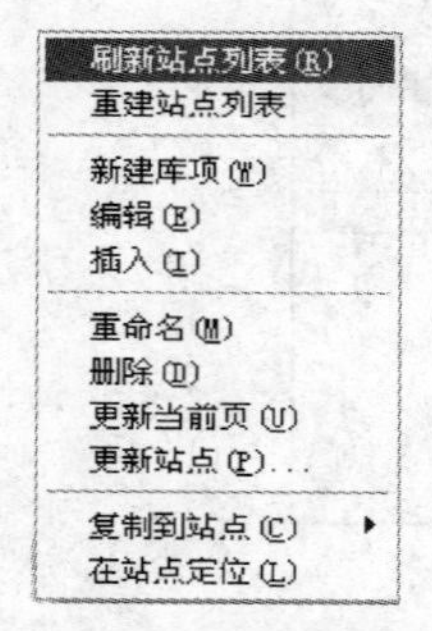

图 9—22 库项目操作快捷菜单

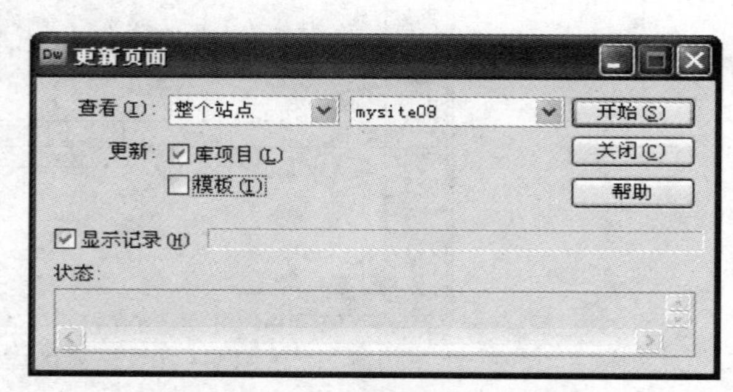

图 9—23 “更新页面”对话框

3. 重命名库项目

重命名库项目的具体方法：在“资源”面板的“库”列表中，在要重命名的库项目上右击鼠标，从弹出的快捷菜单中选择“重命名”命令，当名称变为可编辑时，输入新名称即可。

4. 删除库项目

在“库”列表中选择要删除的库项目，单击面板底部的“删除”按钮，并确认要删除的库项目，或者按 Delete 键，确认要删除的库项目。Dreamweaver 将从库中删除该库项目，但是不会更改任何使用该项目的文档的内容。

若要重新创建丢失或已删除的库项目，可以在某个文档中选择该项目的一个实例，然后在“属性”面板中单击“重新创建”按钮即可。

9.3 学习任务 2：资源管理

学习任务要求：熟悉“资源”面板，掌握站点资源的管理方法。

资源是制作页面或站点的各种基本元素，利用“资源”面板可以方便地管理和组织各种站点资源，省去了制作网页过程中在各种文件夹中查找资源的过程。

9.3.1 资源面板

“资源”面板显示与文档窗口中的活动文档相关的站点资源。但是，只有先定义一个本地站点，然后才能在“资源”面板中查看资源。在主菜单中选择“窗口→资源”命令，即可打开“资源”面板，如图 9—24 所示。“资源”面板提供了两种视图方式。

(1)“站点”列表方式：显示当前站点的所有资源。

(2)“收藏”列表方式：仅显示用户喜好选择的资源。

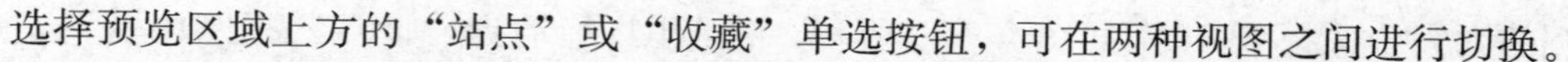

选择预览区域上方的“站点”或“收藏”单选按钮，可在两种视图之间进行切换。

在“资源”面板的左侧提供了9类资源，单击相应的类别图标按钮，即可切换到该类资源的显示方式，并在右侧的资源列表框中显示出包含的资源。

(1)“图像”按钮：GIF、JPEG或PNG格式的图像文件。

(2)“颜色”按钮：文档和样式表中使用的颜色，包括文本颜色、背景颜色和链接颜色。

(3) URLs按钮：当前站点文档中使用的外部链接，包括FTP、Gopher、HTTP、HTTPS、JavaScript、电子邮件Mailto以及本地文件file：//链接。

(4) SWF按钮：任何Adobe Flash版本的文件。“资源”面板仅显示SWF文件，不显示FLA（Flash源）文件。

(5) Shockwave按钮：任何Adobe Shockwave版本的文件。

(6)“影片”按钮：QuickTime或MPEG文件。

(7)“脚本”按钮：JavaScript或VBScript文件。HTML文件中的脚本（而不是独立的JavaScript或VBScript文件）不出现在“资源”面板中。

(8)“模板”按钮：站点中所包含的模板。模板用于在多个页面上重复使用的同一个页面布局。修改模板时会自动修改附加到该模板的所有页面。

(9)“库”按钮：站点中所包含的在多个页面中使用的元素。当修改一个库项目时，会更新所有包含该项目的页面。

9.3.2 使用站点列表管理资源

1. 选择资源

在“资源”面板中，单击即可选择一个资源；按住Shift键并单击可以选择一系列连续的资源。按住Ctrl键单击可选择不连续的多个资源，也可以取消已选定的资源。

2. 将资源添加到文档

将资源添加到文档的具体方法：在“资源”面板中选择资源，这里选择一幅图像，将图像拖动到文档窗口中即可，或者单击“资源”面板中的“插入”按钮，也可将资源添加到文档。

3. 把颜色应用于文本上

在“资源”面板中显示已应用的各种元素（如文本、表格边框、背景等）的颜色。

把颜色应用到文本上的具体方法：在文档中选择文本，在“资源”面板左侧的类别列表中选择“颜色”类别，在右侧的列表中选择一种颜色，如图9—25所示，单击“应用”按钮，打开“新建CSS规则”对话框，从中设置选择器的类型和名称；单击“确定”按钮，将颜色应用到选定的文本。

4. 把URL应用于图像或文本

把URL应用于图像或文本的具体方法：选择文本或图像，在“资源”面板左侧的类别列表中选择“URLs”类别，根据URL存储的位置，选择“站点”或“收藏”单选按钮，在右侧的列表中选择URL，如图9—26所示，将URL拖动到“设计”视图中的选定内容上，或者单击“插入”按钮即可。

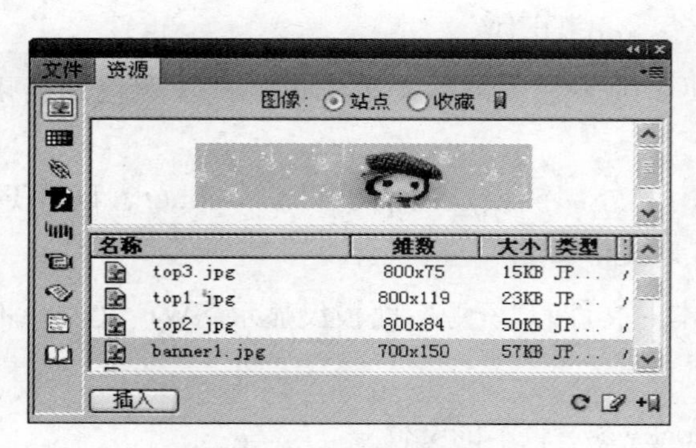

图9—24 “资源”面板

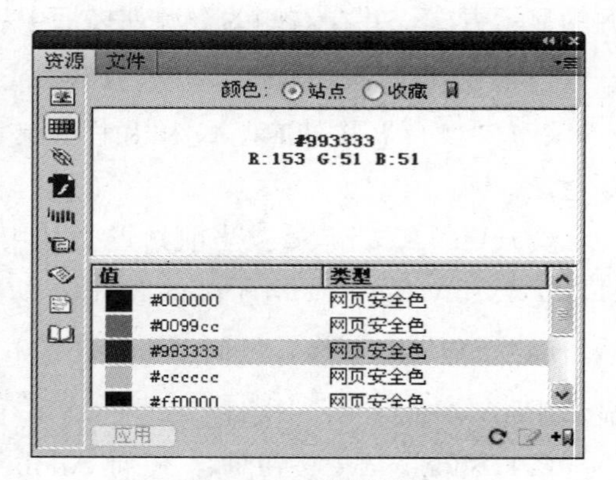

图9—25 选择颜色

5. 编辑资源

如果所编辑的资源需要使用外部编辑器，必须进行以下操作：选择主菜单中的“编辑→首选参数”命令，弹出“首选参数”对话框，从中选择“文件类型/编辑器”类别，为某资源定义外部编辑器。

编辑资源的具体方法：在“资源”面板中选择资源，单击“编辑”按钮，或者双击该资源，打开该资源定义的外部编辑器，对选定的资源进行编辑，然后在该编辑器中保存所做的更改，并关闭外部编辑器即可。

9.3.3 使用收藏列表管理资源

对于某些大型站点来说，资源较多，用户可以把常用的资源添加到收藏列表，将相关的资源归类在一起，为资源指定别名以指明用途，以方便地在“资源”面板中查找资源。

1. 添加收藏资源

在“资源”面板中向站点的收藏列表添加资源有以下几种方法：

(1) 在“资源”面板的站点列表中选择一个或多个资源，单击“添加到收藏夹”按钮即可，从弹出的快捷菜单中选择“添加到收藏夹”命令。

(2) 在“文件”面板中选择一个或多个文件。例如，选择一个图像文件，右击鼠标，从弹出的快捷菜单中选择“添加到图像收藏”命令。

(3) 在文档窗口的“设计”视图中选择一个元素，右击鼠标，从弹出的快捷菜单中选择“添加到图像收藏”命令。

2. 将URL添加到“收藏”列表

将URL添加到“收藏”列表的具体方法：在“资源”面板中，选择“URLs”类别，在面板顶部选择“收藏”按钮，单击“资源”面板底部的“新建URL”按钮，弹出“添加URL”对话框，在对话框的URL文本框中输入URL值，在“昵称”文本框中输入URL的名称，如图9—27所示，单击“确定”按钮完成设置。

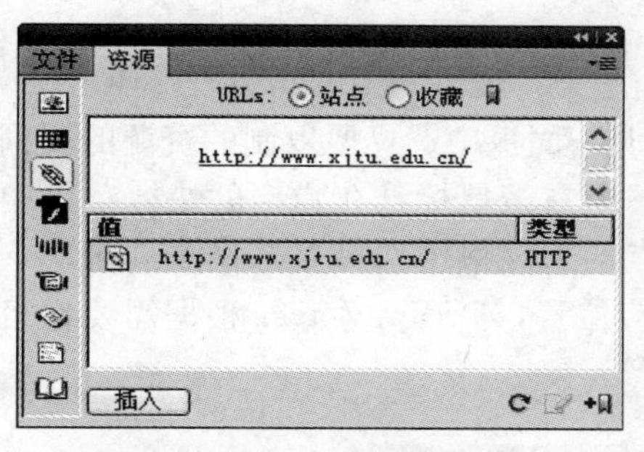

图 9—26　选择 URL

图 9—27　“添加 URL”对话框

3. 重命名收藏资源

重命名收藏资源时，只能在“收藏”列表中为资源指定别名，而在“站点”列表保留其实际文件名。

具体方法是：在“资源”面板中选择包含所需资源的类别，在面板顶部选择“收藏”按钮，在资源的名称或图标上右击鼠标，从弹出的快捷菜单中选择“编辑别名”命令，输入新的名称即可。

4. 将资源归类到收藏夹中

将资源归类到收藏夹中的具体方法是：在“资源”面板的顶部选择“收藏”单选按钮，单击“新建收藏夹”按钮，创建一个新的收藏夹，如图 9—28 所示。这里为文件夹命名为“导航条”，按 Enter 键确认。最后把收藏列表中导航条图像都拖动到新建的文件夹中。

图 9—28　新建的收藏夹

9.3.4　在另外的站点中重新使用资源

“资源”面板显示当前站点中属于可识别类型的所有资源。若要将当前站点中的资源用于另一个站点，必须将该资源复制到另一个站点。可以一次复制一个单独的资源、一组单独的资源或复制整个“收藏”。

1. 在“文件”面板中定位资源文件

在“文件”面板中定位资源文件的具体方法是：在“资源”面板中选择要查找的资源类别，鼠标右键单击，从弹出的快捷菜单中选择“在站点中定位”命令。这时“文件”面板将打开，其中定位的资源文件处于选定状态。“在站点定位”命令定位与资源本身对应的文件，不定位使用该资源的文件。

2. 复制资源到另一个站点

复制资源到另一个站点的具体方法是：在“资源”面板中选择要复制的资源的类别，在“站点”列表或“收藏”列表中的一个或者多个资源上右击鼠标，在弹出的快捷菜单中选择“复制到站点”命令，然后从列出了所有已定义站点的子菜单中选择目标站点的名称，如图9—29所示。资源会复制到它们在目标站点中的相应位置，Dreamweaver 根据需要在目标站点的层次结构中创建新文件夹。

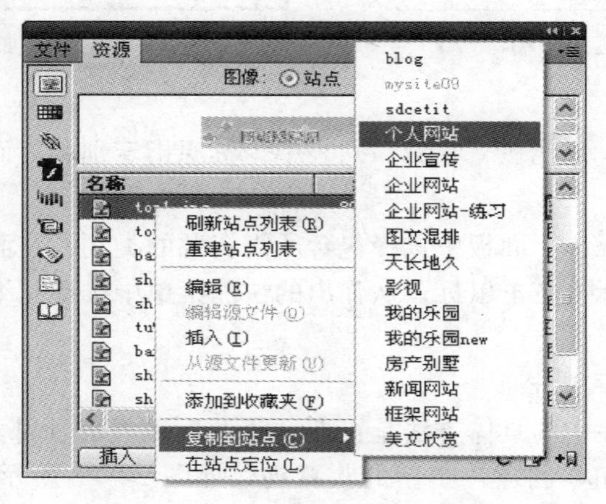

图 9—29　“复制到站点”快捷菜单

实　训　9

（一）设计网站模板

1. 实训要求

(1) 练习创建模板和编辑模板的方法。

(2) 练习设置模板可编辑区域的方法。

2. 实训指导

(1) 新建站点，站点根目录为 mysite，在 mysite 目录下创建文件夹 images、pages 和 flash，分别用来存放网站图像、站点子页面和 flash 文件等。

(2) 创建一个空模板文件，并保存为 index. dwt。

(3) 设计网站模板文件的布局结构，插入 Div 标签，如图 9—30 所示。

(4) 用 CSS 样式表（index. css）定义网页布局，并在创建好的 Div 标签中添加相应的元素，如图 9—31 所示。

(5) 定义模板的可编辑区域。单击“标签选择器”上的〈div＃menu〉标签，在文档窗口中右击鼠标，在弹出的菜单中选择“模板→新建可编辑区域”命令，弹出“新建可编辑区域”对话框，在“名称”后面为可编辑区域命名 menu。

(6) 用同样的方法，选中 content 标签，将其定义为可编辑区域 content。

(7) 保存模板文件。

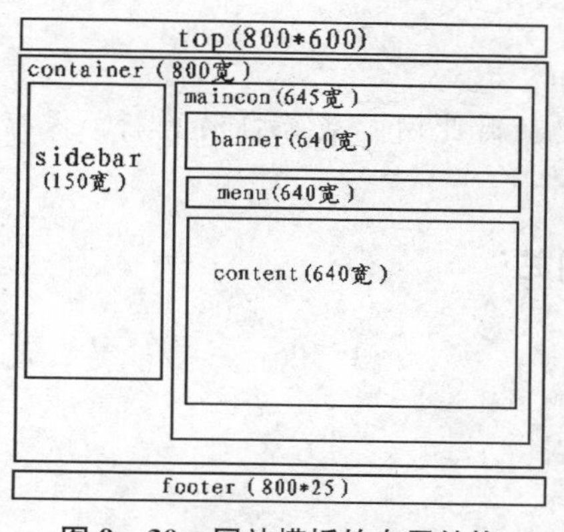

图 9—30　网站模板的布局结构

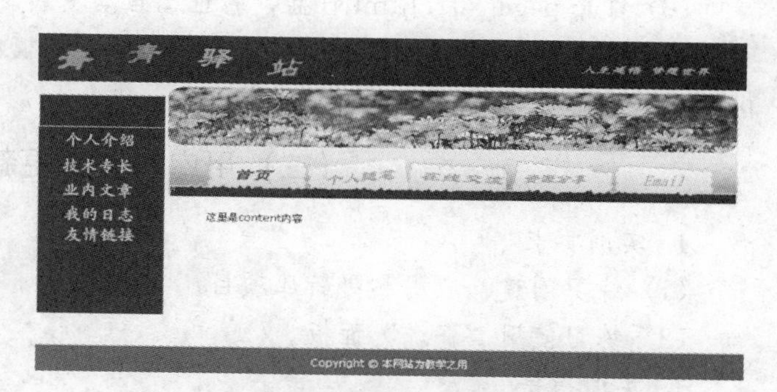

图 9—31　在模板文件中添加网页元素

（二）用新建模板创建网页

通过创建基于模板的网页提高制作站点的效率，并从中领会到模板的精妙所在。

1. 实训要求

(1) 练习创建基于模板的文档。

(2) 练习更新基于模板的页面。

(3) 练习从模板中分离文档。

2. 实训指导

应用模板创建站点子页面，效果如图 9—32 所示。

图 9—32　站点子页面

具体操作步骤如下：

(1) 打开“文件”面板，在站点根目录的 pages 子目录下新建文件 page_01. html。

(2) 在文档窗口中打开 page_01. html 文件，选择“修改→模板→应用模板到页”命令，在弹出的对话框中选择模板 index. dwt，将模板应用到当前页面。

(3) 在 ID 为 menu 的 Div 标签中，选择 menu2 图像，设置热点链接。

(4) 在 ID 为 content 的 Div 标签中，插入列表，然后输入文本。

(5) 打开模板文件 index. dwt，将 Logo 图像修改，保存 index. dwt 时提示更新页面

page_01.html，选择更新。

(6) 打开page_01.html页面，验证已自动更新。

(7) 将page_01.html从模板中分离，验证当模板更新时此网页能否自动更新。保存page_01.html。

(三) 用库和资源更新网站

1. 实训要求

(1) 练习创建、应用和更新库项目。

(2) 练习使用“资源”面板。

2. 实训指导

(1) 在“资源”面板中，打开个人网站的模板index.dwt，选择ID为top的Div标签中的Logo图像，将其创建为名称为Logo的库项目。

(2) 新建一个网页page_02.html，设计布局后在网页中添加Logo库项目并保存。

(3) 在“资源”面板中，选择“库”类别，在右侧列表中双击Logo库项目，进行修改后保存，会提示是否更新page_02.html页面。

习　题　9

一、填空题

1. 模板是一种特殊类型的文档，其扩展名为________，制作的模板保存在________文件夹中。

2. 模板由________和________两部分区域组成。在默认情况下，新创建的模板所有区域都处于被锁定状态，因此，要使用模板，必须将模板中的某些区域设置为________。

3. 在基于模板的文档中，用户只能在________中进行更改，无法修改________。

4. 资源是制作页面或站点的各种基本元素，利用________面板可以管理和组织各种站点资源。

5. Dreamweaver会自动将库项目存放在每个本地站点根文件夹内的________文件夹中，并以________作为扩展名。

二、选择题

1. 在新创建的模板中定义可编辑区域，使用“__________→模板对象→可编辑区域”菜单命令来完成定义。

A. 插入　　B. 修改　　C. 命令　　D. 编辑

2. 在“资源”控制面板中，单击左侧的“库”类别图标按钮 切换到“库”选项。

A.　　B.　　C.　　D.

3. 只有先__________能在“资源”面板中查看到资源。

A. 设置一个区域　　B. 定义一个站点　　C. 收藏一些资源　　D. 定义一个标签

4. 向页面添加库项目时，将把实际内容以及对该库项目的__________插入到文档中。

A. 链接　　B. 引用　　C. 属性　　D. 目标

三、简答题

1. 模板具有哪些优点？
2. 在模板中如何插入一个可编辑区域？
3. 库有哪些优点？如何在网页中应用它们？
4. “资源”面板提供了哪些功能？
5. 如何使用“收藏”列表管理资源？

第 10 章　站点的测试、发布、管理与维护

一个网站设计制作完成后，要将其发布到 Internet 的服务器上，供访问者浏览。在发布之前，必须要在本地计算机上对网站进行总体测试。完成测试后，需要在网上注册域名和空间，这样才能在网上安家。上传网站后，需要进行必要的管理和维护，以保证其正常运转。为提高网站的访问量和知名度，还要对网站进行推广和宣传。

本章学习要点

- 站点的测试和发布。
- 管理、维护站点。
- 网站的推广和宣传。

10.1　学习任务 1：测试和发布站点

学习任务要求：掌握测试和发布网站的方法。

网站设计完成后要对网站进行测试，以便发现错误并对其进行修改，然后再将网站发布到 Internet 服务器上，供用户访问浏览。

10.1.1　测试站点

网站测试的内容主要是检查浏览器的兼容性、检查链接是否正确、检查多余标签、语法错误等。

1. 测试浏览器的兼容性

不同浏览器对网页元素的支持是不一样的。例如，图像和文本是所有浏览器都支持的元素，样式和 AP Div 是只有较新浏览器才支持的元素。为了保证所制作的网页能够在所有浏览器中都稳定运行，Dreamweaver 提供了测试浏览器兼容性的功能。“浏览器兼容性”测试功能对文档中的 HTML 进行测试，检查是否有目标浏览器所不支持的任何标签或属性。

可在文档、目录或整个站点上运行浏览器兼容性测试。需要注意的是：浏览器兼容性测试并不检查站点中的 JavaScript、VBScript 脚本语言。

浏览器兼容性测试的具体操作步骤如下：

(1) 在 Dreamweaver 的“文件”面板中打开第 9 章中已有的站点文件，如图 10—1 所示。

(2) 选择“窗口→结果→浏览器兼容性 (B)”命令，展开“结果”面板，如图 10—2 所示。

(3) 单击面板左侧的绿色按钮 ▷，弹出如图 10—3 所示的选项菜单，单击“设置”命令，打开如图 10—4 所示的“目标浏览器”对话框，选择要检查兼容性的浏览器，并设置浏览器的最低版本。

(4) 单击“确定”按钮，这时即可检查网页在选择的浏览器下的兼容性。测试结果如图 10—5 所示。

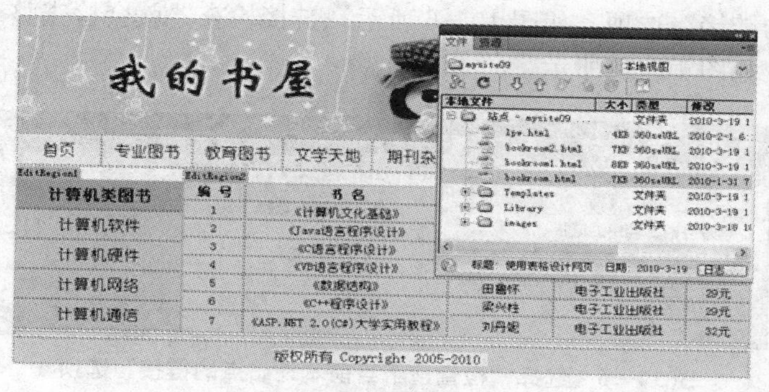

图 10—1　打开的站点文件

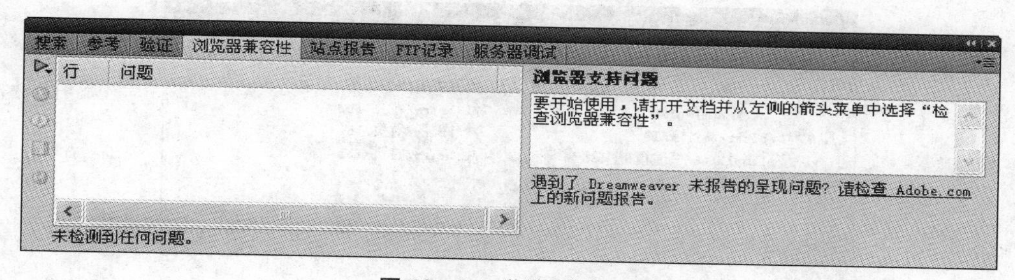

图 10—2　“结果”面板

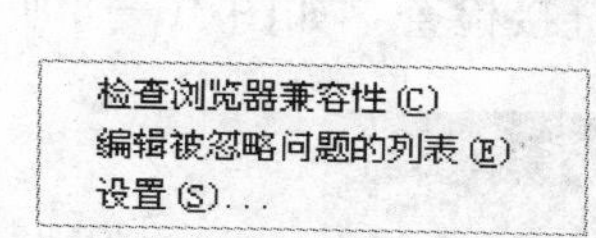

图 10—3　打开的菜单选项

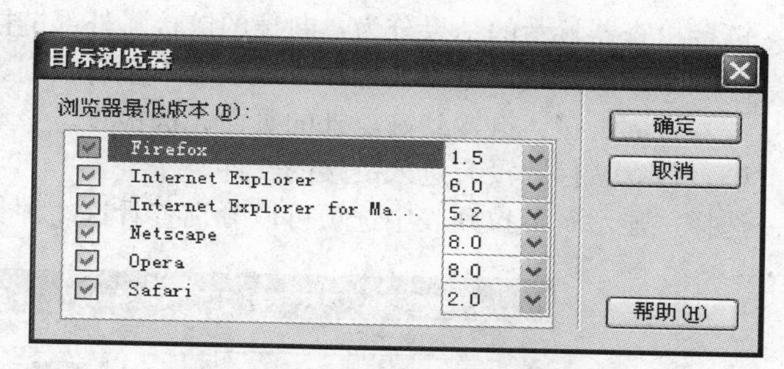

图 10—4　“目标浏览器”对话框

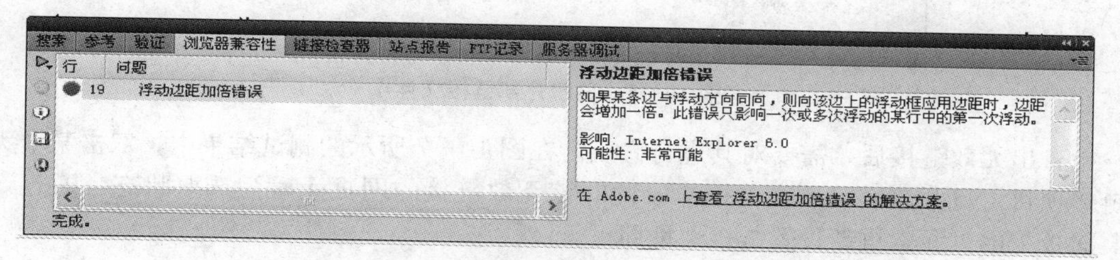

图 10—5　“浏览器兼容性”测试结果

2. 测试链接

一个网站通常由很多网页文件组成，而网页文件之间会有很多的链接，因此在开发网站的过程中难免会因为疏忽而导致一些无效或错误链接的产生，所以，需要对整个网站的链接做一次全面检查，以确保网站链接全部正确。

链接测试的具体方法是：选择“窗口→结果→链接检查器”命令，在“结果”面板的“链接检查器”选项卡中单击左侧的“检查链接”按钮，在打开的下拉菜单中选择“检查整个当前本地站点的链接”选项，如图 10—6 所示，链接检查器就会检查整个站点的链接，并显示检查的结果，如图 10—7 所示。

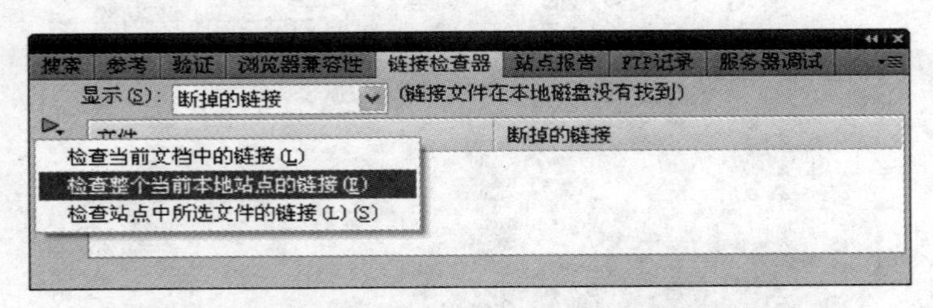

图 10—6　选择“检查整个当前本地站点的链接”选项

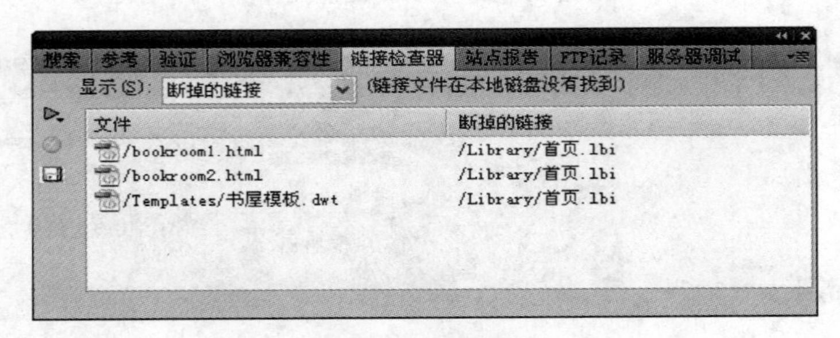

图 10—7　测试结果

链接检查器显示的结果分为：断掉的链接、外部链接、孤立文件 3 种类型。

(1) 断掉的链接：链接文件在本地磁盘中没有找到。

(2) 外部链接：链接到站点外的页面无法检查。

(3) 孤立文件：没有进入链接的文件。

选择“显示”下拉列表中选项可以分别查看这 3 种类型的链接检查，如图 10—8 所示。

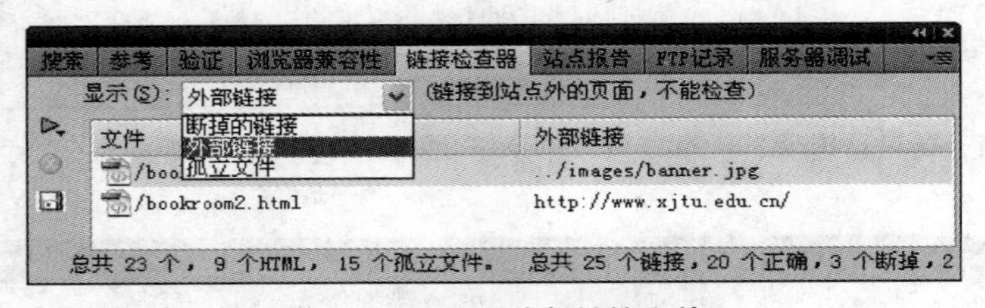

图 10—8　显示外部链接文件

检查出无效链接后，需要对其进行修正。在图 10—7 所示的测试结果中，双击某个无效的链接项目，打开该链接所在的网页，此时该无效链接的网页元素为选取状态，通过“属性”面板为网页元素重新设置链接地址即可。

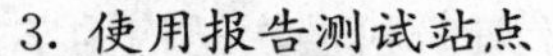

3. 使用报告测试站点

可以利用站点报告来检查 HTML 标签。站点报告包含可合并的嵌套字体标签、遗漏的替换文本、冗余的嵌套标签、可移除的空标签和无标题文档等内容。

运行报告后，可将报告保存为 XML 文件，然后将其导入模板实例、数据库或电子表格中，再将其打印出来或在 Web 站点上进行显示。具体操作步骤如下：

(1) 选择"站点→报告"命令，打开"报告"对话框，如图 10—9 所示。

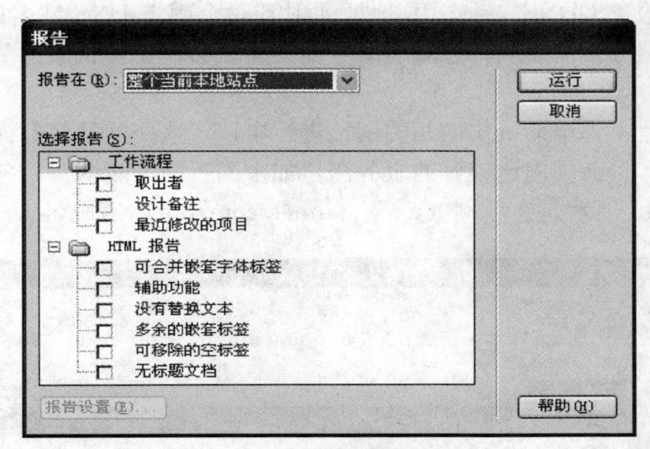

图 10—9　"报告"对话框

(2) 在"报告在"下拉列表框中选择要检测的文档，可以是"当前文档"、"整个当前本地站点"、"站点中的已选文档"、"文件夹"。在"选择报告"列表框中，设置要查看的工作流程和 HTML 报告的详细信息。要注意的是：必须定义远程站点连接才能运行工作流程报告。这里选择"整个当前本地站点"，选中"HTML 报告"内的选项，单击"运行"按钮，生成的站点报告如图 10—10 所示。

(3) 在报告结果中，选择一个报告，单击左侧的"更多信息"按钮，可以查看该行的详细说明。

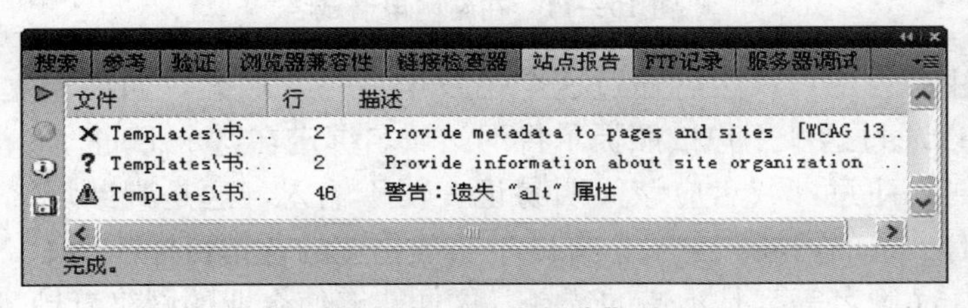

图 10—10　"站点报告"结果

(4) 双击其中的一条警告，会自动弹出"代码"视图，并将相应的标签选中，可以进行手动修改。

10.1.2　发布站点

在站点发布之前，首先应该申请域名和网络空间，同时还要对本地计算机进行相应的配置，以完成网站的上传。

网站空间是用于在 Internet 服务器上存放网站文件的硬盘空间，相当于网站的家。域名相当于网站在服务器上所安家的地址，是用于识别和定位互联网上计算机层次结构的字符标识，与该主机的 IP 地址相对应，用域名代替 IP 地址，更容易理解和记忆。例如，新浪中国的域名为：www. sina. com. cn，通过在浏览器中输入网站域名，用户可以登录网站，进而浏览网站内容。

通过域名并不能直接找到要访问的主机，中间要加一个从域名查找 IP 地址的过程，即域名解析（DNS）。域名注册后，注册商为域名提供免费的静态解析服务。一般的域名注册商不提供动态解析服务 DDNS（动态 IP 地址映射到一个固定 DNS 域名的解析服务），如果需要使用动态解析服务，需要向动态域名服务商支付域名动态解析服务费。

1. 申请域名

申请域名可以登录到申请机构的相关网站进行申请，这些网站都有详细的说明，帮助使用者迅速申请域名。目前国内比较好的服务商，如中国万网、新网、商务中国等都是非常好的选择。如图 10—11 所示是在新网（www. xinnet. com）上申请域名。

图 10—11 在新网申请域名

先在新网上注册为用户，然后通过这个用户申请一个域名，如果建立的网站有固定的 IP 地址，那么可以通过这个用户按照提示将网站域名绑定在这个 IP 上。

在注册域名时要注意：域名应该简明易记，便于输入，这是判断域名好坏最重要的因素。另外域名要有一定的内涵和意义，有助于实现企业的营销目标。例如，企业的名称、产品名称、商标名、品牌名等都是不错的选择，这样能够使企业的网络营销目标和非网络营销目标达成一致。例如，联想以其商标 Lenovo 作为域名。

2. 申请空间

网络空间有免费和收费两种，对于初学者，可以先申请一个免费空间。网上有很多提供免费空间的服务商，比如可以登录到 cn. 5944. net 网站上，按提示操作，在申请成功后，一般它会提供一个绑定的域名，要记下 FTP 主机、用户名和密码等信息，如图 10—12所示。

免费空间不足之处是网站空间有限、提供服务质量一般、空间不是很稳定、域名不能随心所欲。要获得更周到的服务，可以考虑到大的服务提供商申请收费空间，有条件的公司，可以在企业内部建立专门的 WWW 服务器，以提升网站的服务质量。

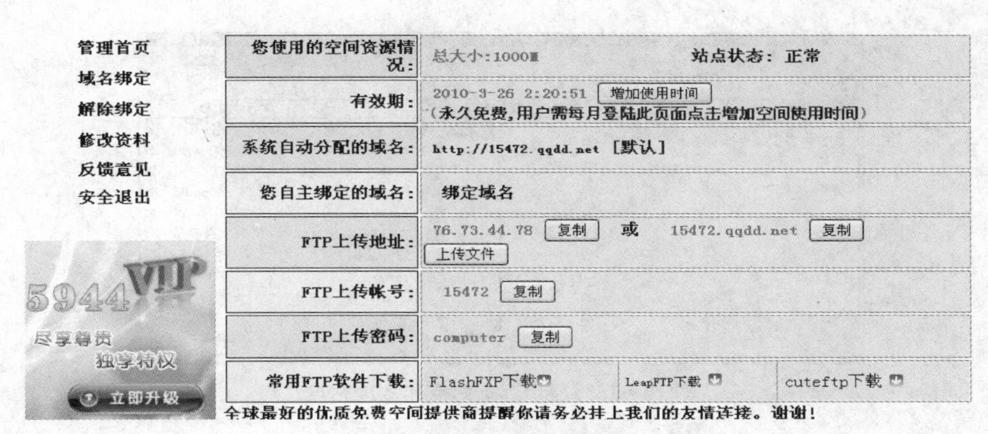

图 10—12　申请免费空间

3. 设置远程站点信息并上传

具体操作步骤如下：

(1) 选择“站点→管理站点”命令，弹出“管理站点”对话框，如图 10—13 所示。

(2) mysite09，单击“编辑”按钮，在弹出“mysite09 的站点定义为”对话框中，切换到“高级”选项卡，在“分类”列表框中选择远程信息，按照申请的域名空间信息，配置站点的远程服务器属性，如图 10—14 所示，配置完毕后，单击“确定”按钮。

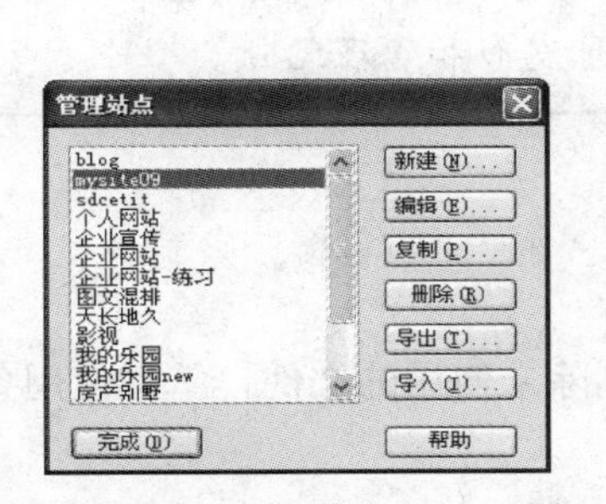

图 10—13　“管理站点”对话框

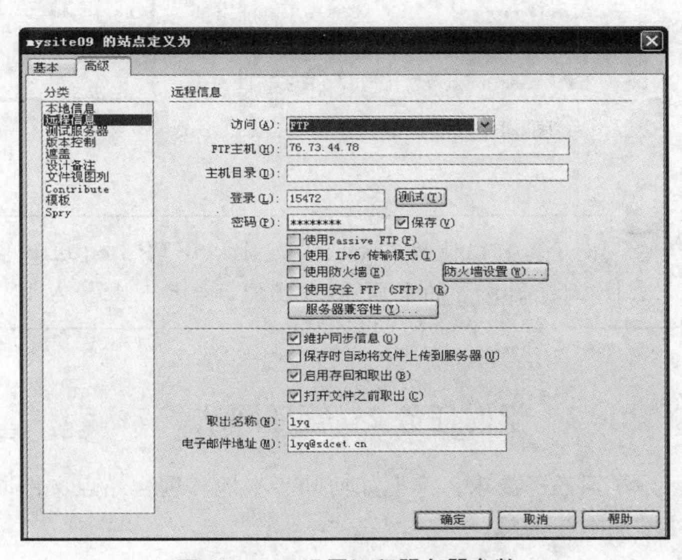

图 10—14　设置远程服务器参数

(3) 在“文件”面板中单击“展开显示本地和远程站点”按钮 ，展开后，面板的左边显示的是远程站点的文件，右边显示的是本地文件，如图 10—15 所示。

(4) 单击工具栏的“连接到远端主机”按钮 ，开始连接到远程主机。

(5) 在“文件”面板中选择要发布的站点，如图 10—16 所示，单击“文件”面板中的按钮 ，开始上传文件，如图 10—17 所示。

(6) 文件上传完成后，会在窗口的远程站点中看到文件。

(7) 打开浏览器，在地址栏中输入该网站域名或 IP 地址，即可浏览网站。

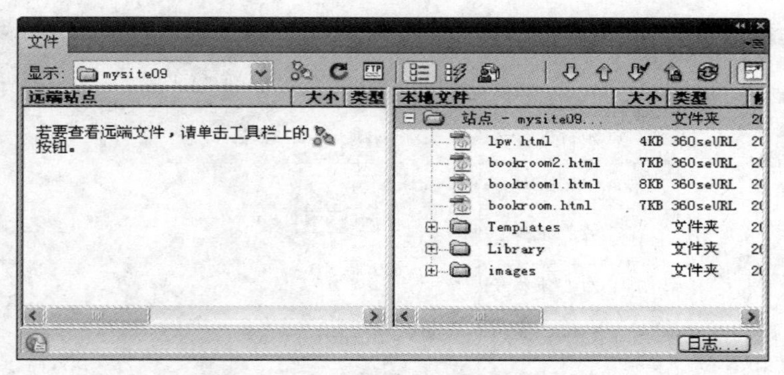

图 10—15 显示远端站点和本地站点

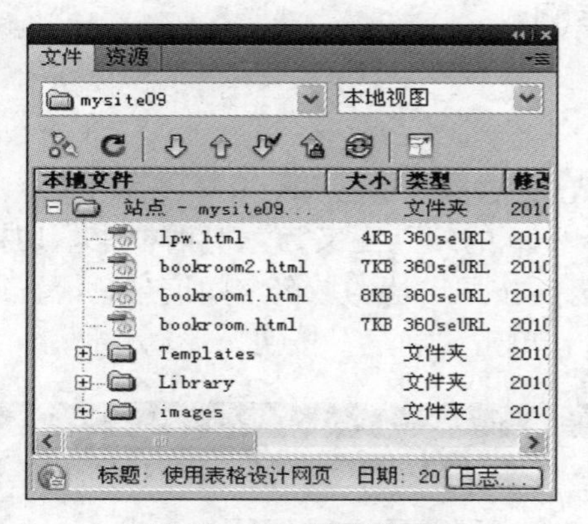

图 10—16 选择站点

图 10—17 上传站点

提示：可以使用 FlashFXP、LeapFTP、cuteftp 等软件发布和管理网站，也可以通过 IE 浏览器内置的 FTP 服务功能，在地址栏输入 FTP 地址发布和管理站点。

10.2 学习任务 2：管理网站

学习任务要求：掌握如何同步本地和远程站点文件以及删除未使用的文件，掌握使用备注增加附注信息。

10.2.1 同步本地和远程站点

本地站点的文件上传至 Web 服务器上后，利用 Dreamweaver 的同步功能使本地站点和远程站点上的文件保持一致，这样可以把文件的最新版本上传到远程站点，也可以从远程站点传回本地站点，以便编辑。

在没有同步的情况下，要了解本地站点或远程站点中哪些文件较新，可以在“文件”面板中，单击右上角的面板菜单按钮，选择“编辑→选择较新的本地文件”命令，或者选择“编辑→选择较新的远端文件”命令。具体操作步骤如下：

(1) 在“文件”面板中选择相关站点。如有必要，先选择特定的文件或文件夹；如果要同步整个站点，则不必选定文件夹。

(2) 单击“文件”面板右上角的面板菜单按钮，选择“站点→ 同步”命令，或单击“文件”面板的“同步”按钮，出现“同步文件”对话框。如图 10—18 所示。

(3) 在“同步”下拉列表框中，如果选择“整个“站点名称”站点”，则同步整个站点，如果选择“仅选中的本地文件”，则只同步选定的文件。

(4) 在“方向”下拉列表框中，选择复制文件的方向，有以下 3 种选择：

- “放置较新的文件到远程”：上传在远程服务器上不存在或自从上次上传以来已更改的所有本地文件。
- “从远程获得较新的文件”：下载本地不存在或自从上次下载以来已更改的所有远程文件。
- “获得和放置较新的文件”：将所有文件的最新版本放置在本地和远程站点上。

(5) 在“同步文件”对话框中，可以选中“删除本地驱动器上没有的远端文件”复选框。如果选择“放置较新的文件到远程”并选择“删除”选项，将删除远程站点中没有相应本地文件的所有文件；如果选择“从远程获得较新的文件”，将删除本地站点中没有相应远程文件的所有文件；如果选择“获得和放置较新的文件”时，该“删除”选项不可用。

(6) 设置好相关参数后，单击“预览”按钮。可以预览 Dreamweaver 当前设置的执行情况。如果每个选定文件的最新版本都已位于本地和远程站点并且不需要删除任何文件，则将显示一个警告，提示用户不需要进行任何同步，否则将显示“同步”对话框，如图 10—19 所示，用户可以在执行同步前更改对这些文件进行的操作，比如上传、获取、删除和忽略等。

(7) 单击“确定”按钮，即可开始同步文件。

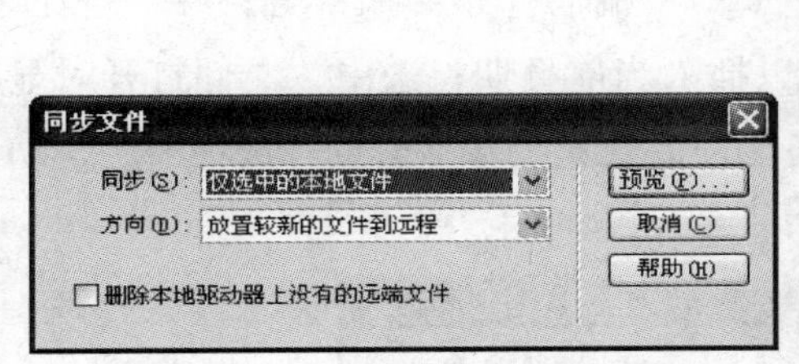

图 10—18　“同步文件”对话框

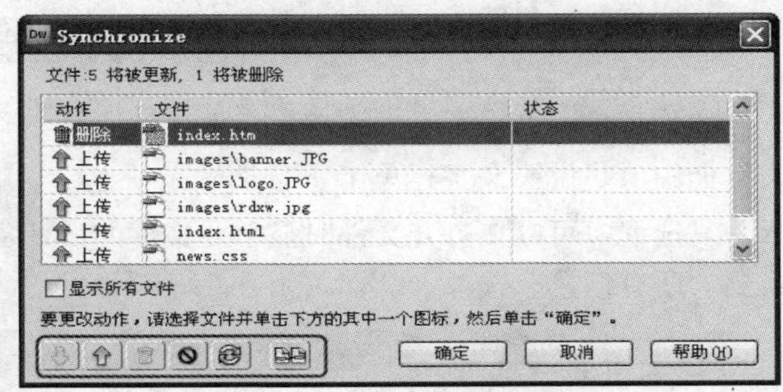

图 10—19　“同步”对话框

10.2.2　标识和删除未使用的文件

在使用 Dreamweaver 对站点进行管理的过程中，可以利用链接检查功能标识并删除站点中其他文件不再使用的文件。具体操作步骤如下：

(1) 选择“站点→检查站点内所有链接”命令。Dreamweaver 检查站点中的所有链接，并在“结果”面板中显示断开的链接。

(2) 从“链接检查器”面板上的弹出式菜单中选择“孤立的文件”。Dreamweaver 显示没有入站链接的所有文件，这意味着站点中没有链接到这些文件的文件。

(3) 选择要删除的文件，然后按 Delete 键。

10.2.3 在设计备注中管理站点信息

使用设计备注可以对整个站点或某个文件夹或某个文件增加附注信息，这样用户就可以时刻跟踪、管理每个文件，了解文件的开发信息、安全信息、状态信息等。实际上，保存在设计备注中的设计信息是以文件的形式存在的，这些文件都保存在 _ notes 文件夹中，文件的扩展名是 .mno。

在设计备注中管理站点信息的具体方法是：在“文件”面板中选择要设计备注的文件，右击鼠标，在弹出的快捷菜单中选择“设计备注”命令，在弹出的窗口中，首先设置“基本信息”选项卡，如图 10—20 所示。

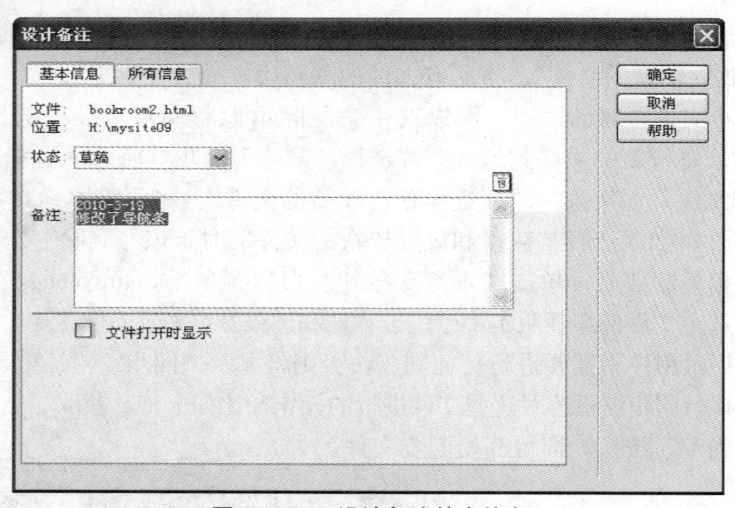

图 10—20 设计备注基本信息

在“状态”下拉列表框中选择当前文件的状态，如“草稿”、“最终版”等；在“备注”文本框中填写说明文字；单击“日期”按钮，可以插入当前日期；选中“文件打开时显示”复选框，可以在打开文件时显示此文件的设计备注。设置完“基本信息”选项卡后，切换到“所有信息”选项卡，如图 10—21 所示。

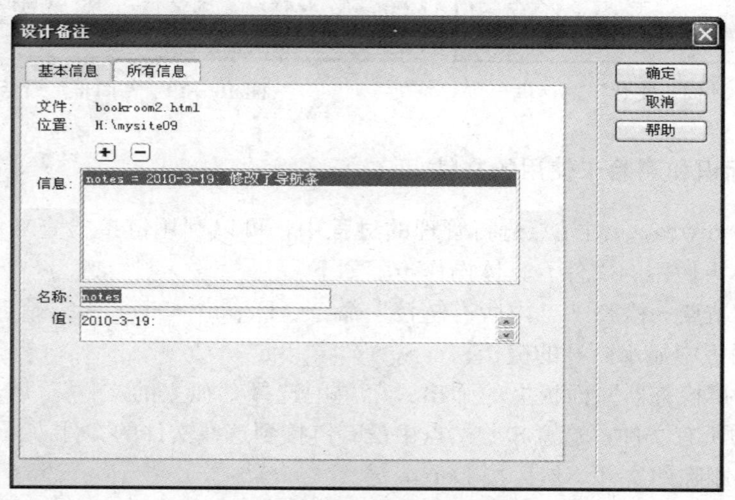

图 10—21 设计备注所有信息

在“名称”文本框中输入关键字；在“值”列表框中输入关键字对应的取值；单击面板上的按钮[+]，将值添加到“信息”文本框中；选中相应的值，单击面板上的按钮[-]，可以删除信息。设置完毕后单击“确定”按钮，将结果保存。

10.3　学习任务 3：维护站点

学习任务要求：掌握上传和下载文件的方法，了解文件传输的操作，掌握如何遮盖文件或文件夹以及存回/取出文件，掌握导入和导出站点的操作。

10.3.1　上传和下载

Dreamweaver 中内置了 FTP 功能，可以直接将本地站点内的文件传输到服务器上（即上传），或者从服务器上获取文件（即下载）。

具体方法是：单击“窗口→文件”命令，打开“文件”面板，在“文件”面板中的站点列表中选择所需要的站点。首先单击“连接到远端主机”按钮建立和远端服务器的连接，然后选中需要上传的文件，单击工具栏中的“上传文件”按钮⇧或者直接右击鼠标，从弹出的快捷菜单中选择“上传”命令，当出现提示上传任何从属文件时单击“确定”按钮即可。

下载的步骤和上传的步骤相似，如图 10—22 所示，在“文件”面板的“远程”视图中选择要下载的文件，单击“获取文件”按钮⇩即可。

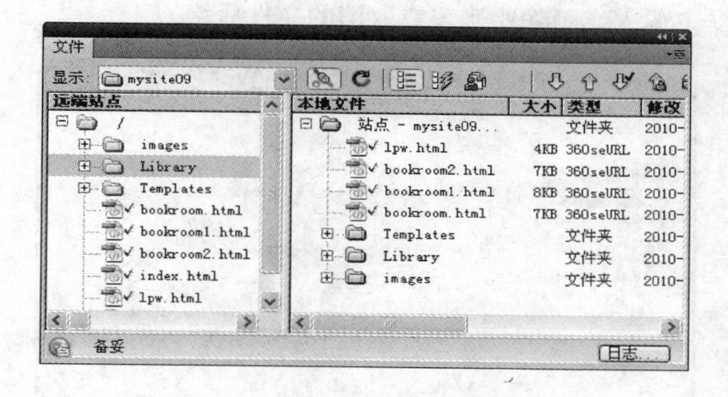

图 10—22　下载文件

提示：在使用上传和下载功能之前，必须先定义远端服务器，需要在“高级”选项卡下创建站点时设置“远程信息”选项。

10.3.2　文件传输管理

文件传输管理可以查看文件传输操作的状态，以及被传输的文件和传输结果（传输成功、跳过或传输失败）的列表，还可以保存文件活动日志。

取消文件传输的方法：在传输过程中出现的“后台文件活动”对话框中，单击“取消”按钮或关闭“后台文件活动”对话框。

在传输期间隐藏“后台文件活动”对话框的方法：单击“后台文件活动”对话框上的“隐藏”按钮。

要查看最近文件传输的详细信息，只需单击“文件”面板底部的“日志”按钮，打开“后台文件活动”对话框，然后单击“详细信息”按钮即可。如果要把详细信息保存在文本文件，单击“后台文件活动”对话框中底部的“保存记录”按钮，保存后，可以在 Dreamweaver 或任何文本编辑器中打开日志文件来查看文件活动。

10.3.3　遮盖文件和文件夹

对网站中某一类型的文件或某些文件夹使用遮盖功能，可以在上传或下载的时候排除这一类型的文件和文件夹。如果不希望每次上传较大的多媒体文件，就可以遮盖这些类型的文件。此外，Dreamweaver 还会从报告、检查更改链接、搜索替换、同步、“资源”面板内容、更新库和模板等操作中排除被遮盖的内容。

默认情况下，Dreamweaver 启用了站点遮盖功能。可以永久禁用遮盖功能，也可以为了对所有文件（包括遮盖的文件）执行某一操作而临时禁用遮盖功能。当禁用站点遮盖功能之后，所有遮盖文件都会取消遮盖。当再次启用站点遮盖功能时，所有先前遮盖的文件将恢复遮盖。

启动或禁用站点遮盖功能的方法是：在“文件”面板中选择一个文件或文件夹，右击选中的文件或文件夹，在打开的快捷菜单中选择“遮盖→设置”命令，从打开的“＊的站点定义为”对话框左侧的“类别”列表中选择“遮盖”选项。选择或取消“启用遮盖”，选择或取消“遮盖具有以下扩展名的文件”，以启用或禁用对特定文件类型的遮盖。如图 10—23 所示。还可以在文本框中输入或删除要遮盖或取消的文件后缀。

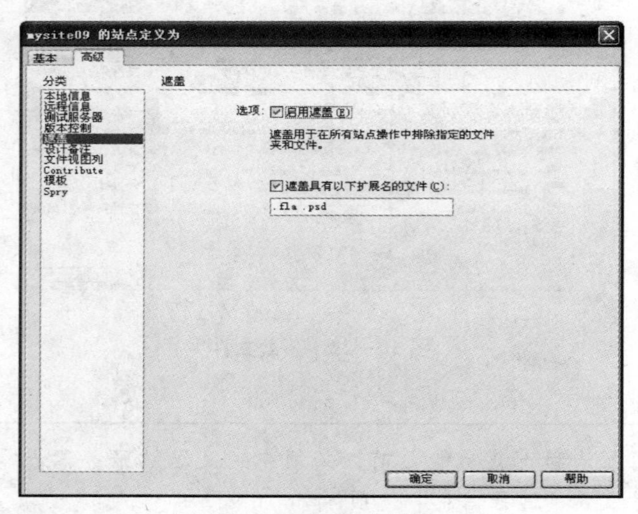

图 10—23　遮盖设置

提示：Dreamweaver 下可以对某个类型的文件使用遮盖，但不能对个别文件使用遮盖。

10.3.4　存回和取出系统

大型专业网站通常需要一个团队协作开发和维护，这样就会存在多人同时操作一个文件的情况，更新时则相互覆盖，会造成信息丢失或页面混乱，为了避免这种可能存在的冲突，Dreamweaver 增加了存回和取出这个机制，确保同一时间，只能由一个用户对此网页进行修改。

当一个网页被取出，那么该文件只能被执行取出的网页设计人员一个人使用，其他团队成员不能对该网页进行修改；当网页修改结束后，对该文件执行存回操作，这样其他人就可以对这个文件进行修改了。

1. 设置存回和取出系统

首先必须将本地站点与远程服务器相关联，然后才能使用存回和取出系统。具体方法是：选择“站点→管理站点”命令，选择一个站点，然后单击“编辑”按钮，打开如图 10—24 所示的对话框，选择“高级”选项卡，从左侧的“分类”列表中选择“远程信息”，如果在协作开发环境中工作，则选择“启用存回和取出”；如果没有看到“存回/取出”选项，则说明没有设置远程服务器。

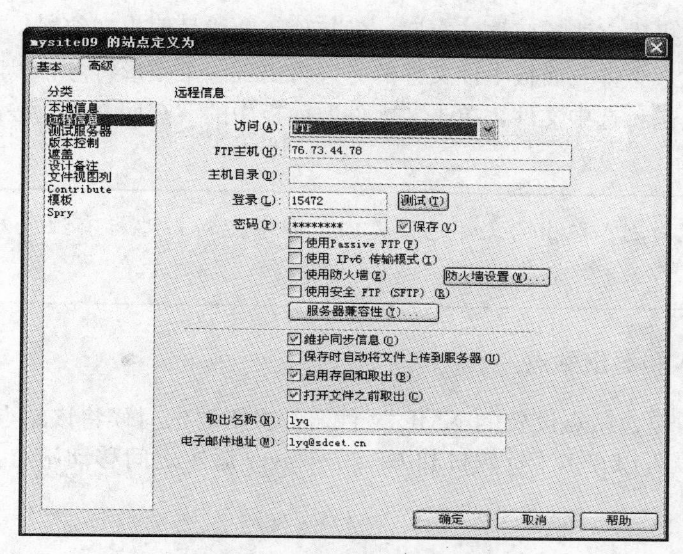

图 10—24　“存回/取出”选项

2. 取出

取出文件等同于声明“我正在处理这个文件，请不要动它!”，文件被取出后，在“文件”面板中将显示取出这个文件的人的姓名，并在文件图标的旁边显示一个红色选中标记（如果取出文件的是团队成员）或一个绿色选中标记（如果取出文件的是本人）。

在“文件”面板中选择要取出的文件，单击“文件”面板中的“取出文件”按钮，或者右击鼠标，在弹出的快捷菜单中选择“取出”命令，即可将其取出，其他团队成员无法操作该文件，但是能够从站点管理器中看到现在是谁在操作该文件，并通过指定的邮箱与该用户进行通信，如图 10—25 所示。

将一个文件取回后，可以取消取出操作，以供他人可以编辑。具体方法是：选中取出的文件，执行“站点→撤销取出”命令，此时会弹出对话框，提示用户是否真的要取消取出，

图 10—25 取出

单击“是”按钮即可。

3. 存回

用户取出文件操作完毕后要将其存回，供其他团队成员取出和编辑，存回后本地版本将变为只读，并且在“文件”面板中该文件的旁边将出现一个锁形符号，以防止该用户再更改该文件。具体方法是：选中文件，单击“文件”面板中的“存回文件”按钮。

提示：不能对别人取出的文件进行存回，即不能对那些标有红色对勾的文件进行存回操作。

10.3.5 导入和导出站点

将站点导出为包含站点设置的 XML 文件，并在需要的时候将该站点再导入到 Dreamweaver 中，这样就可以在多个计算机和 Dreamweaver 版本之间移动站点，或作为该站点的备份。

1. 导出站点

导出站点的具体方法是：选择“站点→管理站点”，选择要导出设置的一个或多个站点，然后单击“导出”按钮，弹出“导出站点”对话框，在对话框中为导出的站点文件命名，保存为带有.ste 扩展名的 XML 文件，如图 10—26 所示，单击“保存”按钮。

2. 导入站点

导入站点的具体方法是：选择“站点→管理站点”命令，在“管理站点”窗口中，单击“导入”按钮，在打开的“导入”对话框中选择需要导入的站点文件，单击“打开”按钮，如果 Dreamweaver 中已经有了一个导入站点文件名中的站点名同名的站点，则系统会提示对新导入的站点更改名称，如图 10—27 所示。单击“确定”按钮，完成站点的导入操作。站点名称会出现在“管理站点”对话框中，最后单击“完成”按钮。

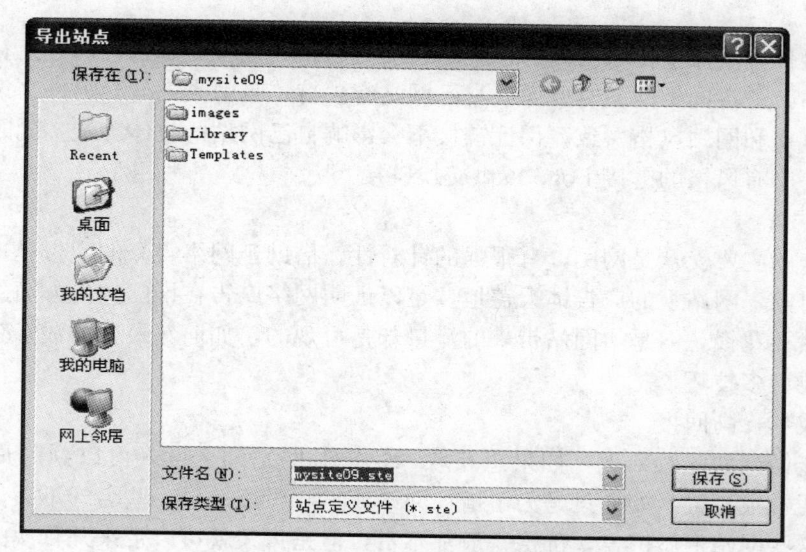

图 10—26　“导出站点”对话框

图 10—27　站点更改名称

10.4　学习任务 4：网站的宣传

学习任务要求：掌握注册搜索引擎、交换链接、网络广告等网站宣传的基本方法。

建好了网站，如果希望有尽可能多的浏览者访问站点，还要对网站进行宣传推广。网站宣传是提高网站知名度，充分发挥网站功效的重要手段。

10.4.1　注册搜索引擎

搜索引擎在网络上的作用越来越大。将站点提交给谷歌、百度等知名的搜索引擎网站，不仅网站能够很容易地被人找到，而且访问者的数量也会激增。目前的搜索引擎提供的服务有收费和免费登录两种。对于使用哪种服务，可以根据网站情况选择。

以百度为例，用户可在浏览器地址栏输入“http：//www. baidu. com/search/url_submit. html”，打开百度登录网页，填写要提交的网站信息，大约两个星期后，通过审核的网站就可以被搜索引擎搜索到。通常，搜索引擎都是通过网站首页的标题来确定搜索的关键字。

10.4.2　链接和广告

1. 友情链接

友情链接可以给一个网站带来稳定的客流，另外还有助于网站在百度、谷歌等搜索引擎提升排名。

最好能链接一些流量比自己高的、有知名度的网站，或者是和自己内容互补的网站，然后是同类网站，链接同类网站时要保证自己网站有独特、吸引人之处。另外在设置友情链接时，要做到链接和网站风格一致，保证链接不会影响自己网站的整体美观，同时也要为自己的网站制作一个有风格的链接 Logo 以供交换链接。

2. 网络广告

网络媒介的主要受众是网民，有很强的针对性，借助于网络媒介的广告是一种很有效的宣传方式。目前，网站上的广告铺天盖地，足以证明网络广告在推广宣传方面的威力。网络广告投放虽然要花钱，但是给网站带来的流量却是可观的，如何花最少的钱，获得最好的效果，这就需要许多技巧了。

（1）低成本，高回报。

怎样才能做到如此效果呢？如果想获取尽快提升网站知名度，可以到门户网站投放广告，但价格通常很昂贵。如果只是为了增加网站流量，可以选择一些名气不大但流量大的个人网站，在这些网站上做广告，价格一般都不贵，但是每天就可以带来几百次的点击率，比起竞价排名实惠多了。

（2）高成本，高收益。

这个收益不是流量，而是收入。对于一个商务网站，客流的质量和客流的数量一样重要。此类广告投放要选择的媒体非常有讲究，首先，要了解网站潜在客户群的浏览习惯，然后寻找客户群浏览频率比较高的网站投放广告。价格稍微高些，但是客户针对性较高，所以带来的收益也比较高。比如卖化妆品的网站在某著名女性网站投放广告，价格虽然稍高，但是效果肯定很好，浏览者成为自己网站客户的也比较多，因此可获得很好的收益。对于商业网站，高质量的客流很为重要，广告投放一定要有目标性。

10.4.3 其他宣传方法

1. 导航网站登录

如果网站被收录到流量比较大的诸如“网址之家”或“265 网址”这样的导航网站中，对于一个流量不大、知名度不高的网站来说，带来的流量远远超过搜索引擎以及其他的方法。单单推荐给网址之家被其收录在内页一个不起眼的地方，每天就可能给网站带来 200 访客左右的流量。

2. 病毒式营销

病毒式营销是利用互利的方法，让网友帮自己宣传，制造一种像病毒传播一样的效果。例如，为网友提供免费留言板、免费域名、免费邮件列表、免费新闻和免费计数器等，然后可以在这些服务中加入自己的广告或者链接。另外还可以制作精美或有趣的页面向网友推荐。也可以自己制作软件来宣传，再加上自己的网站链接，如果软件被众多软件下载网站收录，网站的知名度和流量能得到很好的提升。

3. 邮件订阅

如果网站内容足够丰富，可以考虑向用户提供邮件订阅功能，让用户自由选择“订阅”、“退订”、“阅读”的方式，及时了解网站的最新动态，这样有利于稳定网站的访问量，提高网站的知名度，这比发垃圾邮件更贴近用户的心理。

除了以上的宣传方法外，还可以采用BBS宣传、参加网络排行，使用传统媒介宣传等推广手段。

提示：为保持网页的浏览人数，注意要定期更新网页，增加其内容。如果有更好的设计方案，可以考虑改版。

习 题 10

一、填空题

1. 网站测试的主要内容包括__________、__________、__________等。

2. 域名是用于识别和定位互联网上计算机层次结构的字符标识，与该主机的__________相互对应。

3. 使用__________面板，可以管理网站的所有文件并能在本地和远程服务器之间传输文件。

4. 利用__________功能，可以从“获取”或“上传”等操作中排除某些文件夹和文件类型。

二、选择题

1. 要测试网络链接，可选择__________菜单中的“检查站点范围的链接”命令，即可对整个网站进行测试。

A. 站点　B. 修改　C. 命令　D. 编辑

2. 提供域名服务的基本互联网服务的英文简称是__________。

A. FTP　B. HTTP　C. DNS　D. IP

3. __________工具不是上传站点的工具。

A. Dreamweaver　B. Fireworks　C. FlashFTP　D. CuteFTP

4. 使用__________命令，可以将文件从远程站点复制到本地站点。

A. 复制　B. 上传　C. 获取　D. 下载

三、简答题

1. 如何在Dreamweaver中测试站点？
2. 如何上传网站？
3. Dreamweaver CS4中提供了哪些网站维护功能？
4. 比较几种常见网站推广方式，分析它们的利与弊。

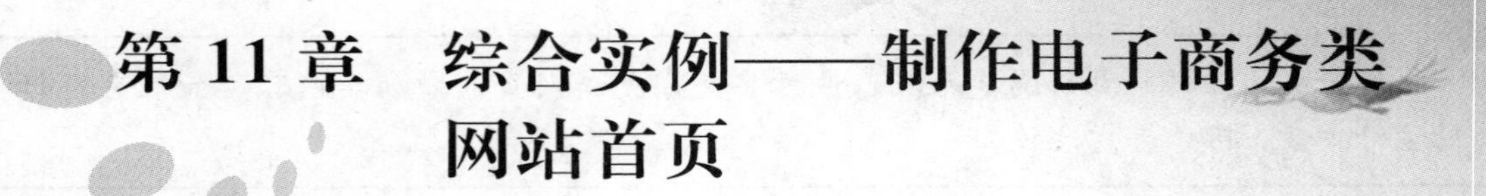

第 11 章　综合实例——制作电子商务类网站首页

网站按照主题分为个人网站、企业网站、商务网站等。本章以 DIV＋CSS 作为技术架构，介绍基于 HTML 语言的电子商务网站前台制作，包括网站策划、素材准备、创建站点、页面设计等。

11.1　网站建设的前期准备工作

前期准备工作决定了网站建设的效率，工作准备的充分与否是网站建设成败的关键，所以要重视网站前期准备工作。准备工作主要包括对网站的功能分析、网站风格定位、确定网站整体架构、素材收集等。

11.1.1　网站整体需求分析

在建设网站之前，需要对网站进行需求分析。网站需求分析要立足实际，对网站的背景、发展历史、网站现状等内在因素和客户特点进行详细调查分析，然后根据网站和客户特点对网站进行总体规划。

对于网站需求分析，有条件的话，可以针对公司领导层、管理层、作业层和潜在客户进行问卷调查，通过对调查问卷的分析，得出科学的结论，最后以需求分析报告的形式呈现，供相关人员参阅。

网站整体需求主要包括以下几个方面。

1. 网站建设背景及目标

网站建设背景及目标主要涵盖网站的经营范围等，以及通过网站建设要达到的目标，例如吸引更多的客户来网站交易购物。

2. 网站建设现状分析

通过调查研究，分析同领域网站建设现状，并进行归类总结，找出同类网站建设的优点和不足，在后期建设过程中弥补不足，发挥优势。

3. 网站建设目标分解

通过调查分析，明确网站建设目标，并将目标划分为若干子模块，确定建站所使用的技术，是采用静态网页技术还是动态网页技术，采用何种数据库。

4. 网站建设资金及人员投入情况分析

确定网站建设规模，申请域名，确定是购置服务器还是租用空间；通过建站需求、模块划分确定建站资金和人员投入情况；核算建站所需时间；针对网站的规模及特点，分析由专门人员维护网站还是由网络公司对网站进行后期维护。

11.1.2　确定网站风格

根据电子商务网站的特点，确定网站的整体风格，即网站的色彩和版式。网站风格是在网站整体需求分析的基础上，通过明确网站设计的目的和用户需求、访问者的特点等得出的结论。本实例是针对一个工业产品交易平台的网站，网站与用户交互性强，因此确定其主色调为暖色系的橘黄色给人以轻松愉快的浏览环境。图 11—1 是电子商务网站的 Logo。

11.1.3　网站素材搜集

明确网站主题和划分板块后，接着要为后续的网站建设搜集素材。若想让网站有声有色，能够吸引客户注意，就要尽量搜集文字、图片、音频、视频、动画等多媒体素材。对于一些通用素材，可以从网上搜集得到，也可以根据需求自行制作素材，例如，通过 Photoshop 图像处理软件对图像进行优化处理，使用 Flash 制作动画等，如图 11—2 所示。

图 11—1　网站 Logo

图 11—2　Adobe 公司的 Photoshop 和 Flash

11.2　创建站点

网站建设的第一步是创建本地站点。在 Dreamweaver 中，选择“站点→新建站点”命令，弹出“工业产品交易平台”的站点定义为对话框，输入站点名称“工业产品交易平台”，然后单击“下一步”按钮，继续在打开的下一个对话框中进行设置，直到完成站点的创建操作。有关创建站点的具体操作在第 1 章中已经详细介绍，这里不再赘述，请用户参考第 1 章的介绍完成站点的创建。

创建的站点信息将显示在“文件”面板中。如果需要对站点参数进行修改，可以单击“站点→管理站点”命令对站点进行重新设置。

11.3　网站主页制作

网站整体采用 Div 元素进行布局，使用 CSS 样式表对布局进行格式化。其中，Div 作为容器，主要用来存放各种页面元素，CSS 样式表用来设定页面元素的属性。

11.3.1 使用 Div+CSS 布局页面

使用 Div+CSS 实现页面布局，具体操作步骤如下：

（1）在 Dreamweaver 中，选择“窗口→文件”命令，打开“文件”面板，在面板中右击鼠标，新建一个网页文件，并将其以 index.html 为文件名保存在创建的站点中。

（2）在站点内新建一个文件夹，命名为 img，将收集好的图片素材存放到该文件夹中，如图 11—3 所示。

（3）双击“文件”面板中的 index.html 将其打开，为其标题命名为“工业产品交易平台”。选择“插入→布局→绘制 AP Div”命令，在文档中绘制多个 AP Div，设置它们的嵌套关系。页面结构布局如图 11—4 所示。

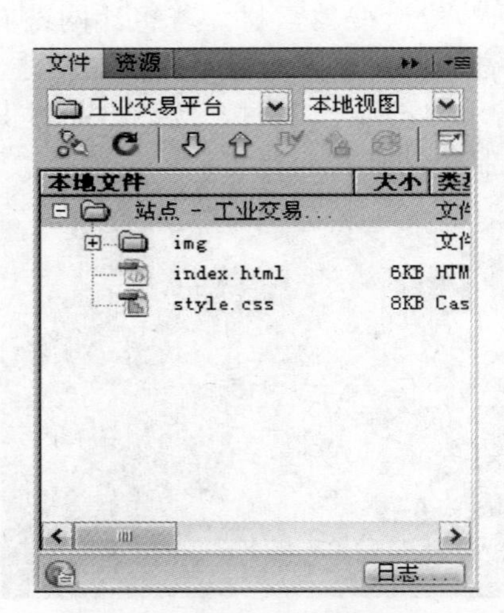

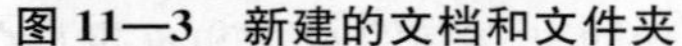
图 11—3 新建的文档和文件夹

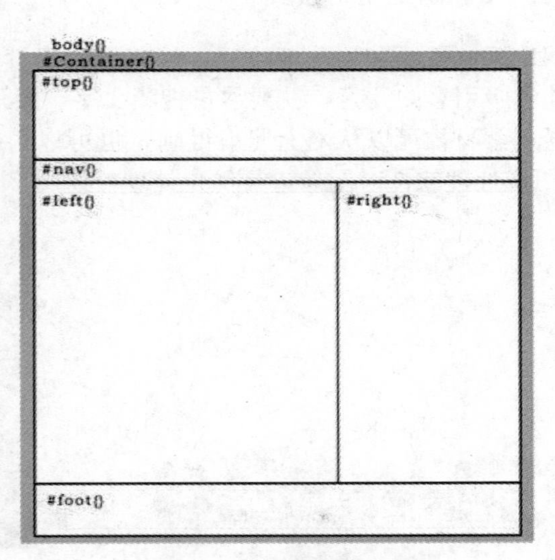

图 11—4 页面结构布局

（4）为 AP Div 元素设置 CSS 样式。由于网站首页和子页面采取相同的布局风格，因此样式表采用外部链接样式表。选择“文本→CSS 样式→附加样式表”菜单命令，打开“链接外部样式表”对话框，设置“文件/URL”值为 style.css，如图 11—5 所示，单击“确定”按钮。

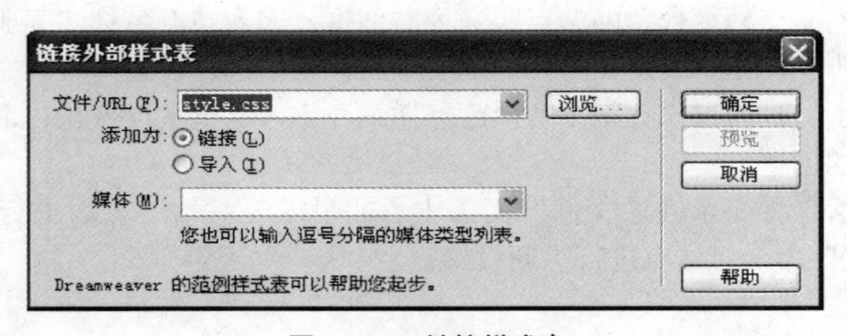

图 11—5 链接样式表

（5）选中创建的 AP 元素 container，在右侧的“CSS 样式”面板中右击鼠标，选择“新建”命令，打开“新建 CSS 规则”对话框，并作相应设置，如图 11—6 所示。

(6) 单击“确定”按钮，弹出“#container 的 CSS 规则定义”对话框，选择分类列表框下的“背景”选项卡，设置文档的“背景颜色”为#FFF；在分类列表框中，切换到“区块”选项卡，设置“文本对齐”属性为“左对齐”；在分类列表框中，切换到“方框”选项卡，设置 Ap Div 的“宽”为 960 px，“上边界”为 1 px，“下边界”为 0 px；“边框”和“列表”选项卡的属性保持默认设置；切换到“定位”选项卡，单击“确定”按钮，完成对#container 元素样式的定义。设置后的“CSS 样式”面板如图 11—7 所示。

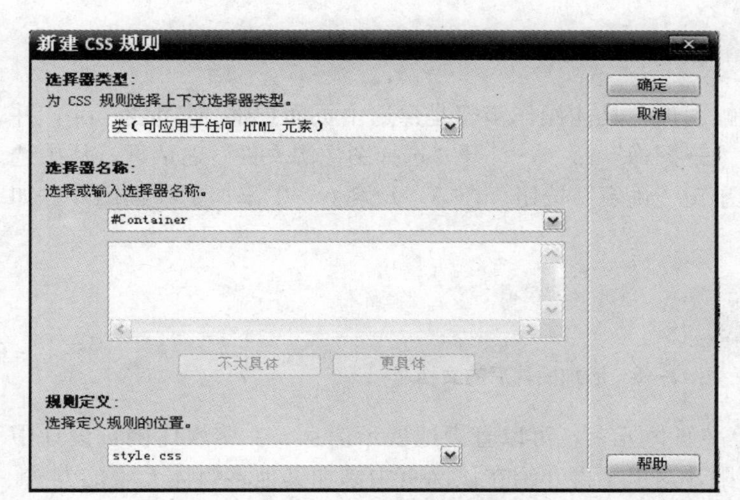

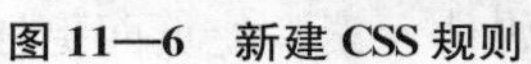

图 11—6　新建 CSS 规则

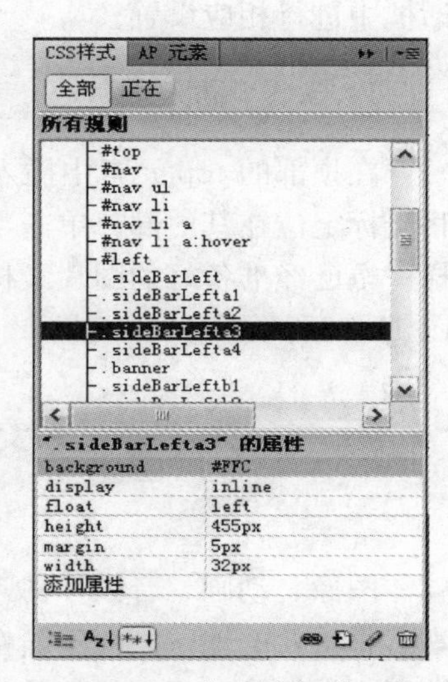

图 11—7　“CSS 样式”面板

(7) 按照上述步骤，对其他 AP 元素进行设置 CSS 样式。当然，也可以在 style. css 文件里手动输入 CSS 样式代码。设置后的 style. css 文件中的代码参考如下：

```
/* ==整体布局定义开始== */
#Container {
    width:960px;                  /*定义页面宽度*/
    visibility:visible;           /*设置可见度*/
    margin:1px auto 0;            /*设置外边距*/
    background-color: #FFF;       /*定义背景颜色*/
}
```

注意，在/*和*/之间的是注释部分，该部分内容只对代码起注释作用。

11.3.2　设置页面属性

在 style. css 样式表文件内部设置网页的页面属性。页面属性是对〈body〉标签属性的设置。代码如下：

```
body{
    font-size:12px;               /*定义字号*/
    color:#666;                   /*定义字体颜色*/
    background:#FFF;              /*定义背景颜色*/
```

```
    text-align:center;              /*定义文本位置*/
    margin:0;                       /*定义外边距*/
    padding:0;                      /*定义外边距*/
    border:0;                       /*定义边框粗细*/
    background: transparent;        /*定义背景透明*/
}
```

也可以打开 index. html，选择“修改→页面属性”菜单命令，在打开的“页面属性”对话框中进行相应设置。

11.3.3 插入图片

在顶部的 top 元素中插入一幅图像。具体操作步骤是：选中页面顶部 AP 元素 top，并将光标定位在其内部。单击“插入→图像”命令，打开“选择图像源文件”对话框，从中选择一幅已经准备好的图片素材，单击“确定”按钮。在 AP 元素 top 中添加了一幅图片，如图 11—8所示。

图 11—8　添加图片后的文档

图像、动画、音频 、视频等多媒体元素，可以直观地展示信息，在多媒体网页设计中占有很重要的地位。由于篇幅所限，这里不再介绍在该网页中添加其他多媒体元素的方法。请用户根据前面章节的相关内容，尝试使用各种多媒体元素，使页面更加丰富多彩。

11.3.4 添加导航条

网页导航条是非常重要的网页元素，网页间的跳转，需要通过导航条来完成。导航条的设计要尽量颜色突出、美观。该网站通过列表项的形式为网页设计导航条，并为列表项添加 CSS 样式。具体操作步骤如下：

(1) 将光标定位在 nav Div 元素中，在其内部输入列表项，并为列表项的各个单元设置超链接。设置情况如图 11—9 所示。

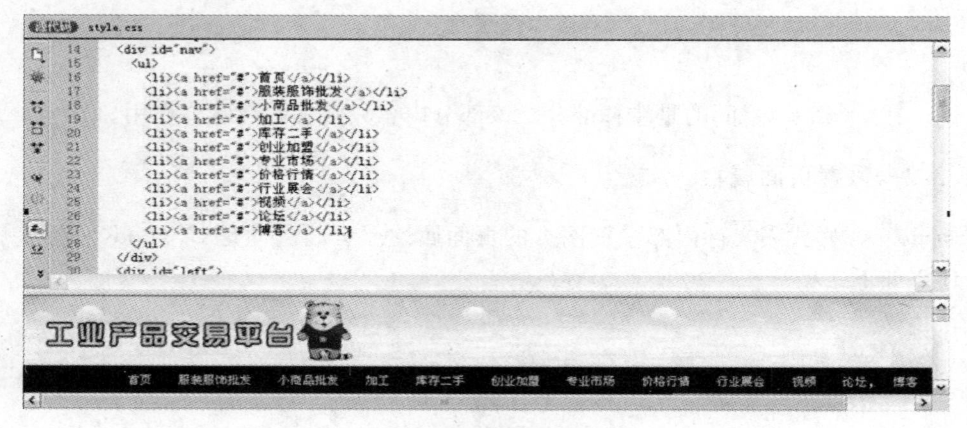

图 11—9　导航栏设计

(2) 选中该列表项，为其添加 CSS 样式，由于该样式比较复杂，需要在 style. css 文件中输入相关代码。

```
#nav {
    height:30px;                                    /*定义高度*/
    width:100%;                                     /*定义宽度*/
    background-color:#c00;                          /*定义背景颜色*/
    overflow: hidden;                               /*定义溢出效果*/
}
#nav ul {
    font-size:12px;                                 /*定义字号*/
    color:#FFF;                                     /*定义字体颜色*/
    line-height:30px;                               /*定义字体行高*/
    white-space:nowrap;                             /*定义区块空格*/
    margin:0 0 0 30px;                              /*定义外边距*/
    padding:0;                                      /*定义内边距*/
}
#nav li {
    list-style-type:none;                           /*定义列表类型*/
    display:inline;                                 /*定义区块显示效果*/
}
#nav li a {
    text-decoration:none;                           /*定义字体修饰*/
    font-family:Arial, Helvetica, sans-serif;/*定义字体*/
    color:#FFF;                                     /*定义字体颜色*/
    padding:7px 10px;                               /*定义内边距*/
}
#nav li a:hover {
    color:#ff0;                                     /*定义字体颜色*/
    background-color:red;                           /*定义背景颜色*/
}
```

该样式表使用列表项实现导航菜单功能。当鼠标处于不同状态时，导航菜单出现不同的特效。选择“文件→保存”命令保存 index. html 页面，按 F12 键在浏览器中浏览网页，效果如图 11—10 所示。

图 11—10　鼠标悬停在导航栏上的效果

11. 3. 5　推荐厂家

(1) 把光标置于 Div 元素 left 中，创建新的 Div 元素 sideBarLefta1，并定义相关样式：

在打开的“sideBarLefta1 的 CSS 规则定义”对话框中，选中“方框”选项卡，从中设置 Div 的“宽”为 238 px，“高”为 240px。

（2）在 Div 元素 sideBarLefta1 的内部插入推荐厂家标志及说明文字等信息，定义相关样式如图 11—11 所示。

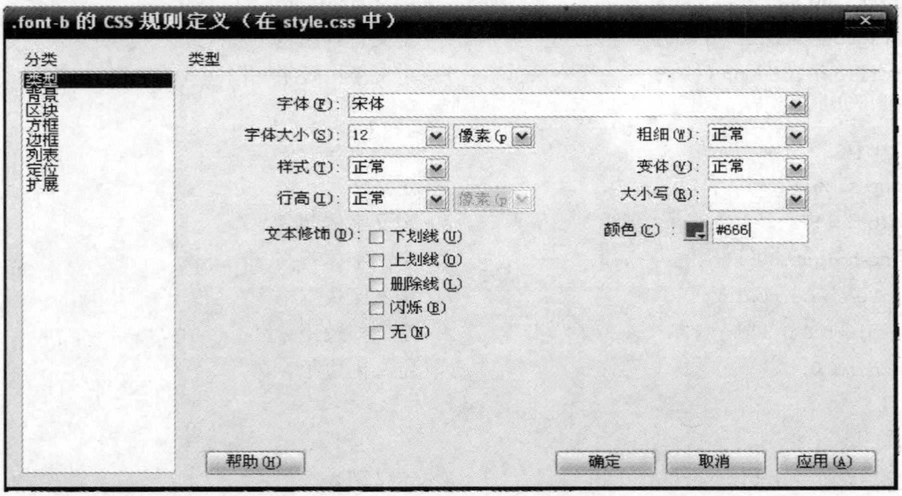

图 11—11　文字样式编辑

（3）在 style. css 样式表中插入下面的代码，得出推荐厂家的效果，如图 11—12 所示。

```
#left {
    float:left;                          /*定义浮动位置 */
    width:640px;                         /*定义宽度 */
    height:832px;                        /*定义高度 */
}
  .sideBarLeftb1 {
    width:238px;                         /*定义宽度 */
    height:240px;                        /*定义高度*/
    border:#ebcbb4 solid 1px;            /*定义边框的颜色、粗细、样式*/
}
```

11.3.6　网页广告设计制作

（1）将光标置于 Div 元素 #left 中，插入一个嵌套的 Div 元素 #sideBarLefta2，其布局如图 11—13 所示。

（2）将光标置于 Div 元素 banner 中，插入一个已经准备好的 SWF 元素。

（3）选中 banner 下面 Div 元素，并定义类为 hot，在 4 个小 Div 元素中分别插入准备好的广告图，效果如图 11—14 所示。

图 11—12　推荐厂家效果

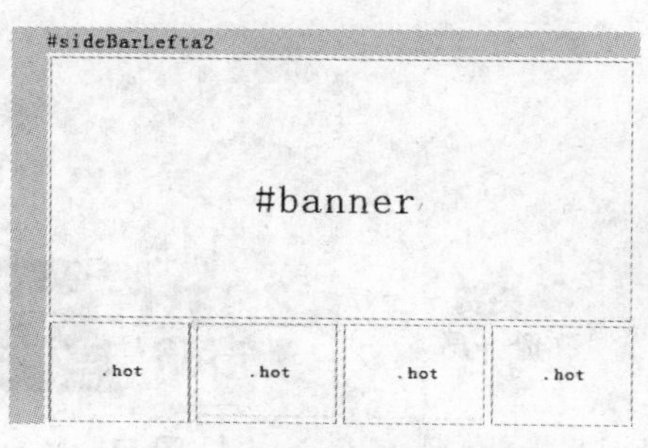

图 11—13　banner 区域布局

图 11—14　广告效果

在 style. css 样式表中插入的代码如下：

```
#sideBarLefta2 {
    float:left;                          /*定义浮动位置 */
    width:390px;                         /*定义宽度 */
    height:268px;                        /*定义高度*/
    overflow: hidden;                    /*定义溢出效果*/
}
#banner {
    margin-top:5px;                      /*定义顶端外边距*/
    border:#999 solid 1px;               /*定义边框的颜色、粗细、样式*/
    width:390px;                         /*定义宽度 */
}
.hot{
    display:inline;                      /*定义区块显示效果*/
    border:#999 1px solid;               /*定义边框的颜色、粗细、样式*/
    width:91px;                          /*定义宽度 */
    height:70px;                         /*定义高度*/
    float:left;                          /*定义浮动位置 */
    margin:2px; 50                       /*定义外边距*/
}
```

11.3.7　页面右侧栏目设计

页面右侧栏目设计的具体步骤如下：

(1) 将光标置于 Div 元素 right 中，插入已经准备好的图片 service. jpg，如图 11—15 所示。用户可以在图片“属性”面板中，使用矩形热点工具创建地图链接。

(2) 在 service. jpg 下面插入两个 Div，分别定义为 . sideBarRightb3 和 . sideBarRightb4，在新建的 Div 中插入准备好的广告图像 ad1. jpg 和 ad2. jpg 并在属性面板中定义超链接，效果如图 11—16 所示。

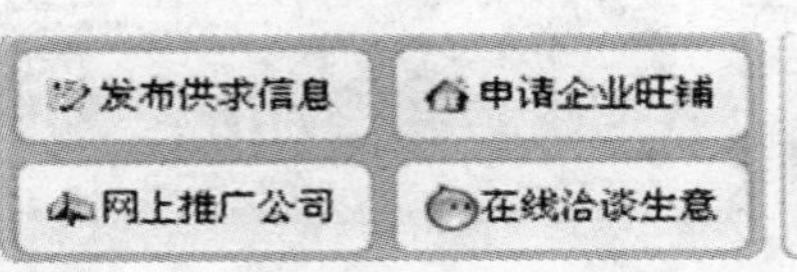

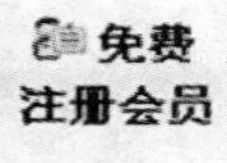

图 11—15　插入的图片

图 11—16　页面右侧栏目效果

在 style. css 中添加的代码如下：

```
#right {
    float:left;                          /* 定义浮动位置 */
    width:320px;                         /* 定义宽度 */
    height:832px;                        /* 定义高度 */
}
.sideBarRightb3 {
    height:60px;                         /* 定义高度 */
    margin-top:5px;                      /* 定义顶端外边距 */
    border:#ebcbb4 1px solid;            /* 定义边框的颜色、粗细、样式 */
}
.sideBarRightb4 {
    height:93px;                         /* 定义高度 */
    margin-top:5px;                      /* 定义顶端外边距 */
    border:#ebcbb4 1px solid;            /* 定义边框的颜色、粗细、样式 */
    margin-bottom:5px;                   /* 定义底端外边距 */


}
.sideBarRightb3,.sideBarRightb4 img {
    text-align:center;                   /* 定义文本位置 */
    padding:5px;                         /* 定义内边距 */
}
```

11.3.8　行业栏目设计

行业栏目设计的具体步骤如下：

(1) 将光标置于 Div 元素 left 中，在其下侧插入一个嵌套的 Div 元素 sideBarLeftb2。

(2) 选中 Div 元素 sideBarLeftb2，将光标定位在其内部，创建多个新 Div，为了方便日后的维护，将新建 Div 单独定义为 . sideBarLeftb3，如图 11—17 所示。

(3) 选中 Div 元素 sideBarLeftb3，在“. sideBarLeftb3 的 CSS 规则定义”对话框中，设置“宽”为 280 像素、“高”为 150 像素，“浮动”为“左对齐”等。在 style. css 中添加的代码如下：

```
.sideBarLeftb3 {
    text-align:left;                    /* 定义文本位置 */
    float:left;                         /* 定义浮动位置 */
    height:150px;                       /* 定义高度 */
    width:280px;                        /* 定义宽度 */
    padding:4px;                        /* 定义内边距 */
}
```

（4）将光标移到 sideBarLeftb3 的 Div 元素中，插入两行列表并对列表设置相关 CSS 参数。在 style. css 中添加的代码如下：

```
.sideBarLeftb3 ul {
    font-size:12px;                     /* 定义字号 */
    line-height:6px;                    /* 定义字体行高 */
    float:left;                         /* 定义浮动位置 */
    width:270px;                        /* 定义宽度 */
    margin:0 0 0 5px;                   /* 定义外边距 */
    padding:0;                          /* 定义内边距 */
}
```

（5）在列表中添加列表内容，代码如下：

```
<div class = "sideBarLeftb3">
<ul class = "font-c">
  <a class = "font-d">机械</a>
  <a>轴承</a>
  <a>阀门</a>
  <a>模具</a>
  <a>刀具夹具</a>
  <a>泵</a>
</ul>
<ul class = "font-b">
  <li>密封件</li>
  <li>粉碎机</li>
  <li>压缩机</li>
  <li>减速机</li>
  <li>机械加工</li>
</ul>
<ul class = "font-b">
  <li>焊机</li>
  <li>风机</li>
  <li>机床</li>
  <li>弹簧</li>
```

```
  <li>齿轮</li>
<li>锅炉</li>
  <li>更多</li>
</ul>
</div>
```

(6) 对列表内容设置相关 CSS 参数。在 style. css 中添加的代码如下：

```
.sideBarLeftb3 li {
    list-style-type:none;              /* 定义列表类型 */
    float:left;                        /* 定义浮动位置 */
    margin-top:2px;                    /* 定义顶端外边距 */
    border-right-width:1px;            /* 定义边框右边的宽度 */
    border-right-style:solid;          /* 定义边框右边的样式 */
    border-left-style:none;            /* 定义边框左边的样式 */
    border-right-color:#999;           /* 定义字体颜色 */
    padding:6px;                       /* 定义内边距 */
}
```

(7) 对列表的第一行整体设置为 class＝" font-c"，第二行整体设置为 class＝"font-b"，并设置相关 CSS 参数。在 style. css 中添加的代码如下：

```
.font-c {
    font-size:14px;                    /* 定义字号 */
    font-weight:700;                   /* 定义字体粗细 */
    color:#03C;                        /* 定义字体颜色 */
}
.font-b {
    font-size:12px;                    /* 定义字号 */
    color:#666;                        /* 定义字体颜色 */
    padding:10px 0 1px;                /* 定义内边距 */
}
```

(8) 选中第一行的首个词组，如图 11—18 中的“机械”，将其单独定义为 class＝"font-d"，并设置相关 CSS 参数。UL 列表设置效果如图 11—18 所示。在 style. css 中添加的代码如下：

```
.font-d {
    font-size:16px;                    /* 定义字号 */
    color:#f60;                        /* 定义字体颜色 */
    font-weight:700;                   /* 定义字体粗细 */
    line-height:20px;                  /* 定义字体行高 */
}
```

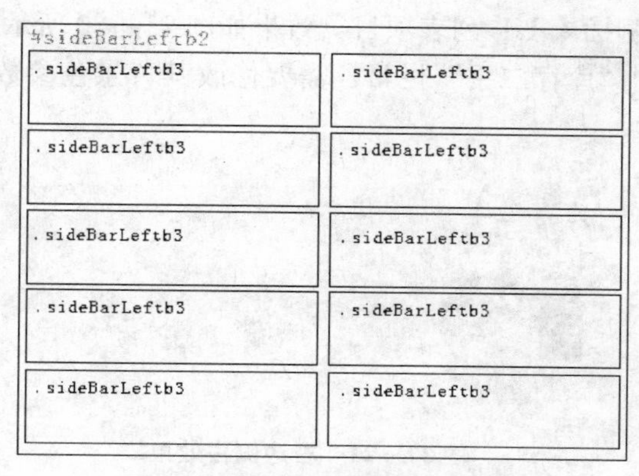

图 11—17　行业栏目列表布局

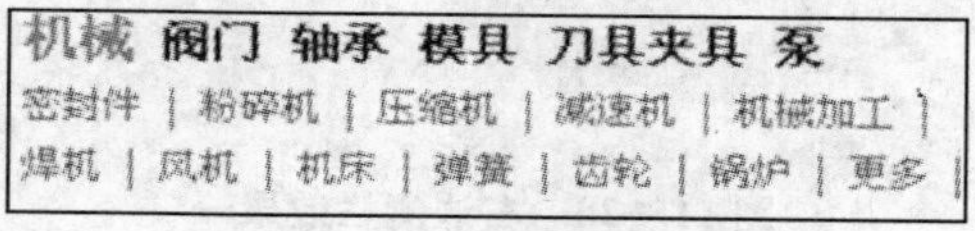

机械 阀门 轴承 模具 刀具夹具 泵
密封件 | 粉碎机 | 压缩机 | 减速机 | 机械加工 |
焊机 | 风机 | 机床 | 弹簧 | 齿轮 | 锅炉 | 更多 |

图 11—18　输入的列表内容

(9) 在 sideBarLeftb2 包含的其他 Div 元素中，分别添加不同的列表内容，并将上面介绍的 UL 列表样式添加到这些列表中。至此，行业栏目列表制作完成，如图 11—19 所示。

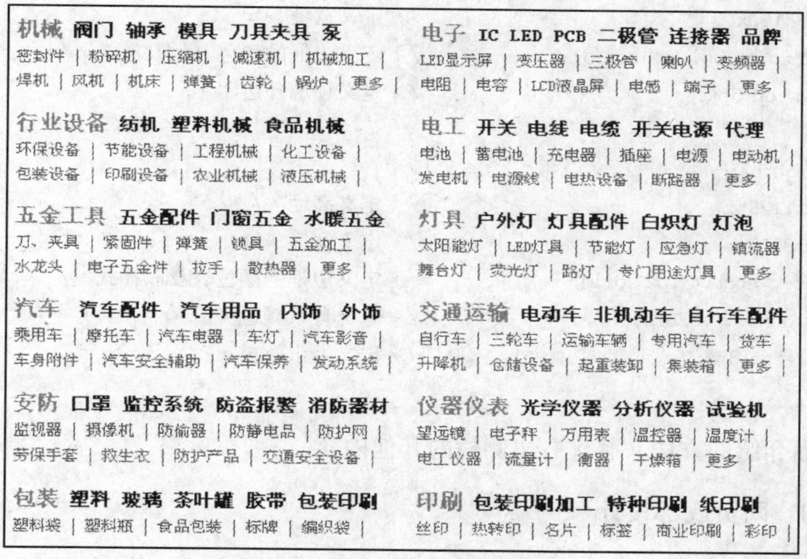

机械 阀门 轴承 模具 刀具夹具 泵
密封件 | 粉碎机 | 压缩机 | 减速机 | 机械加工 |
焊机 | 风机 | 机床 | 弹簧 | 齿轮 | 锅炉 | 更多 |

电子 IC LED PCB 二极管 连接器 品牌
LED显示屏 | 变压器 | 三极管 | 喇叭 | 变频器 |
电阻 | 电容 | LCD液晶屏 | 电感 | 端子 | 更多 |

行业设备 纺机 塑料机械 食品机械
环保设备 | 节能设备 | 工程机械 | 化工设备 |
包装设备 | 印刷设备 | 农业机械 | 液压机械 |

电工 开关 电线 电缆 开关电源 代理
电池 | 蓄电池 | 充电器 | 插座 | 电源 | 电动机 |
发电机 | 电源线 | 电热设备 | 断路器 | 更多 |

五金工具 五金配件 门窗五金 水暖五金
刀、夹具 | 紧固件 | 弹簧 | 锁具 | 五金加工 |
水龙头 | 电子五金件 | 拉手 | 散热器 | 更多 |

灯具 户外灯 灯具配件 白炽灯 灯泡
太阳能灯 | LED灯具 | 节能灯 | 应急灯 | 镇流器 |
舞台灯 | 荧光灯 | 路灯 | 专门用途灯具 | 更多 |

汽车 汽车配件 汽车用品 内饰 外饰
乘用车 | 摩托车 | 汽车电器 | 车灯 | 汽车影音 |
车身附件 | 汽车安全辅助 | 汽车保养 | 发动系统 |

交通运输 电动车 非机动车 自行车配件
自行车 | 三轮车 | 运输车辆 | 专用汽车 | 货车 |
升降机 | 仓储设备 | 起重装卸 | 集装箱 | 更多 |

安防 口罩 监控系统 防盗报警 消防器材
监视器 | 摄像机 | 防偷器 | 防静电品 | 防护网 |
劳保手套 | 救生衣 | 防护产品 | 交通安全设备 |

仪器仪表 光学仪器 分析仪器 试验机
望远镜 | 电子秤 | 万用表 | 温控器 | 温度计 |
电工仪器 | 流量计 | 衡器 | 干燥箱 | 更多 |

包装 塑料 玻璃 茶叶罐 胶带 包装印刷
塑料袋 | 塑料瓶 | 食品包装 | 标牌 | 编织袋 |

印刷 包装印刷加工 特种印刷 纸印刷
丝印 | 热转印 | 名片 | 标签 | 商业印刷 | 彩印 |

图 11—19　行业栏目列表效果

11.3.9　右边侧栏设计

右边侧栏设计操作步骤如下：

(1) 将光标置于元素如下 sideBarRightb4 的下方，插入 Div 元素，并定义相关参数："高"为 129 像素、"宽"为 310 像素，"边框"为 1 像素的边框，将此样式命名为类 sideBarRightb1。

(2) 在新建的 Div 中插入栏目标题 Div，并设置其边距及文字对齐方式，然后在该 Div 元素中输入文字"创业加盟"。

(3) 将光标置于栏目标题 Div 的下方，创建图片的 Div 元素，并设置其边框浮动为"左对齐"，同时对其边距进行设置。

(4) 在该 Div 中插入准备好的图片，在右侧插入 UL 列表项目，效果如图 11—20 所示。

(5) 用同样的方法制作如图 11—21 所示的“库存二手”栏目，需要修改其背景色参数，该 Div 的类名定义为 sideBarRightb2。

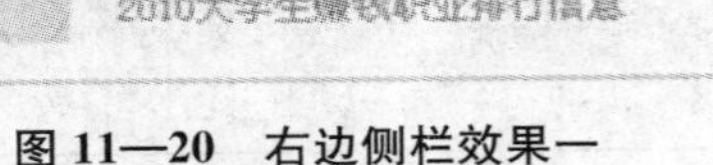

图 11—20 右边侧栏效果一

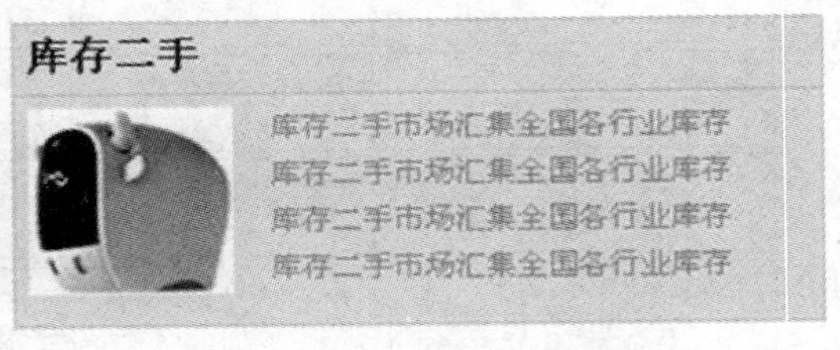

图 11—21 右边侧栏效果二

程序代码如下：

```
.sideBarRightb1 {
    height:129px;                    /*定义高度*/
    width:310px;                     /*定义宽度 */
    border:#ebcbb4 1px solid;        /*定义边框的颜色、粗细、样式*/
    margin-top:5px;                  /*定义顶端外边距*/
}
.sideBarRightb2 {
    height:129px;                    /*定义高度*/
    width:310px;                     /*定义宽度 */
    border:#ebcbb4 1px solid;        /*定义边框的颜色、粗细、样式*/
    background:#E8E8E8;              /*定义背景颜色*/
    margin-top:3px;                  /*定义溢出效果*/
}
```

根据上面介绍的方法，制作右边侧栏的其他内容。

11.3.10 网页底部设计

(1) 选中 Div 元素 foot，为该元素添加版权信息、联系方式等信息。至此，网站首页设计完毕。

(2) 保存网页文档，按 F12 键在浏览器中浏览效果。最终效果如图 11—22 所示。

11.3.11 案例小结

本章以布局设计电子商务网站首页为例，介绍了 Div+CSS 及网站各元素的综合应用方法。网站的界面排版样式是最容易使代码变得复杂化，在本章可以看到，不论从命名规范还是布局设计上都有可取之处，合理地进行 Div 的嵌套不仅不会影响代码的解析速度，而且使得用户更加方便浏览，使得整个布局架构清晰，减少了多余的代码。

在实际应用中，使用单独的 CSS 样式表不仅使设计人员方便调整样式表参数，而且可以在网站各页面中调用。合理地整理和优化 CSS 代码不仅减少了 CSS 文件大小，还方便了日后维护。颜色代码的优化#eeeeee 可以写成：#eee，#665599 可以优化写成：#659。边

图 11—22　电子商务站点效果图

框代码的优化 border-width：1px；border-style：solid；border-color：＃000；可以优化写成：border：1px solid ＃000；。如果 CSS 属性值为 0，那么不必为其添加单位，例如，padding：20px 15px 0px 0px；可以优化写成：padding：20px 15px 0 0；。文字代码的优化 font-style：italic；font-variant：small-caps；font-weight：bold；font-size：1em；line-height：150％；font-family：宋体，Arial，sans-serif;，可以优化写成：font：italic small-caps bold 1em/150％ 宋体，Arial，sans-serif；。列表代码的优化：list-style-type：square；list-style-position：inside；list-style-image：url（filename. gif）;，可以优化写成：list-style：square inside url（filename. gif）；。

另外在设计过程中，为了使页面在各种浏览器中能够正常显示，应在设计时使用一些必要的网页测试工具来调试网页的兼容性，例如，IETester 等。

参考文献

［1］戴一波．Dreamweaver CS3 网站制作炫例精讲．北京：电子工业出版社，2008
［2］祈大鹏．Dreamweaver CS4 实用教程．北京：电子工业出版社，2010
［3］薛欣．Adobe Dreamweaver CS4 标准培训教程．北京：人民邮电出版社，2009
［4］刘小伟．Dreamweaver CS4 中文版实用教程．北京：电子工业出版社，2009

图书在版编目（CIP）数据

Dreamweaver 网页设计与制作案例教程/李敏主编
北京：中国人民大学出版社，2010
（全国高职高专计算机系列精品教材）
ISBN 978-7-300-12431-5

Ⅰ.①D…
Ⅱ.①李…
Ⅲ.①主页制作-图形软件，Dreamweaver -高等学校：技术学校-教材
Ⅳ.①TP393.092

中国版本图书馆 CIP 数据核字（2010）第 133369 号

全国高职高专计算机系列精品教材
Dreamweaver 网页设计与制作案例教程
主　编　李　敏
副主编　刘艳青

出版发行	中国人民大学出版社		
社　　址	北京中关村大街 31 号	**邮政编码**	100080
电　　话	010－62511242（总编室）		010－62511398（质管部）
	010－82501766（邮购部）		010－62514148（门市部）
	010－62515195（发行公司）		010－62515275（盗版举报）
网　　址	http://www.crup.com.cn		
	http://www.ttrnet.com(人大教研网)		
经　　销	新华书店		
印　　刷	北京市鑫霸印务有限公司		
规　　格	185 mm×260 mm　16 开本	**版　　次**	2010 年 8 月第 1 版
印　　张	14.5	**印　　次**	2010 年 8 月第 1 次印刷
字　　数	349 000	**定　　价**	26.00 元

教师信息反馈表

为了更好地为您服务，提高教学质量，中国人民大学出版社愿意为您提供全面的教学支持，期望与您建立更广泛的合作关系。请您填好下表后以电子邮件或信件的形式反馈给我们。

您使用过或正在使用的我社教材名称		版次	
您希望获得哪些相关教学资料			
您对本书的建议(可附页)			
您的姓名			
您所在的学校、院系			
您所讲授课程名称			
学生人数			
您的联系地址			
邮政编码		联系电话	
电子邮件(必填)			
您是否为人大社教研网会员	□是　会员卡号：______ □不是，现在申请		
您在相关专业是否有主编或参编教材意向	□是　□否 □不一定		
您所希望参编或主编的教材的基本情况(包括内容、框架结构、特色等，可附页)			

我们的联系方式：北京市海淀区中关村大街31号

中国人民大学出版社教育分社

邮政编码：100080

电话：010-62515913

网址：http://www.crup.com.cn/jiaoyu/

E-mail：jyfs_2007@126.com